NO RULES

世界一「自由」な会社、NETFLIX

リード・ヘイスティングス
エリン・メイヤー
土方奈美=訳

nbb
日経ビジネス人文庫

Contents

はじめに

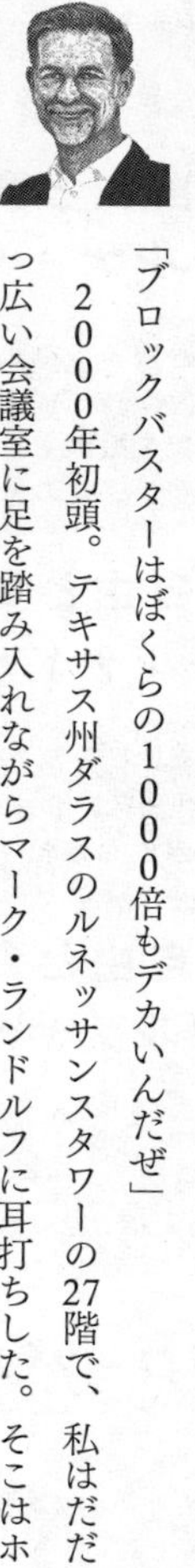

「ブロックバスターはぼくらの1000倍もデカいんだぜ」

2000年初頭。テキサス州ダラスのルネッサンスタワーの27階で、私はだだっ広い会議室に足を踏み入れながらマーク・ランドルフに耳打ちした。そこはホームエンタテインメント業界の雄、ブロックバスターの本社で、当時の同社は年商60億ドル、世界中に9000店近いレンタルビデオ店を展開していた。

ブロックバスターのCEO、ジョン・アンティオーコはやり手経営者として知られていた。超高速インターネットの普及で業界が激変するであろうこともよくわかっており、私たちを丁重に迎えてくれた。品の良いあごひげをたくわえ、高級スーツに身を包み、悠々としていた。

それに引き換え、私は心底ちぢみあがっていた。マークと2人で2年前に立ち上げたちっぽけなベンチャーは、ウェブサイト経由でDVDレンタルの注文を受け、郵送するサービスをしていた。社員は100人、会員はわずか30万人。事業は順調とはいえず、その年だけで損失は5700万ドルに膨らむ見通しだった。なんとかブロックバスターと手を組みたいと、何カ月もアンティオーコに連絡を取り続けた末にやっと実現した面談だった。

私たちは特大のガラステーブルを囲んだ。しばらく世間話をしたあと、マークと私は本題に入った。ブロックバスターがネットフリックスを買収してくれれば、オンライン・ビデオレンタル部門の「ブロックバスター・ドットコム」を立ち上げて運営する、という申し出だ。アンティオーコは熱心に耳を傾け、何度もうなずいてから、こう尋ねた。「それでブロックバスターはネットフリックスにいくら払えばいいんだい?」。だが5000万ドルというこちらのオファーを聞くと、アンティオーコはきっぱり断った。マークと私はしょんぼりと会議室を後にした。

その晩ベッドに入って目をつむると、ブロックバスターの6万人の社員が、私たちのバカげたオファーに爆笑する場面が浮かんできた。アンティオーコが興味を示さなかったのも当然だ。何百万人もの顧客、莫大な売上、有能なCEO、家庭用レンタルビデオの代名詞のようなブランドを有する大企業のブロックバスターが、ネットフリックスのような危なっかしいベンチャー企業に興味を持つはずがない。ブロックバスターが自前でやる以上にネットフリックスがうまくできることなどあるだろうか。

だが世界は少しずつ変化していった。そしてネットフリックスは生き延び、成長していった。アンティオーコとの面談から2年後の2002年には株式を上場した。ネットフリックスは成長していたが、ブロックバスターはまだ100倍も大きく（50億ドルvs5000万ドル）、しかも当時メディア企業として世界最大の時価総額を誇っていたバイアコムの傘下にあった。だが2010年には破産に追い込まれた。2019年の時点では「ブロックバスター」のレンタルビデオ店はオレゴン州ベンドにたった1店舗残っているだけだ。DVDレンタルからストリーミングへという時代の変化に適応できなかったのだ。

2019年はネットフリックスにとって記念すべき年となった。自ら制作した映画『ROMA／ローマ』がアカデミー賞作品賞など10部門にノミネートされ、3部門でオスカーを獲得した。アルフォンソ・キュアロン監督のすばらしい快挙によって、ネットフリックスは押しも押されもせぬ本格的なエンタテインメント企業となった。そのずっと前に私たちは郵送DVDレンタルから、世界190カ国で1億6700万人の会員を擁するインターネット・ストリーミングサービスに転換し、さらには世界中で独自のテレビ番組や映画を制作するようになっていた。ションダ・ライムズ、コーエン兄弟、マーティン・スコセッシなど、世界で最も才能溢れるクリエイターたちと一緒に仕事をする機会にも恵まれた。ユーザーがすばらしい物語を楽しむための、まったく新しい手段を生み出した。それはときとしてさまざまな壁を打ち破り、人生を豊かにする力を持つ。

「なぜこうなったんだ」とよく聞かれる。なぜネットフリックスは何度も世界の変化に対応することができたのに、ブロックバスターにはそれができなかったのか、と。私たちがダラスを訪れたあの日、ブロックバスターには最高のカードが揃っていた。ブランド、影響力、経営資源、そしてビジョンだ。ネットフリックスなど敵ではなかった。

しかしあのときは私にもわかっていなかったのだが、ネットフリックスにあって、ブロックバスターにはないものがひとつだけあった。プロセス（手続き）より社員を重視する、効率よりイノベーションを重んじる、そしてほとんど制約のないカルチャーである。私たちのカルチャーは「能力密度」を高めて最高のパフォーマンスを達成すること、そして社員にコントロール（規則）ではなくコンテキスト（条件）を伝えることを最優先している。そのおかげでネットフリックスは着実に成長し、自らをとりまく世界と社員のニーズ変化に応じて変化することができた。

ネットフリックスは特別な会社だ。そこには「脱ルール」のカルチャーがある。

風変わりなネットフリックス文化

カルチャーというのは、曖昧な言葉と不完全でどうとでも取れるような定義に満ち溢れた世界だ。そのうえ明文化された企業のモットーが、実際にそこで働く人々の行動と一致していることはめったにない。ポスターやアニュアルレポートに書かれた気の利いたスローガンは往々にして、空虚な言葉の羅列に過ぎない。

とあるアメリカ有数の大企業は、本社ロビーに会社のモットーを誇らしげに掲示していた。「誠実さ。コミュニケーション。他者への敬意。卓越性」。その会社とはエンロンである。経営破綻によって産業史上最悪の不正経理や不正行為が明るみに出るまさにそのときまで、この高邁（こうまい）な理念を掲げていた。

一方ネットフリックス・カルチャーは、その実態を赤裸々に語っていることで有名である（良い意味か、悪い意味かは判断の分かれるところだが）。「ネットフリックス・カルチャー・デック」と呼ばれる127枚のスライドは、当初は社内で使うために作成されたが、2009年にリードがネット上で一般公開して以降、数百万人のビジネスパーソンの注目を集めてきた。フェイスブックCOO（最高執行責任者）のシェリル・サンドバーグは、これを「シリコンバレーで生

Like every company,
we try to hire well

NETFLIX

22

**ほかの会社と同じように
われわれも優秀な人材の採用に努める**

まれた最高の文書」と評したとされる。私はネットフリックス・カルチャー・デックの率直さが大好きだが、その内容は大嫌いだ。

その理由を説明するために、サンプルをお見せしよう。

懸命に働いているのに圧倒的成果を出せない社員をクビにすることが道義的にどうかという問題はさておき、スライドは最悪のマネジメントを映し出しているように思えた。ハーバード・ビジネススクール教授のエイミー・エドモンドソンが2018年の著書『恐れのない組織』で提唱した、「心理的安全性」の原則に反している。エドモンドソンはイノベーションを促したければ、社員が安心して壮大な夢を描き、意見を言

Unlike many companies,
we practice:

adequate performance gets a generous severance package

NETFLIX

23

ほかの会社と違って
われわれは
並の成果には十分な退職金を払う

い、リスクのとれる環境を生み出さなければならないと指摘している。安全な雰囲気があるほど、イノベーションは活発になるというわけだ。

ネットフリックスではおそらく誰もこの本を読んでいないのだろう。最高の人材を採用し、圧倒的成果を挙げられなければ「十分な退職金を与えられて」捨てられるという恐怖を植えつけるというのは、イノベーションの芽を摘もうとしているとしか思えない。

もうひとつ、別のスライドを見てみよう(12ページ)。

社員の休暇日数を指定しないというのは一見、無責任に思える。それでは誰も休暇を取ろうとせず、奴隷のように働かされるだけで

The other people should get a generous severance now,
so we can open a slot to try to find a star for that role

The Keeper Test Managers Use:

Which of my people,
if they told me they were leaving,
for a similar job at a peer company,
would I fight hard to keep at Netflix?

NETFLIX

スター以外には即座に十分な退職金を払い、
スターを採用するためのスペースを空ける
マネージャーが使うべき「キーパーテスト」：
「ネットフリックスを退社して
同業他社の同じような仕事に転職する」
と言ってきたら必死に引き留めるのはどの部下か？

はないか。しかもそれを社員にとって好ましい特典であるかのように言うなんて、どういうことか。

休暇を取得する社員は幸福度が高く、仕事を楽しみ、生産性も高いとされる。それにもかかわらず休暇の取得に消極的な労働者は多い。求人クチコミサイトのグラスドアが2017年に実施した調査では、アメリカの労働者は与えられた休暇日数の54%しか消化していないことがわかった。

休暇日数を指定しなければ、社員はますます休暇を取得しなくなるだろう。心理学者は「損失回避性」という行動バイアスの存在を明らかにしている。人は新たに何かを得ることより、すでに持っているものを失うことの

Netflix Vacation Policy
and Tracking

"there is no policy or tracking"

There is also no clothing policy at Netflix,
but no one comes to work naked

Lesson: you don't need policies for everything

NETFLIX

71

ネットフリックスの休暇規程と追跡
「規程も追跡も一切なし」
ネットフリックスには服装規程もないが、誰も裸で出社しない
教訓:あらゆることに規程が必要なわけではない

ほうを嫌がる。何かを失いそうになると、それを避けるためにあらゆる手を尽くす。休暇を取得するのは、その権利を失うのが嫌だからだ。

はじめから休暇日数を示されていなければ、失うおそれもないわけで、まったく休暇を取らなくなる可能性が高い。多くの会社が採り入れている「取得しなければ失効する」というルールは、一見社員に制約を課すようだが、実は休暇の取得を奨励する効果がある。

あと1枚、スライドをお見せしよう。

もちろん、秘密や嘘が蔓延している職場が良いと思う人はいない。しかし率直に意見を言うより、空気を読んだほうが良いときもある。たとえば壁にぶつかっている同僚のやる気を引き出したり、自信を取り戻させたりするときだ。

Honesty Always

As a leader, no one in your group should be materially surprised of your views

NETFLIX

27

常に正直に
リーダーとして、部下があなたの意見を聞いて寝耳に水だと思うようなことがあってはならない

「正直さが必要なときもある」なら誰もが賛成だろうが、「常に正直」であることを求められると、人間関係はめちゃくちゃになり、モチベーションは低下し、職場の雰囲気は居心地が悪くなりそうだ。

私にはネットフリックス・カルチャー・デックは全体として、あまりにマッチョ的で、過度に対立を煽り、きわめて攻撃的なものに思えた。いかにも人間の本質を機械的かつ合理的にとらえるエンジニアが創った会社、というイメージだ。

それにもかかわらず、どうにも否定できない厳然たる事実がある。

ネットフリックスは圧倒的に成功している

ネットフリックスが上場してから17年後の2019年までに、株価は1ドルから350ドルに上昇した。同じタイミングでS&P500かナスダック指数に1ドルを投資しても、3〜4ドルにしかなっていない。

ネットフリックスに夢中になっているのは株式市場だけではない。消費者も批評家もネットフリックスが大好きだ。『オレンジ・イズ・ニュー・ブラック』や『ザ・クラウン』などのオリジナル・コンテンツはここ10年を代表する人気作品となり、『ストレンジャー・シングス 未知の世界』はテレビ番組として世界最多の視聴者を集めているとされる。スペインの『エリート』、ドイツの『ダーク』、トルコの『ラスト・プロテクター』、インドの『聖なるゲーム』など英語以外の言語で制作された番組は、それぞれの国でドラマへの期待値を上げ、新たな国際スターを生み出した。アメリカではここ数年でネットフリックス作品がエミー賞に計300回ノミネートされ、複数のアカデミー賞も獲得した。さらにゴールデン・グローブ賞ではあらゆるテレビ局やストリーミングサービスを上回る17回のノミネートを受け、コンサルティング会社レピュテーション・インスティテュートが毎年発表する「アメリカで最も評価の高い企業ランキング」で1位を獲得した。

社員もネットフリックスが大好きだ。テクノロジー系人材のマーケットプレイス・サイトであるハイアードが2018年に実施した調査では、グーグル（2位）、イーロン・マスク率いるテスラ（3位）、アップル（6位）などを上回り、ネットフリックスが最も働きたい会社に選ばれた。同じ年、報酬やキャリアに関するサイトを運営するコンパラブリーが、アメリカの大企業4万5000社で働く500万人以上を対象に、社員の幸福度を調べた。そこでは数千社を抑えてネットフリックスが第2位に選ばれた（第1位はマサチューセッツ州ケンブリッジのソフトウエア会社、ハブスポット）。

とりわけ興味深いのは、自らの業界が変化すると経営が傾く企業が多いなかで、ネットフリックスはわずか15年のあいだに4回ものエンタテインメント業界と事業内容の大きな変化にうまく対応したという事実だ。

・郵送DVDレンタル事業から、古いテレビ番組や映画のインターネット・ストリーミングへ。
・古いコンテンツのストリーミングから、外部スタジオが新たに制作した独自コンテンツの配信へ（『ハウス・オブ・カード 野望の階段』など）。

・外部スタジオ制作のコンテンツをライセンス配信する状態から、社内スタジオを立ち上げて数々の賞を受賞するほどのテレビ番組や映画を制作する体制へ（『ストレンジャー・シングス 未知の世界』『ペーパー・ハウス』『バスターのバラード』など）。

・アメリカだけの企業から、世界190カ国のユーザーを楽しませるグローバル企業へ。

稀に見る成功というレベルではない。まさに驚異的である。2010年に破綻したブロックバスターとは違う、何か特別なことがネットフリックスで起きていたのは間違いない。

新しいタイプの職場

ブロックバスターは決してめずらしい例ではない。業界が変化すると、そこに身を置く大多数の会社は潰れる。コダックは写真が紙焼きからデジタルへと変化したのに適応できなかった。ノキアは携帯電話からスマートフォンへの変化に適応できなかった。AOLはインターネットのダイアルアップからブロードバンドへの変化に適応で

きなかった。私自身が最初に興した会社「ピュア・ソフトウエア」も業界の変化に適応できなかった。それはイノベーションを生み出し、柔軟性を持つようにカルチャーが最適化されていなかったからだ。

私は1991年にピュア・ソフトウエアを創業した。最初はすばらしいカルチャーを持っていたと思う。ほんの十数人でまったく新しい製品を創り出す日々は最高に楽しかった。起業家精神溢れる小さなベンチャー企業のご多分に漏れず、社員の行動を縛るようなルールはほとんどなかった。マーケティング担当者が「自宅のダイニングルームだと好きなときにシリアルが食べられるので頭がよく働く」という理由で在宅ワークを決めたときも、経営陣から許可を得る必要はなかった。設備担当者がオフィスデポで激安で売っていたヒョウ柄のオフィスチェアを14個買おうと決めたときも、CFO（最高財務責任者）の決裁をあおぐ必要はなかった。

しばらくしてピュア・ソフトウエアは成長しはじめた。新たな社員が増えると、そのうち何人かがバカなミスをして、それが失敗につながり、会社に余計なコストが発生するということが起きた。そのたびに私は再発を防ぐために新しいプロセスを採り入れた。たとえばマシューというセールス担当者が、見込み客と会うためにワシントンDCに出張した。その客が5つ星のウィラード・インターコンチネンタル・ワシントンに泊まっていたので、マシューも同じホテルに部屋を取った。1泊700ドルもする部屋だ。その事実を知ったときには猛烈に腹が立った。そこで人事部門の担当者に出張規程を作らせ、社員が出張するときに航空券、食事、ホテルに使ってよい限度額を設定し、それを上回る場合は管理職の承認が必要ということにした。

また財務担当のシーラは黒いプードル犬を飼っていて、ときどき職場に連れてきていた。ある日、私が出勤すると、会議室に敷いてあったカーペットに大きな穴が開いていた。プードル犬の仕業だ。カーペットの買い替えにも相当な費用がかかった。そこで新たなルールを作った。「人事部門の特別な許可がないかぎり、職場への犬の同伴は禁止」

ピュア・ソフトウエアではルールや管理手続きが山のようにでき、決められたルールのなかでうまくやっていける者が出世する一方、クリエイティブな一匹狼タイプは息が詰まり、会社を辞めていった。そうした人材が会社を去るのは残念だったが、会社が成長する時期には仕方がないことだと自分に言い聞かせた。

するとふたつのことが起きた。まず会社は迅速にイノベーションを生み出せなくなった。業務の効率は高まったが、クリエイティビティは低下していったのだ。成長するためにはイノベーティブな製品を生み出している会社を買収しなければならなくなった。それによって会社はますます複雑になり、ルールや手続きがますます増えていった。

続いて市場が変化した。「C++」ではなく「Java」が主流になったのだ。会社が存続するためには、変わる必要があった。しかし新しい発想や速く変化することより、プロセスに従うことが得意な人材を選び、そのような職場環境を整えてきたために、変化に適応することができなかった。こうして1997年、ピュア・ソフトウエアは最大のライバルに身売りした。

次に創業したネットフリックスでは、ミスを防ぎ、ルールに従うことより、柔軟性や自由やイノベーションを重視したいと考えた。その一方で会社が成長する段階では、ルールや管理プロセスがなければ組織がカオスに陥ることもわかっていた。

ネットフリックスは何年にもわたって試行錯誤を繰り返し、徐々に進化していき、ようやく正しいアプローチを探り当てた。社員に守るべきプロセスを与えれば、自らの判断力を働かせて考える機会を奪ってしまう。そうではなく自由を与えれば、質の高い判断ができるようになり、説明責任を果たすようになる。それによって社員の幸福度や意欲は高まり、会社も機敏になる。ただし社員の自由度をそこまで高くするためには、まず土台としてふたつの要素を強化しなければならない。

「＋」能力密度を高める

一般的に企業がルールや管理プロセスを設けるのは、社員のだらしない行為、職業人にふさわしくない行為、あるいは無責任な行為を防ぐためだ。だがそもそものような行為を働く人材を採用せず、会社から排除できれば、ルールは必要なくなる。優秀な人材で組織をつくれば、コントロールの大部分は不要になる。能力密度が高いほど、社員に大きな自由を与えることができる。

「＋」率直さを高める

優秀な人材はお互いからとても多くを学ぶことができる。しかし常識的な礼儀作法に従っていると、お互いのパフォーマンスを新たな次元に引き上げるのに必要なフィードバックをできなくなる。有能な社員が当たり前のようにフィードバックをするようになると、全員のパフォーマンスの質が高まるとともにお互いに対して暗黙の責任を負うようになり、従来型のルールはますます不要になる。

このふたつの要素が整ったら、次は……

「Ⅱ」コントロールを減らす

まず社内規程の不要なページを破り捨てるところから始めよう。出張規程、経費規程、休暇規程はすべて廃止していい。その後、社内の能力密度が高まり、フィードバックが頻繁かつ率直に行われるようになったら、組織の承認プロセスはすべて廃止してもいい。そして管理職には「コントロールではなくコンテキストによるリーダーシップ」という原則を教え、社員には「上司を喜ばせようとするな」といった指針を与える。

ありがたいことに、このようなカルチャーが醸成されてくると好循環が生まれる。コントロールを撤廃することで「フリーダム&レスポンシビリティ（自由と責任）」のカルチャーが生まれる（これはネットフリックス社員が頻繁に口にする言葉で、略して「F&R」と言われることも多い）。それが一流の人材を引き寄せ、さらにコントロールを撤廃することが可能になる。そうしたことが積み重なると、他の会社がおよそ太刀打ちできないようなスピード感とイノベーションが生まれる。しかし一度の挑戦でこのレベルに到達できるわけではない。

本書の第1〜9章ではここに挙げた3つのステップを、3サイクル繰り返す方法を説明していく。1サイクルでひとつのセクションとなる。第10章では、ネットフリックス・カルチャーを、固有の文化を持つさまざまな国に持ち込んだときの経験を描いている。グローバル企業に脱皮するなかで、私たちはとても重要な、そしてとても興味深い新たな課題に直面することになった。

もちろんあらゆる実験的プロジェクトには成功と失敗の両方がつきものだ。ネットフリックスの現実は（現実というものはたいていそうだが）、ここに示した図のような単純なものではない。本書の執筆に、ネットフリックス・カルチャーを外部の視点で分析してくれる助っ人の手を借りたのはそのためだ。公平な専門家の目で社内を見て、ネットフリックス・カルチャーが実際には日々どのように機能しているかをしっかり見てもらいたいと思ったのだ。

そこで頭に浮かんだのが、ちょうど読み終えたばかりだった『異文化理解力』の著者、エリン・メイヤーだった。パリ郊外のビジネススクール、INSEADの教授で、最近世界で最も影響力のある経営思想家の1人として「経営思想家ベスト50（Thinkers50）」にも選出された。ハーバード・ビジネス・レビュー誌などには職場における文化的差異についての研究成果を頻繁に寄稿している。著書を読み、私より10年あとにアメリカ政府が運営するボランティア組織「平和部隊」からアフリカ南部のスワジランド［現・エスワティニ］に派遣され、教師をしていたことも知った。そこで私はエリンにメッセージを送った。

第1段階

有能な人材だけを集めて
能力密度を高める
フィードバックを促し
率直さを高める
休暇、出張、支出に関する規程など
コントロールを撤廃していく

第2段階

個人における最高水準の報酬を払い
能力密度を一段と高める
組織の透明性を強化して
率直さをさらに高める
意思決定の承認を不要とするなど
もっと多くのコントロールを廃止していく

第3段階

キーパーテストを実施して
能力密度を最大限高める
フィードバック・サイクルを生み出し
率直さを最大限高める
コンテキストによるマネジメントで
コントロールをほぼ撤廃する

2015年2月、私はハフポストで「ネットフリックスが成功する理由　社員を大人として扱う」と題する記事を読んだ。内容はこんな具合だ。

ネットフリックスは社員には優れた判断力が備わっているという前提に基づいている。（中略）そしてプロセスではなく判断力こそが、明確な答えのない問題を解くカギだと考えている。

ただ裏を返せば、（中略）社員はとてつもなく高いレベルの成果を出すことが期待されるということだ。それができなければすぐに出口を示される（十分な退職金付きで）。

私はとても興味をひかれた。そんな方法で現実に成功している組織とはどんなものだろう。適切なプロセスが設定されていなければ、組織は大混乱に陥るはずだ。そして圧倒的成果を出せない社員が退出を迫られるなら、社内には恐怖心が蔓延するだろう。

そのほんの数カ月後のある朝、受信ボックスに次のようなメールが入っていた。

送信者：リード・ヘイスティングス
日付：2015年5月31日
件名：平和部隊と御著書について

エリンさん、

私も平和部隊スワジランドのメンバーでした（1983～1985年）。いまはネットフリックスのCEOです。御著書、すばらしいと思ったので、社内の全リーダーに読ませています。

いつかコーヒーでもご一緒しませんか。パリには頻繁に行っています。

世間は狭いですね！

リード

こうしてリードと私は出会った。そしてネットフリックス・カルチャーがどのようなものか直接知るために社員にインタビューをして、一緒に本を書くためのデータを集めてみないか、と提案された。それは心理学、経営学、そして人間行動にかかわるあらゆる常識の真逆を行くカルチャーを持つ企業がなぜこれほどすばらしい成果を挙げているのか、明らかにするチャンスだった。

私はシリコンバレー、ハリウッド、サンパウロ、アムステルダム、シンガポール、そして東京で、ネットフリックスの現役社員と元社員に合計200回以上のインタビューをした。対象者は経営幹部から事務部門のアシスタントまで、すべての階層におよんだ。ネットフリックスは一般的に匿名による発言を良しとじないが、私はすべての社員に匿名でインタビューを受けるという選択肢を与えるべきだと主張した。その結果、匿名を選択した社員は本書に仮名で登場している。しかし「常に正直であれ」というカルチャーを反映してか、多くの関係者が実名で、自分やネットフリックスについてびっくりするような話や、ときには否定的な意見やエピソードを堂々と語ってくれた。

………「点と点を結びつける」方法を変えてみる

スティーブ・ジョブズはスタンフォード大学卒業式での有名なスピーチで、こう語った。「先を見通して点と点を結びつけることはできない。点と点は後から振り返って初めて、結びつくものだ。だから、いずれどうにかして点はつながるのだと信じなければならない。自分の直感、運命、人生、カルマなど、何でもいい。何かを信じるんだ。私の場合、この方法でずっとうまくやってきたし、それは人生に大きな違いをもたらしてくれた」

これはジョブズだけの考えではない。ヴァージン・グループ創業者、リチャード・ブランソンのモットーは「ＡＢＣＤ（Always Be Connecting the Dots.［常に点と点をつなげ］）」だとされる。またデビッド・ブライヤーとファスト・カンパニー誌は、私たちそれぞれの人生の点と点をつなげる方法が、現実をどう見るか、ひいてはどのような意思決定を下し、結論を導き出すかを決定づけることを示す、すばらしい動画を発表している。

大切なのは、常識的な点と点を結びつける方法に疑問を持つことだ。たいていの組織では、社員は周囲と同じやり方、これまで正しいとされてきたやり方で点と点を結びつけようとする。それが「現状維持」につながる。だがある日、誰かがまったく違うやり方で点と点を結びつけてみせると、人々の世界に対する見方はがらりと変わる。

それこそまさにネットフリックスで起きたことだ。リードはピュア・ソフトウエアで失敗したからといって、初めからまったく新しいエコシステムを創ろうとしたわけではない。ただ組織の柔軟性を高めようとしただけだ。その後起きたいくつかのことをきっかけに、カルチャーにまつわる点と点をそれまでとは違う方法で結びつけるようになった。さまざまな要素が少しずつ融合していくなかで、ネットフリックス・カルチャーの何が成功の原動力となったのか、少しずつわかってきた（やはり後から振り返って初めてわかったのだが）。

本書では章を追うごとに、新たな点と点を結びつけていく。それは実際にネットフリックスが発見した順番になっている。さらにそうした気づきがいまのネットフリックスの職場環境にどう反映されているのか、この間私たちが何を学んできたのか、そしてみなさんの組織ならではの「自由と責任」のカルチャーを醸成するにはどうすればよいのか、一緒に考えていこう。

Section 1

「自由と責任」のカルチャーへの第一歩

■ まずは能力密度を高めよう

第1章 —— **最高の職場＝最高の同僚**

■ 続いて、率直さを高めていこう

第2章 —— **本音を語る（前向きな意図をもって）**

■ それではコントロールを撤廃していこう

第3a章 —— **休暇規程を撤廃する**

第3b章 —— **出張旅費と経費の承認プロセスを廃止する**

このセクションでは、チームや組織が「自由と責任」のカルチャーを実行しはじめる方法を示す。これらのコンセプトは、それぞれが依存しあう関係にある。各章の要素をいくつかバラバラに実行するのは危険だ。能力密度を高めたあとなら、何事もなく率直さを高めることができる。それができて初めて、社員のコントロールを撤廃することができる。

まずは能力密度を高めよう

第1章

最高の職場＝最高の同僚

1990年代の私は、家から少し歩いたところにあるブロックバスターの店舗でVHSビデオをよく借りていた。一度に2～3本借りては、延滞料を払わなくて済むようにすぐに返却していた。だがある日、ダイニングテーブルの紙の束を片づけていたら、数週間前に観て返却し忘れていたビデオが出てきた。返しに行くと、女性店員に延滞料は40ドルだと言われた。なんてバカなことをしたんだ、と自分にがっかりした。

それでふと考えた。ブロックバスターは利益の大部分を延滞料で稼いでいる。顧客にバカなことをしたと後悔させることで成り立っているビジネスモデルでは、顧客ロイヤルティなど醸成できるわけがない。自宅のリビングで映画を楽しめる、しかも返却を忘れたときでも高額の罰金を払わなくていいという、まったく別のモデルは成立しないだろうか。

ピュア・ソフトウエアが買収された1997年初頭、マーク・ランドルフと私は郵送による映画レンタルサービスで起業することを検討しはじめた。アマゾンは本のネット販売でうまくいっている。映画でうまくいかない理由があるだろうか。顧客はウェブサイトで映画のレンタル手続きをして、郵便で返却する。そこで調べたところ、VHSテープの送料は片道4ドルだとわかった。高すぎる。それではあまり大きな市場にはならないだろう。

そんななか友人が、DVDという新発明がその年の秋から発売されると教えてくれた。「見かけはCDのようだが、映画を保存できる」という。私は急いで郵便局に行くと、CDを何枚か自宅に送った(本物のDVDは入手できなかった)。送料は1枚あたり32セントだった。サンタクルーズの自宅に戻ると、CDの到着をいまかいまかと待った。2日後、CDは傷ひとつつかずに郵便ポストに届いた。

1998年5月、私たちは世界初のオンラインDVDレンタルストアとして、ネットフリックスを開業した。社員は30人、映画は925作品用意した。当時DVDになっていた作品はほぼすべて揃えたのだ。マークは1999年までCEOを務め、その後私が社長を引き継ぐと、経営幹部の1人として会社に残った。

2001年初頭、ネットフリックスの会員は40万人に増え、社員は120人になっていた。私はピュア・ソフトウエア時代の経営者としての失敗を繰り返さないよう努め、過剰なルールやコントロールは設定しなかった。ネットフリックスを特別すばらしい職場にできたわけではなかったが、会社は成長しており、事業は順調で、社員にとっても悪い仕事ではなかった。

危機で学んだ教訓

そんななか2001年春に危機が勃発した。最初のインターネット・バブルがはじけ、大量の「ドットコム」企業が倒産したのだ。ベンチャーキャピタルの資金は完全に途絶え、まだ黒字化にはほど遠かったネットフリックスは突然、事業運営に必要な追加資金を調達できなくなった。社内の士気は低くなり、しかも追い打ちをかけるような事態が待っていた。社員の3分の1をレイオフ（解雇）しなければならなくなったのだ。

マークと私、そしてピュア・ソフトウエアからついてきて、ネットフリックスの人事担当責任者になっていたパティ・マッコードと3人で、1人ひとりの社員の会社への貢献度を評価した。明らかに仕事のできない社員は1人もいなかった。そこで私たちは社員をふたつのグループに分けることにした。会社に残ってもらう貢献度の高い80人と、彼らほど優秀ではない、辞めてもらう40人だ。抜群にクリエイティブで、成果も申し分なく、協調性もある者はすぐに「引き留め(キーパー)

組」に入った。難しいのはボーダーラインに集中していた多数の社員だ。同僚や友人としては最高だが、仕事ぶりは十人並みという者。とんでもなく仕事熱心だが、判断力にムラがあり、世話の焼ける者。すばらしい才能に恵まれ、高い成果も挙げていたが、愚痴が多く、後ろ向きなことばかり言う者。そうした社員のほとんどは辞めてもらわなければならない。かなりつらい経験になりそうだった。

解雇を告げるまでの数日、「ピリピリしている」と妻に言われた。そのとおりだった。社内の士気が一気に落ち込むだろう、と不安だった。友人や同僚が解雇されたら、「キーパー」もこの会社は社員を大切にしないと思うだろう。きっとみんな憤慨する。「キーパー」は解雇された人の分まで仕事を負担することになり、苦々しく思うだろう。すでに運営資金にも事欠く状態だ。これ以上士気が低下したら、会社は持つだろうか。

レイオフ当日は予想どおり、辛いものだった。解雇を告げられた社員は泣き出したり、ドアを叩きつけたり、いらだって叫んだりした。正午には通告が終わり、私は次の嵐に身構えた。残る社員からの反発である。だがフタを開けてみると、涙を浮かべ、明らかに悲しそうに見える者もいたが、みんな落ち着いていた。それから数週間も経たないうちに、なぜか社内の空気は劇的に良くなった。会社はコストカットを進めており、社員の3分の1がいなくなった。それにもかかわらず社内には突然、情熱、エネルギー、アイデアが満ち溢れるようになった。

数カ月後、クリスマスシーズンがやってきた。この年はDVDプレーヤーが人気商品となり、2002年初頭にはDVD郵送レンタルは再び急成長を始めた。突然、以前より30%少ない社員で、かつてないほどの仕事量をこなさなければならなくなった。驚いたことに、残った80人の社員はかつてなかったほどの情熱をもって、すべての仕事を着実にやり遂げていった。仕事時間は長くなったが、士気は驚くほど高かった。楽しそうなのは社員だけではなかった。私は朝起きると、出社するのが待ちきれなくなった。当時は毎日パティ・マッコードを会社まで車に乗せていったのだが、サンタクルーズのパティの自宅前に車を停めると、満面の笑みで助手席に飛び込んでくるようになった。「リード、どうしちゃったんだかわからないけど、恋に落ちたみたいな感覚。これっておかしな化学反応みたいなもので、このワクワク感もすぐに冷めてしまうのかな」

まったくパティの言うとおりだった。社内の誰もが熱に浮かされたように、仕事に夢中になっていた。

レイオフを礼賛するつもりはないし、幸い、あのとき以降ネットフリックスでそれを迫られたことは一度もない。しかし2001年のレイオフの直後、そしてその後数カ月のあいだに学んだことによって、社員のモチベーションとリーダーの責任についての私の考えは一変した。人生の転機ともいうべき出来事だった。あのときを境に、組織における能力密度の重要性について、私の理解は大きく変わった。あの経験から得た教訓が、ネットフリックス成功の礎となったと言っても過言ではない。

ただこの教訓について詳しく説明する前に、パティのことをきちんと紹介しておくべきだろう。10年以上にわたり、ネットフリックスの成長に欠かせない役割を果たし、いまはパティの愛弟子であったジェシカ・ニールが人事部門の責任者となっている。初めてパティに会ったのは、私がピュア・ソフトウエアを経営していたときだ。1994年に突然電話をかけてきて、CEOと話したいと言ったのだ。電話に出たのは私の妹で、すぐに私につないだ。パティはテキサス育ちで、それは彼女の話し方からもすぐにわかった。いまはサン・マイクロシステムズの人事部門で働いているが、ぜひピュア・ソフトウエアに入社して人事部門の責任者になりたい、と言う。それならコーヒーを飲みにおいでよ、と私は誘った。

会話を始めて最初の30分というもの、私にはパティの言っていることがさっぱりわからなかった。人事担当者としての君の信条を教えてほしいと言うと、こう答えたのだ。「すべての社員は会社への貢献と、自分の野心をはっきり区別する必要があると思っています。人材管理の責任者として、私はCEOであるあなたと協力し、リーダー層のEQを高め、社員とのエンゲージメントを改善するつもりです」。聞いていて頭がクラクラした。当時の私は若くて無骨な人間だったので、パティが話し終えるとこう言った。「人事担当者っていうのは、みんなそういう口のきき方をするの？　まったく理解できなかったよ。一緒に働くなら、そういう話し方はやめてもらわないと困るな」

パティはバカにされたと感じ、私にはっきりそう言った。その晩、夫に「面接はどうだった」と聞かれたパティは、こう答えた。「最悪。ＣＥＯとケンカしちゃった」。しかし私は、私についてどう思ったのか、はっきり伝えてきたパティに好感を持った。そこで仕事をオファーし、以来何事も率直に語り合える友人になった。友情はパティがネットフリックスを去ってからも続いている。それは2人がまったく違うタイプの人間だからかもしれない。私は数学オタクのソフトウエアエンジニア、一方パティは人間行動の専門家であり、話が抜群にうまい。私はチームを見るとき、メンバー同士やさまざまな主張を結びつける数字やアルゴリズムを見ようとする。パティはチームを見るとき、私の目には映らないメンバーの感情やお互いへの微妙な対応に注意を向ける。１９９７年にピュア・ソフトウエアが身売りするまで私の部下として働き、その後創業まもないネットフリックスに入社した。

２００１年のレイオフ事件後、私たちは会社に向かう車のなかで、なぜ職場の雰囲気がこれほど劇的に改善したのか、どうすればこの前向きなエネルギーを維持できるかを何十回も話し合った。その結果、原因はパティの言葉を借りると「能力密度」が劇的に高まったことにある、とわかってきた。

……能力密度——優秀な人材はお互いをさらに優秀にする

あらゆる社員にはなんらかの能力がある。レイオフ前に社員が120人だったときには、抜群に優秀な者が何人かいて、他はそれなりに優秀という状況だった。全員の能力を足し合わせると、会社全体としてはそれなりの量だった。レイオフ後には優秀な人材を上から80人だけ残したので、会社全体として能力の総量は減ったが、1人あたりで見ると能力は高まっていた。つまり能力の「密度」が高まったのだ。

能力密度が本当に高い会社こそ、誰もが働きたいと思う会社なのだ、と私たちは気づいた。とりわけ優秀な人材は、全社的な能力密度が高い環境で真価を発揮する。

レイオフ後のネットフリックスでは、社員同士がお互いから多くを学ぶようになり、各チームはより多くの成果をより短時間で挙げるようになった。それが1人ひとりの意欲や満足度を高め、会社全体のパフォーマンスが高まった。最高の同僚に囲まれていると、もともと優れた成果を挙げていた者でもパフォーマンスがまったく新しい次元に引き上げられることを私たちは知った。

何より重要なのは、本当に優秀な同僚に囲まれているとワクワクするし、刺激を受けるし、最高に楽しいということだ。それは社員が7000人に増えたいまでも、80人だったときと変わらない。

レイオフ前の会社の状況を振り返ると、チームにほんの1人か2人凡庸な人材がいるだけで、全員のパフォーマンスが落ちることがわかった。たとえば最高のメンバーが5人、凡庸なメンバーが2人というチームがあるとしよう。その場合、

・凡庸なメンバーに手がかかり、管理職は最高のメンバーに時間をかけられなくなる。
・凡庸なメンバーが議論の質を低下させ、チーム全体のIQが落ちる。
・他のメンバーが凡庸な2人に仕事の方法を合わせるため、効率が下がる。
・最高の環境を求める社員が転職を考えるようになる。
・社内に凡庸でも構わないというメッセージが伝わり、状況はさらに悪化する。

トップクラスの人材にとって、最高の職場とは贅沢なオフィスやスポーツジム、あるいは社員食堂でタダで寿司が食べられるところではない。才能豊かで協調性のある仲間と働く喜びこそがその条件だ。自分を高めてくれるような仲間である。全員が抜群に優秀であれば、社員がお互いに学び合い、モチベーションを刺激しあうので、パフォーマンスは限りなく向上していく。

……パフォーマンスは伝染する

リードは2001年のレイオフから、パフォーマンスは（質の高低にかかわらず）伝染することを学んだ。凡庸な社員がいると、本当は最高の成果を出せる者の多くも凡庸な成果しか出さなくなる。一方、優秀な人材しかいないチームでは、お互いがさらに高い成果を出すよう刺激しあう。

オーストラリアのニュー・サウスウェールズ大学教授のウィル・フェルプスは、職場で行動がどのように伝染するかを示す、とても興味深い実験をしている。実験では大学生を4人ずつのチームに分け、それぞれに45分間でマネジメントに関する課題を完成させるよう伝えた。一番良くできたチームには100ドルの賞金を与える、と。

学生には伝えていなかったが、一部のチームには俳優が1人混ざっていた。俳優は各チームで異なる役割を演じた。「怠け者」役は課題に関心を持たず、テーブルの上に足を投げ出し、議論のあいだもスマホをいじっていた。「嫌なやつ（ジャーク）」は他人をバカにしたような口調で、「本気で言ってんの？」「これまで経営学の授業を取ったことがないのか」などと発言した。「陰気な悲観論者」はペットの猫が死んだばかりのような顔をして、「課題が難しすぎる」「このチームにできるわけがない」と文句を言い、机の上に突っ伏したりした。それぞれの俳優は、チームメイトには種明かしをせず、ふつうの学生のようにふるまった。

フェルプスの実験によって、まず他のチームメンバーが抜群の才能と知性に恵まれていても、たった1人が問題行動をするだけでチーム全体のパフォーマンスが低下することが明らかになった。長期間にわたって何十回と実験を繰り返したところ、足を引っ張るメンバーを1人加えたグループでは、他のグループと比べて成績が実に30〜40％も低くなった。

過去数十年にわたる研究では、個々のメンバーは集団の価値観や規範に順応することが示されてきたが、まさにその逆の結果である。たった1人の行動はあっという間にグループのメンバーに伝染する。たった45分でも影響は明らかだった。「問題行動をとるメンバーの特徴が他のメンバーにも現れるのは、どこか不気味で驚きだった」とフェルプスは指摘している。怠け者役の俳優が混じったグループでは、他のメンバーも課題への興味を失った。最終的には、こんな課題はどうでもいい、と言い出す者が出てきた。ジャークの入ったグループでは、他のメンバーもお互いをバカにしたり、いら立たせるような発言をするなど、不快な行動をとりはじめた。影響が最も顕著だったのは、陰気な悲観論者が加わったグループだ。フェルプスによると「あの映像は忘れられない。最初は全員が背筋を伸ばし生き生きしていて、やりがいのある課題に挑戦しようという意欲でいっぱいだ。それが45分が過ぎたころには、全員が机の上に頭を載せて、だらりとしていた」

フェルプスの研究は、2001年にパティと私が学んだことを立証していた。集団に数人凡庸なメンバーがいるだけで、そのパフォーマンスが広がって組織全体のパフォーマンスが落ちてしまう。

誰にでもそんな経験があるのではないか。私が思い当たるのは、12歳のときのことだ。

私は1960年にマサチューセッツ州で生まれた。特別な才能やずば抜けた能力などない、ごくふつうの子供だった。小学3年生のとき、ワシントンDCに引っ越した。初めのうちは特に問題もなく、大勢の友達と遊んでいた。だが6年生から7年生にかけて、カルバンという少年が仲間内で殴り合いのケンカを煽るようになった。特定の誰かをいじめるというのではない。ただ他の面では凡庸な1人の少年の行動が、全員の行動やお互いに対する接し方を変えてしまった。私はケンカなどしたくなかったが、逃げたと思われることのほうが嫌だった。しかもケンカの勝敗が、その日1日の学校生活に影響を与えていた。カルバンさえいなかったら、グループの遊び方やお互いへの接し方は格段に良いものになっていたはずだ。父にマサチューセッツ州に戻ると言われたときには、出発の日が待ちきれないほどだった。

2001年のレイオフを経て、ネットフリックスにも職場に好ましくない雰囲気を生み出していた者が何人かいたことがわかった。またちょっとした難点があり、最高のパフォーマンスをしているとはいえない者も多かった。それは他の社員に凡庸な働きぶりでも会社にいられるという印象を与え、全員のパフォーマンスを押し下げていた。

最高の職場の条件とは何か、新たな気づきを得た2002年、パティと私はこう誓った。今後のネットフリックスの最優先目標は、レイオフ後の能力密度と、それがもたらしたすばらしい効果を維持するためにあらゆる手を尽くすことだ、と。そのためにとびきり優秀な人材だけを採用し、業界トップレベルの報酬を払う。マネージャーにはコーチングを通じて、好ましくない行動をする社員、あるいは卓越した成果を挙げていない社員がいたら、勇気と規律をもって辞めさせることを教える。私自身は受付係から最高幹部に至るまで、ネットフリックスのすべてのメンバーがパフォーマンスの面でも協調性の面でも最高の人材であるか、徹底的に目を光らせるようになった。

………… 1つめの点

これがネットフリックスの物語の土台となる、最も重要な点だ。

スピード感があり、イノベーションの生まれる職場には「最高の同僚」だけが集まっている。最高の同僚とは、とびきりクリエイティブで、次々と重要な成果を挙げ、協調性に富む優秀な人材であり、しかも集団として多様なバックグラウンドと視点が確保されている状態を意味する。このひとつめの点が実現されていなければ、これから本書で説明していく他の原則はうまく機能しない。

第１章のメッセージ

・リーダーの最優先目標は、最高の同僚だけで構成される職場環境を整えることだ。
・最高の同僚とは、重要な仕事を山ほどこなし、しかも類い稀なクリエイティビティと情熱を持った人材である。
・ジャーク、怠け者、人当たりは良くても最高の成果は挙げられない者、悲観論者などがチームにいると、全員のパフォーマンスが低下する。

「自由と責任」のカルチャーに向けて

職場の能力密度が高まり、最高レベルの人材しかいなくなったら、率直なカルチャーを育む準備は整ったといえる。

それが第２章のテーマだ。

続いて、率直さを高めていこう

第2章 本音を語る（前向きな意図をもって）

ピュア・ソフトウエアのＣＥＯになって最初の数年、技術面のマネジメントはうまくできていたと思う。だが人的側面のリーダーシップについてはかなり未熟だった。対立を避けるタイプだったからだ。問題を直接伝えると相手は腹を立てるだろうから、何か起きたときにはうまくごまかそうとした。

そんな性格になったのは、子供時代の経験が影響していると思う。両親は私をしっかりサポートしてくれたものの、家のなかでお互いの気持ちを語り合うことはなかった。誰かに対して腹を立てたりしたくなかったので、取り扱いが難しい話題は避けていた。建設的で率直なコミュニケーションのロールモデルが存在せず、それを身につけるまでには長い時間がかかった。

あまりよく考えずに、そのような生き方を仕事にも持ち込んだ。たとえばピュア・ソフトウエア時代には、アキというじっくりモノを考えるタイプの上級管理職がいた。私はアキが商品開発に時間をかけすぎていると感じ、不満と憤りを募らせていた。だがアキ自身にそう伝える代わりに、私は別の会社に話を持ちかけ、プロジェクトを進めるためのエンジニアチームを契約してしまった。その事実を知ったアキはカンカンになって、私のところへやってきた。「私に腹を立て、直接それを伝える代わりに、陰でコソコソ動いたわけか」と。まったくアキの言うとおりだった。私のやり方は最悪だった。でも自分の不安をどう伝えればいいのか、わからなかったのだ。

これは私生活にも影を落としていた。ピュア・ソフトウエアが株式上場した1995年の時点で、私と妻との結婚生活は4年目に入り、幼い娘もいた。仕事はこのうえなく順調だったが、夫としてどうふるまうべきか、まるでわかっていなかった。翌年ピュアが4800キロメートルほど離れた会社に買収されると、事態はますます悪化した。私は週の半分は自宅にいなかったが、妻がそのことに不満を言うと、すべては家族のためだと言い張り、自己弁護した。妻は友人から「リードが成功して嬉しくないの?」と聞かれると、泣きたい気持ちになったという。妻とは心が離れ、私は彼女に腹を立てていた。

そんななか結婚カウンセラーに通いはじめたことで、2人の関係は大きく変わった。カウンセラーは私たちにそれぞれの怒りを吐き出させた。私は妻の視点から、夫婦関係を見るようになった。妻は金持ちになることなどなんとも思っていなかった。2人が出会ったのは1986年、平和部隊から帰国したボランティアの歓迎パーティで、彼女が恋に落ちたのはスワジランドで2年間の教師生活を終えて帰国したばかりの青年だった。それがいまは、仕事で成功することしか頭にない男と一緒に暮らしている。彼女にとって嬉しいはずもない。

率直なフィードバックを与え、また受け取ることは、お互いにとても役に立った。私はずっと妻に嘘をついていたことに気づいた。「自分にとって一番大切なのは家族だ」と言いながら、夕食も一緒に囲まず、深夜まで会社で働いていた。陳腐な言い訳どころではなく、完全な嘘だった。私たちはどうすればお互いにもっと良いパートナーになれるかを学び、結婚生活は輝きを取り戻した(いまでは結婚して29年になり、2人の子供は成人している!)。

それから私は、正直に生きるという誓いを職場でも実践するよう努めた。周囲の仲間には、思っていることをはっきり伝えてほしいと促すようになった。ただし、あくまでも前向きな意図をもって、という条件付きだ。相手を攻撃したり傷つけたりするためではなく、率直な気持ち、意見、フィードバックを伝えて、きちんと話し合うためだ。

社内でお互いに対する率直なフィードバックが増えるにつれて、フィードバックにはもうひとつ、大きなメリットがあることに気づいた。仕事のパフォーマンスを新たな次元に高めるのだ。

ネットフリックスの初期の事例として、CFO(最高財務責任者)のバリー・マッカーシーのケースを挙げよう。ネットフリックスの初代CFOで、1999年から2010年までその役割を果たしてくれた。ビジョンがあり、誠実で、会社の財務状況を誰もがしっかりわかるように伝えてくれる、すばらしいリーダーだった。ただ少し気分屋のところがあった。あるときマーケティング責任者のレスリー・キルゴアが、バリーは気分にムラがあると言うので、私は直接バリーと話をするよう勧めた。結婚カウンセリングを受けた経験をもとに「いまぼくに言ったことを、そのまま彼に伝えてみたらどうだい」と言ったのだ。

レスリーは2000年から2012年までCMO（最高マーケティング責任者）を務め、現在はネットフリックスの取締役になっている。一見、超堅物に見えるが、実は切れ味鋭いユーモアセンスの持ち主だ。その翌日レスリーは早速バリーと話した。それも私にはおよそ真似のできない、すばらしいやり方で。バリーが気分屋なことで会社にどれだけの損失が発生しているか、計算する方法を編み出したのだ。バリーの専門分野である財務に話を結びつけ、しかもユーモアを交えてメッセージを伝えたので、バリーの心に強く響いた。バリーは部署に戻ると、レスリーから受け取ったフィードバックを部下たちに伝え、自分の機嫌の良し悪しが彼らの行動に影響を与えていたら教えてほしい、と頼んだのだ。

それはすばらしい成果をもたらした。それからの数週間、そして数カ月にわたり、財務部門のスタッフが次々と私やパティのところへやって来て、バリーのリーダーシップが良い方向に変わってきたと報告してくれた。メリットはそれだけではなかった。

レスリーから建設的なフィードバックを受け取ったバリーが、今度はパティや私に建設的なフィードバックをしてくれたのだ。またバリーがレスリーのフィードバックをきちんと受け止めたのを見て、部下はバリーがまたむら気を起こすと、ユーモアを交えてそれを伝えるようになったほか、お互いにフィードバックを与え合うようになった。新しい人材を採用したわけでもなければ、誰かの給料を増やしたわけでもなかったが、お互いに日々率直に接するようになったことで社内の能力密度は高まった。

陰口を叩くかわりに、お互いに意見やフィードバックを率直に語り合うようになったことで、社内の足の引っ張り合いや駆け引きが減り、会社のスピード感が高まったことに私は気づいた。多くの社員が改善点を教えてもらうほど、それぞれの仕事の成果が高まり、会社全体の業績も向上した。

こうして生まれたのが「相手に面と向かって言えることしか口にしない」という標語だ。私も率先垂範に努めた。社員が他の社員の不満を言ってくると、「相手にそれを伝えたときには、どんな反応だったんだい？」と尋ねるようにした。かなり過激な改革だと思う。私生活でも職業生活においても、常に思ったことを率直に言う人は孤立しがちで、コミュニティから追い出されることもある。だがネットフリックスでは、そういう人を大切にする。そして社員が上司に、部下に、そして組織の壁を越えて、恒常的に建設的フィードバックを与えることを積極的に奨励している。

法務部門で働くダグが、率直さを実践した例を紹介しよう。ダグは2016年にネットフリックスに入社し、ほどなくしてジョーダンという上司と一緒にインドに出張した。ダグの言葉を借りると「ジョーダンは同僚の誕生日にはお菓子を持ってくるような人だが、モーレッタイプで短気なところもある」。人間関係を大切にすること、個人的な絆をつくることの必要性を常々語っていたわりには、インドに出張したときの行動はそうしたアドバイスにはまったくそぐわないものだった。

ぼくらはムンバイを見下ろす丘の上のレストランで、サプナという名のネットフリックスのサプライヤーと夕食をとっていた。サプナは大らかな性格で、よく笑った。とても楽しい時間だったが、仕事と直接関係のない話題になると、ジョーダンはいらだった様子を見せた。サプナとぼくは、サプナの赤ちゃんが10カ月でもう歩きはじめたこと、ぼくの17カ月になる甥っ子が足を使わなくてもいいようにお尻歩きをマスターしたことなどを話し、大笑いしていた。その後の仕事にも役立つ仲間意識を育む絶好の機会だった。だがジョーダンはいらだちをあらわにしていた。テーブルから椅子を引き、落ち着かない様子で携帯電話をちらちら見ていた。早くコーヒーが出てくればいいのに、とでも言いたげに。彼のふるまいはサプナとぼくの努力をぶちこわしにしていた。

それまで勤めた職場だったら、ダグはおそらく何も言わなかっただろう。その会社のしきたり、上下関係、礼節などを重んじ、口をつぐんだはずだ。また入社したばかりだったので、同僚のふるまいを面と向かって批判するようなリスクを冒すほど、ネットフリックス・カルチャーに十分なじんでいなかった。だが出張から帰国して1週間後、ダグはなんとか勇気を振り絞った。「ネットフリックス流にやってみようじゃないか」と自分自身に言い聞かせ、ジョーダンとの次の面談で話し合う項目に「インド出張のフィードバック」を加えた。

面談の朝、会議室に入るときは胃痛がするほどだった。議題リストの一番目がフィードバックだった。ダグがジョーダンに、自分へのフィードバックは何かないかと尋ねると、ジョーダンはいくつか返してきた。それで多少ダグも話しやすくなり、こう切り出した。「ジョーダン、ぼくはフィードバックをするのは好きじゃない。でもインド出張に関して、あなたに役立つと思うことを言っておきたいんだ」。そのときのことを、ジョーダンはこう振り返る。

実は私は、人間関係の構築がとても得意だと思っていた。インドに出張するたびに、チームの仲間には取引相手と心の絆をつくることが大切だと口を酸っぱくして言っていた。だからダグのフィードバックにはとてもショックを受けた。あのときはストレスを感じていたので、ロボットのようにふるまい、無意識のうちに自分の目的に反する行動をとっていた。インドには毎月出張するが、いまでは出発前に他の人に説教はしない。むしろ最初に同僚にこう言っておく。「私には弱点がある。パートナーが街を案内してくれている最中に、もし私が時計を見ていたりしたら、すねを思いきり蹴ってくれ。あとで絶対感謝するから」と。

フィードバックのやりとりが当たり前になると、社員はそれまでより速く学習し、一段と仕事ができるようになっていく。ひとつだけ残念なのは、ダグがサプナとの夕食のあいだにジョーダンを脇に呼び、フィードバックをしなかったことだ。そうすれば夕食はもっと有意義なものになっていただろう。

「高いパフォーマンス」＋「私心のないフィードバック」
＝「最高のパフォーマンス」

月曜日の朝9時に、同僚とのグループミーティングにのぞむところを思い浮かべてみよう。あなたはコーヒーを飲みながら、上司が間近に迫ったリトリート［泊まりがけの会議］の計画を説明するのを聞いている。だが頭のなかでは、上司の提案は最悪だと思っている。そんな議題は絶対に失敗する。昨晩自分が『グレイズ・アナトミー恋の解剖学』の再放送を見ながら考えた議題のほうが、よほど有益だ。「何か言ったほうがいいかな」と考えるが、躊躇しているうちに発言の機を逸してしまう。

10分後、同僚の1人が現在取り組んでいるプロジェクトの近況報告を始める。話が長く、冗長だが、まわりを明るくするタイプだ（そしてとても傷つきやすいことで知られる）。頭のなかで、同僚のプレゼンのダメっぷり、そしてそもそものプロジェクト自体のダメっぷりにため息をつく。そしてまた考える。「意見を言うべきか？」。だがまたしても黙ったままやり過ごす。

誰でもこんな経験があるのではないか。いつも黙っているわけではないが、たいていは発言しない。その理由は、おそらく次のどれかだろう。

・自分の意見は賛同を得られないかもしれない。
・「面倒なやつ」と思われたくない。
・ギスギスした議論に巻き込まれたくない。
・同僚を動揺させたり、怒らせたくない。
・「協調性がない」と言われたくない。

だがネットフリックスで働いていたら、おそらく発言するだろう。朝のミーティングでは上司にリトリートの計画はうまくいかない、自分にはもっと良い案があると伝える。ミーティングが終わったら、同僚のところへ行ってプロジェクトは再考したほうがいい、と伝える。おまけにコーヒーマシンに立ち寄ったついでに別の同僚のところへ行き、先週の全社ミーティングでの意思決定について説明を求められたとき、むきになっているように見えた、と伝える。

ネットフリックスでは、同僚と違う意見があるとき、あるいは誰かに役立ちそうなフィードバックがあるときに口にしないことは、会社への背信行為とみなされる。会社の役に立てるのに、そうしないことを選択しているのだから。

最初にネットフリックスでの率直なコミュニケーションについて聞いたとき、私は半信半疑だった。ネットフリックスは率直なフィードバックを促すだけでなく、頻繁にそれをするよう求めている。私の経験上、それは社内で傷つくようなことを言われる頻度が高くなることを意味する。たいていの人は厳しい指摘をされると動揺し、思考が負のスパイラルに陥る。社員に率直なフィードバックを頻繁に口にするよう奨励するという会社の方針は、不愉快なだけでなく、とてもリスクが高い。だがネットフリックスの社員と仕事をするようになると、すぐにそのメリットに気づいた。

2016年、私はリードに、四半期ごとに開催されるリーダー会議で基調講演をしてほしいと頼まれた。開催地はキューバだ。ネットフリックスと仕事をするのはそれが初めてだったが、参加者は全員私の書いた『異文化理解力』を読んでいるという。そこで私は新しい要素を入れたいと思った。まったく新しい素材を使い、ネットフリックスのためにカスタマイズしたプレゼンテーションを用意した。私は通常、大勢の聴衆の前で講演するときには、どこかでやってみて、成功した内容を使う。だからネットフリックスのリーダー会議でステージに出ていくときには、いつもよりドキドキしていた。最初の45分はとてもうまくいった。世界中から集まった400人のマネージャーは熱心に聞き入り、私が質問を投げかけるたびに数十人がさっと手を挙げた。

それから参加者を少人数のグループに分け、5分間ディスカッションをしてもらった。私も壇上から降り、参加者のあいだを歩き回って会話に耳を傾けていた。そんななかアメリカ訛りで生き生きと話す女性が目に留まった。女性は私が見ていることに気づくと、手招きしてこう言った。「ちょうどこのグループのメンバーに話していたのですが、あなたが壇上から議論を進めるやり方は、文化的多様性に関するあなた自身の主張と矛盾すると思います。意見を求めて、最初に手を挙げた人を指しましたよね？　それは著書のなかで『避けるべき』と指摘していたワナに、自らはまっていることになります。手を挙げるのはアメリカ人だけだから、意見を述べる機会を得るのはアメリカ人だけになるでしょう？」

私はあっけに取られた。プレゼンの最中にマイナスのフィードバックを面と向かって与えられたのは初めてだったし、しかも他の参加者の見ている前だったのだから。具合が悪くなりそうだった。彼女の言うとおりだったのだから、なおさらだ。軌道修正するのに与えられた時間はわずか2分だ。私は講演を再開すると、参加者の出身国ごとに1人ずつ意見を聞いてみよう、と提案した。まずオランダ、続いてフランス、ブラジル、アメリカ、シンガポール、日本という具合に。

おかげで講演はとても盛り上がった。あのタイミングで彼女がフィードバックをくれていなければ、こんな方法は採らなかったはずだ。

このパターンはその後のネットフリックス社員とのやり取りでも続いた。インタビューするのは私のほうなのに、私自身の行動についてフィードバックを与えられることが多かった。ときには私が質問を始める前に、フィードバックをもらうこともあった。

たとえばアムステルダム拠点で働くダニエレ・クルック・デービスをインタビューしたときのことだ。ダニエレは私を温かく出迎え、私の本はとても面白かった、と言ってくれた。そして椅子に座るのも待たずに「ちょっとフィードバックをしてもいいですか？」と言ったのだ。オーディオブックの朗読がびっくりするほどお粗末で、その声のトーンのために私のメッセージが十分伝わらない、という。「録音をやり直す方法が見つかるといいけど。本の内容はすばらしいのに、朗読が台無しにしていますから」。私はぎょっとしたが、少し考えて、ダニエレの言うとおりだと思った。その晩、私は担当者に電話をかけ、録音のやり直しを依頼した。

ブラジルのサンパウロで現地のマネージャーをインタビューしたときには、挨拶もそこそこに「ちょっとフィードバックをしたいのだけど」と言われた。お互い「よろしく」しか言っていないのに、と思いつつ、私は努めて平静を装った。マネージャーは、インタビューの準備として私が送ったメールはあまりにもかっちりとして隙がなく、「上から」の印象を与えたという。「本ではは『ブラジル人は物事を曖昧にして、柔軟性を残そうとする』と書いているけれど、そのアドバイスに自ら反しているんじゃないかな。次にインタビューを受ける人には、テーマだけを書いて、具体的な質問項目は書かないほうがいいと思う。そのほうがきっと反応は良くなる」。マネージャーが私の送ったメールを実際に見せながら、どの文章が問題だったのか説明してくれるあいだ、私は息が詰まりそうだった。このフィードバックもとても有益だった。その後の出張では、インタビューの内容を相手に知らせるメールを送る前に、現地の知り合いに目を通してもらうようにした。おかげでインタビューを受ける社員が乗ってくるようなアイデアをもらえるようになった。

率直なフィードバックのやりとりにこれほどメリットがあるなら、なぜふつうの会社でほとんど行われないのか、不思議に思うかもしれない。だが人間の行動を改めて振り返ると、その理由がわかるはずだ。

……人は率直さを嫌う（でも本心では求めている）

批判されるのが好きだという人はまずいない。自分の仕事について否定的なことを言われると、自己疑念やいらだちを感じ、攻撃されたと思う。私たちの脳は否定的フィードバックを受けると、身体的脅威を受けたときと同じ闘争・逃走反応を示す。血液中にホルモンが分泌され、反応時間が短くなり、感情が高ぶる。

面と向かって批判を受けること以上に辛いのは、人前で否定的フィードバックを受けることだ。参加者が基調講演の真っ最中に（しかも他の参加者の前で）フィードバックをくれたことは、その後の講演の質を高めるのにとても役立った。彼女には私に役立つ提案があり、それは急を要するものだった。それでも人前でフィードバックを受けると、人間の脳は警報を発する。脳は生き残るための組織であり、多数派につくのは生き残り戦略としてとても有効だ。脳は集団から排除されるシグナルを常に警戒している。原始の昔には、それは孤立を意味し、死につながるリスクがあった。部族の前で過ちを指摘されると、脳の最も原始的部分であり、危険に目を光らせている扁桃体が警告を発する。「この集団は私を排除しようとしている」と。このような状況に直面すると、私たちのなかの自然な動物的本能は逃げようとする。

一方、肯定的フィードバックを受けると、脳はオキシトシンを分泌することを示す膨大な研究成果がある。母親が赤ん坊に授乳するときに分泌され、幸せを感じさせるのと同じ快感ホルモンだ。たいていの人が正直で建設的なフィードバックより、褒め言葉を与えようとするのも当然だ。

しかし研究では、たいていの人は真実を聞くことの大切さを本能的に理解していることがわかっている。コンサルティング会社のゼンガー・フォークマンが2014年に実施した研究では、1000人近い回答者からフィードバックに関するデータを集めた。その結果、褒め言葉には気分を良くする効果はあるものの、修正的フィードバックのほうが自らのパフォーマンス向上に効果があると考える人のほうが、肯定的フィードバックのほうが効果的だと答えた人より3倍多かった。大多数の人が肯定的フィードバックは成果を高めるのにたいした効果はないと考えていた。

この研究からは興味深いデータが他にも得られている。

・回答者の57%が、肯定的フィードバックより修正的フィードバックを受け取りたい、と答えた。
・72%がもっと修正的フィードバックをもらえれば、自分の能力が高まると感じていた。
・92%が「否定的フィードバックは適切な方法で伝えられれば、パフォーマンス向上につながる」という意見に同意していた。

自分のパフォーマンスが悪いと言われるのにはストレスや不快感があるが、それを乗り越えてしまえば、フィードバックは本当に役立つ。たいていの人はシンプルなフィードバック・ループは自分の仕事の能力を高めるのに役立つことを、直観的に理解している。

フィードバック・ループ――率直なカルチャーを醸成する

カリフォルニア州ロサンゼルスの南にある小さな町、ガーデングローブは2003年、ある問題に頭を悩ませていた。小学校周辺の道路での歩行者を巻き込んだ自動車事故が驚くほど多く発生していたのだ。当局はドライバーに減速を促すために制限速度を示す標識を立て、警察官は熱心に違反切符を切った。

しかし事故件数はほとんど変わらなかった。

そこで都市工学の専門家は、新たな方法を試すことにした。車の速度などをリアルタイムに表示する電光掲示板を設置したのだ。制限速度、レーダーセンサー、そして「あなたの速度」を表示するなど「ドライバーへのフィードバック」を提供するわけだ。掲示板の前を通過すると、自分の速度と、本来は時速何キロで走行すべきだったかがその場で示される。

どれだけ効果があるのか、専門家には懐疑的な声もあった。もともとすべての車のダッシュボードには速度計がついている。しかも警察の世界では、人がルールに従うのは違反したときの懲罰が明確になっているときだけだというのが常識だった。速度表示がドライバーの行動に影響を及ぼすはずがない。

しかし掲示板は確かに効果を発揮した。調査では、通過する車の速度が14%低下していた。3つの学校周辺では、平均速度が速度制限以下にまで低下していた。掲示板を設置するという単純でコストのかからないフィードバックだけで14%の低下というのは、大きな改善である。

フィードバック・ループはパフォーマンス改善に最も有効なツールのひとつだ。チームワークの一環として日常的にフィードバックを組み込むと、社員の学習速度や仕事の成果が高まる。フィードバックは誤解を防ぎ、お互いに共同責任を負っているという意識を生み出すのに役立つとともに、組織の階層やルールの必要性を低下させる。

とはいえ会社内で率直なフィードバックを促すのは、電光掲示板を設置するよりずっと難しい。率直に意見をやりとりする雰囲気を醸成するには、社員に「フィードバックは頼まれたときだけ与える」「褒めるのは人前で、批判するのは人のいないところで」といった、長年の条件付けや思い込みを捨ててもらわなければならない。

フィードバックをするかしないか判断するとき、私たちはふたつの相反する感情に引き裂かれることが多い。相手の気持ちを傷つけたくないという思いと、相手が成功するように手を貸したいという思いだ。ネットフリックスが目指すのは、たとえときとして相手の気持ちを傷つけることになっても、お互いが成功するのを助けることだ。しかも、正しい環境や方法を選べば、相手を傷つけずにフィードバックを与えられることがわかってきた。

組織やチーム内で率直なカルチャーを醸成するには、いくつかのステップがある。最初のステップは反直観的なものだ。一番やりやすいところから始めるのがいい、とあなたは思うかもしれない。上司が部下にフィードバックをたくさん与えるようにする、というのがそれだ。しかし私は、それよりはるかに難しいことから始めるのをおススメする。部下から上司に率直なフィードバックをさせるのだ。そのあとで上司から部下にフィードバックを返してもいい。いずれにせよ率直さが大きなメリットをもたらすのは、部下がリーダーに対して本音のフィードバックを伝えるようになったときだ。

……………王様に裸だと伝える

　みなさんと同じように、私も子供のころに有名な『裸の王様』のお話を聞いたことがある。おろかな王様が、自分は世界一美しい服を身につけていると信じ込み、裸で民衆の前をパレードする。その明らかな事実を誰も指摘しようとしないが、身分や権力やそれに逆らうことの危険性などわからない幼い子供が「王様は裸だ」と叫ぶ、という物語だ。

　組織のなかで立場が上になるほど、受け取るフィードバックは減っていき、「裸で職場にいるリスク」、すなわち自分以外の全員にわかるような失敗を犯すリスクが高くなる。これは単に仕事に支障をきたすというだけでなく、危険である。アシスタントが注文するコーヒーを間違ったときに誰も指摘しなくても、たいした問題ではない。しかしCFOが財務諸表でミスを犯し、誰もそれに異を唱えなければ、会社が危機に陥るリスクがある。

　ネットフリックスのマネージャーが部下に率直なフィードバックをもらうためによく使うテクニックのひとつめは、個別面談の議題に常にフィードバックを入れておくというものだ。単にフィードバックが欲しいと言うだけでなく、それが当然だと伝え、実践してみせるのだ。フィードバックは最初か最後に持ってきて、業務にかかわる他の議論と切り離すほうがいい。フィードバックの時間になったら、部下に自分（上司）に対するフィードバックを求め、それから（必要があれば）お返しに部下にもフィードバックを与えよう。

ここでカギとなるのが、フィードバックを受け取るときのふるまいだ。あらゆる批判に感謝を述べ、そして一番大事なこととして「帰属のシグナル」を頻繁に発することで、部下にフィードバックを与えても大丈夫だと感じてもらう必要がある。

「帰属のシグナル」とはダニエル・コイルが『カルチャーコード』で言及している概念で、「フィードバックを与えることで、あなたはこの部族で一段と重要なメンバーになる」「あなたが私に正直に話してくれたことで、あなたの仕事や私との関係がおかしくなることはない。あなたはここの仲間だ」ということを伝えるためのしぐさだ。私は部下が上司にフィードバックをしたときには、常に「帰属のシグナル」を示すようにとネットフリックスのリーダー層に口を酸っぱくして言っている。勇気をもってフィードバックを口にする社員は「上司に反感を持たれないか」「これで自分のキャリアに傷がつかないか」と不安を感じているからだ。

「帰属のシグナル」は、感謝の気持ちを声音ににじませる、話している相手に物理的に少し近づく、相手の目を親しみを込めてみつめる、といったちょっとしたしぐさだ。あるいはもっとはっきりした行動でもいい。たとえば勇気を出して意見を言ってくれたことに感謝の言葉を伝える、大勢の前でその一件を話題にする、といったことだ。コイルは「帰属のシグナル」の役割を「私たちの脳に原始時代から巣くっている『ここは安全だろうか』『この集団にいたら自分は将来どうなるのか』『危険が迫っていないか』といった問いに答えること」と説明する。社内で誰もが率直な意見を受け取るたびに「帰属のシグナル」で応えるようにすると、社員はますます勇気をもって本音を語るようになる。

ネットフリックス経営陣のなかでも、とりわけ率直なフィードバックを求め、受け取ったときには「帰属のシグナル」を示すのは、最高コンテンツ責任者（CCO）のテッド・サランドスだ。テッドはネットフリックスが提供するすべてのテレビ番組と映画に責任を持つ。エンタテインメント産業の改革において中心的役割を果たし、ハリウッドで最も重要な人物の1人に数えられる。メディア業界の大物の典型的パターンには当てはまらない。大学は卒業しておらず、アリゾナ州のレンタルビデオ店で働きながら映画を学んだ。

2019年5月のイブニング・スタンダード紙の記事では、こんなふうに紹介されている。

ネットフリックスが自社のCCOで大富豪のテッド・サランドスをモデルにドラマをつくるなら、1960年代のアリゾナ州フェニックスの貧困地区で、テレビ画面の前に足を組んで座るテッド少年の描写から始まるだろう。まわりでは4人の兄弟が賑やかに遊んでいるが、まるで気づかないように何時間もテレビに観入っている。時間割と言えば、テレビの番組表のことだった。

10代になるとレンタルビデオ店で働きはじめ、お客の少ない昼間は店にある900本の映画を観ながら過ごした。こうして映画やテレビについて百科事典並みの知識を蓄え、それに加えて視聴者にどんな作品が好まれるかという嗅覚も養った(「ヒト型アルゴリズム」と呼ばれたこともある)。「テレビを観すぎると頭が腐る」という説が誤りなのは、サランドスを見ればわかる。

2014年7月、テッドはヤングアダルト向けのコンテンツ獲得を強化するため、ニコロデオンのシニア・バイスプレジデントだったブライアン・ライトを引き抜いた(ブライアンは入社わずか数カ月後に『ストレンジャー・シングス』を契約するという大金星をあげた)。ブライアンは入社初日に、テッドが大勢の前でフィードバックを受け取る場面を目の当たりにしたという。

ぼくが過去に働いた職場では、誰が誰に気に入られているか、嫌われているかが何より重要だった。上司に意見をしたり、他の出席者のいる会議で反対意見など述べたりしたら、社内政治的にアウトだ。シベリア送りになる。

ネットフリックスに初出社した月曜の朝、ぼくは社内の人間関係を見きわめようと神経をとがらせていた。午前11時にはテッド（ぼくの上司の上司）が参加する会議に出た。ぼくから見ればテッドはスーパースターで、会議室には各部門からさまざまな立場の社員が15人ほど集まっていた。テッドがヒューマンドラマ『ブラックリスト』のシーズン2の企画について話していると、社内の立場的にはテッドより4階層も下の男性社員が口を挟んだ。「テッド、ちょっとおかしいと思うんだが。ライセンス契約を誤解していないか？　そのやり方はうまくいかないと思う」と。テッドはそんなことはないと言ったが、男性社員も譲らなかった。「うまくいかない。あなたはふたつの異なるレポートをごっちゃにしている。誤解している。ぼくらはソニーと直接話し合う必要がある」

こんな下っ端の男性がテッド・サランドスのような大物に大勢の前で物申すなんて、信じられなかった。ぼくの経験では、会社員としての自殺行為に等しかった。激しく動揺して、ぼくの顔は真っ赤になった。机の下に隠れたい気分だった。

会議が終わるとテッドは立ち上がり、男性社員の肩に手を置いてこう言った。「最高のミーティングだったな。今日は意見を言ってくれてありがとう」。顔には笑みが浮かんでいた。口があんぐりしそうになるのを、ぼくは必死にこらえた。それぐらい驚いたのだ。

その後、トイレでテッドと鉢合わせした。初日はどうだい、と聞かれたので、「テッド、会議室であの若い子があなたにあんな口を利くなんて驚いたよ」と答えた。するとテッドは怪訝そうな顔をした。「ブライアン、言うべき意見があるのに相手の反応を気にして口をつぐむようなやつは、ネットフリックスにいられないぜ。会社が君らを雇っているのは、意見を聞くためだ。会議室にいる人間は全員、率直な意見を言う責任があるんだ」


テッドには、部下に上司への率直なフィードバックを促すのに不可欠な、ふたつのふるまいがはっきりと見て取れる。まずフィードバックを求めるだけでなく、それが当然期待される行動であることを明確に伝え、実践している（ブライアンへの指導など）。さらに実際にフィードバッ

360 is always a very stimulating time of year. I find the best comments for my growth are unfortunately the most painful. So in the spirit of 360, thank you for bravely and honestly pointing out to me: **"in meetings you can skip over topics or rush through them when you feel impatient or determine a particular topic on the agenda is no longer worth the time...On a similar note, watch out for letting your point-of-view overwhelm. You can short-change the debate by signalling alignment when it doesn't exist."** So true, so sad, and so frustrating that I still do this. I will keep working on it. Hopefully, all of you got and gave very direct constructive feedback as well.

360度評価には毎年、とても刺激を受ける。私の成長に最も役立つのは、残念ながら最も読むのがつらいものでもある。だから360度の精神に基づいて、私の問題を指摘してくれるみんなの勇気と誠実さにお礼を言いたい。「あなたは会議でイライラしたり、あるテーマについて時間を取るに値しないと判断すると、それを飛ばしたり、じっくり検討しなかったりする。同じような話になるが、自分の意見を押しつけようとする傾向があるので、それも注意したほうがいい。みんなの足並みが揃ったようなシグナルを出し、議論せずに済ませようとする」。本当にそのとおりで、自分がまだそんなことをしているのは残念だし、腹が立つ。今後も努力するつもりだ。みんなも同じように率直で建設的なフィードバックを与え、受け取っているといいな。

クを受け取ったら、「帰属のシグナル」を返している。このケースでは会議室で男性社員の肩に手を置いたのがそれだ。

ネットフリックスでこのふたつのふるまいを頻繁に実践しているリーダーの1人がリードだ。だから誰よりも多くの否定的フィードバックを受け取る。その証拠が360度評価のレポートだ。そこには誰もが書き込むことができ、リードのレポートには常に他のどの社員よりも多くのフィードバックが書き込まれる。リードは常にフィードバックを求め、きまじめに「帰属のシグナル」を返す。ときにはある批判を受け取ったことがどれほど嬉しかったかを、大勢の前で語ったりする。上に載せたのは、2019年春にネットフリックスの全社員に送ったメモの一節だ。

ロシェル・キングは勤務先のCEOに建設的なフィードバックをしたときのことをよく覚えている。ネットフリックスでクリエイティブ・プロダクト・ディレクターとして働きはじめて1年近く経った2010年のことだ。当時ロシェルの直属の上司はバイスプレジデントで、そのバイスプレジデントの上司は最高プロダクト責任者、さらにその上司がリードだった。つまり組織上、ロシェルはリードより3階層下だった。上司に率直に意見したロシェルのケースは、きわめてネットフリックスらしいものだ。

会議にはディレクター、バイスプレジデント、さらには経営幹部が数名、合計25人ほどが集まっており、リードが議長をしていた。そこでパティ・マッコードが何かリードの気に入らないことを言った。リードはパティの発言へのいらだちをあらわにし、皮肉交じりにそれを否定した。リードの発言を聞いて、その場の全員がギクッとし、思わず息を呑んだ。リードは頭に血がのぼっていて周囲の反応に気づかなかったかもしれないが、私はこのときのリードのふるまいはリーダーにふさわしくないと感じた。

このような状況で何も言わないのは会社に対する裏切りに等しい、というネットフリックスのおきてを、ロシェルはよく理解していた。そこでその晩、リードにメールを書いた。そして「ネットフリックスにおいてさえ少しリスキーな行動だと思ったので、文面を100回は読み返した」という。ようやくロシェルが送ったのは、次のようなメールだった。

リードさん、

昨日の会議に参加した1人として、パティさんに対するあなたの発言は、相手を否定するような失礼なものに思えました。こんなことをお伝えするのは、昨年のリトリートで、誰もが発言し、（賛成か反対かにかかわらず）議論に貢献するような環境をつくることが大切だと、あなた自身がおっしゃっていたからです。

昨日の会議にはディレクターやバイスプレジデントなどさまざまな立場の人が出席していて、なかにはあなたのことをよく知らない人もいました。そういう人はパティさんに対するあなたの口調を聞いて、今後人前であなたに意見するのはやめようと思ったでしょう。自分の意見もあんなふうに否定されるかもしれないから、と。こんなメールをお送りして、お気を悪くされないと良いのですが。

ロシェルより

この話を聞いて、私は自分の過去の職場を振り返ってみた。〈スリランカ・カレーハウス〉のウェイトレスだったとき、巨大な多国籍企業で研修担当マネージャーをしていたとき、あるいはボストンの小さな会社でディレクターをしていたとき、そしてビジネススクールの教授だったとき。いずれかの職場で誰かが組織の長に対して丁寧に、それでいて率直に、会議での口調が不適切だったなどと指摘したことがあっただろうか。どう考えても、答えは「ノー」だった。

リードにこの5年前のロシェルとのやりとりを覚えているかメールで尋ねたところ、数分のうちに返信があった。

> エリン、あのときの会議室も(部屋名は「キングコング」だった)、そして自分とパティがどこに座っていたかもはっきりと覚えているよ。会議の後、自分のイライラをあんなふうに表してしまったことに最悪の気分になったよ。
>
> リード

数分後、リードはロシェルが自分に送ってきたメールと、それに対する自分の返信を転送してくれた。

ロシェル、フィードバックをくれたことに心からお礼を言うよ。これからもおかしいと思うことを目にしたら、ぜひぼくに教えてください。

リード

ロシェルのフィードバックは率直だが思いやりが感じられ、リードがリーダーとして向上するのを本気で助けたいという気持ちで書かれたものだった。

ただ率直なカルチャーを醸成するのには大きなリスクが伴う。それをさまざまなかたちで意図的に、あるいは無意識のうちに悪用する人が出てくるのだ。そこで職場で率直なカルチャーを醸成するために、リードがとった次のステップが必要になる。

……………すべての社員にフィードバックの上手な与え方、受け取り方を教える

ブラッドリー・クーパーとレディ・ガガが出演し、アカデミー賞歌曲賞も受賞した映画『アリー／スター誕生』に、誤った率直さが最悪の結果を引き起こす場面がある。

レディ・ガガ演じるアリーが泡風呂に入っている。新進スターとして人気を博し、グラミー賞4部門にもノミネートされた。そこへメンターであり、結婚してまもない夫が泥酔状態で入ってくる。そして歌謡番組『サタデーナイト・ライブ』でアリーが披露したばかりのオリジナル曲について、率直な感想を言う。

ノミネートされたんだってな、結構なこった。（君の曲は）さっぱりわかんない。「なぜわたしの前に現れたの、そんなケツをさらして」だったか？（うんざりした表情、長いため息をつく）。オレのせいかな。君は最低だったよ。はっきり言わせてもらうが。

ネットフリックスでは率直なフィードバックがとにかく重要だとは言っても、こんな「率直

さ」はとても受け入れられない。率直なカルチャーとは、なんでもありということではない。ネットフリックスの社員からフィードバックを受けるようになって、最初の数回は正直ぎょっとした。そしてフィードバックの指針は「後先考えずに頭に浮かんだことをなんでも言え」なのかと思った。しかしネットフリックスの管理職は、フィードバックの正しいやり方と間違ったやり方を部下に教えるのに相当な時間をかける。効果的なフィードバックとはどのようなものかを説明するための社内文書もある。研修プログラムにはフィードバックの与え方、返し方を練習するセクションもある。

みなさんもぜひ実践してみてほしい。率直さに関するネットフリックスの社内資料をかきあつめ、何十人というインタビュー相手に上手な方法を尋ねた結果、その内容は「4つのA（4A）」に集約できることがわかった。

フィードバックのガイドライン「4A」

フィードバックを与える

1　相手を助けようという気持ちで（AIM TO ASSIST）　フィードバックは前向きな意図をも

って行う。自分のイライラを吐き出すため、意図的に相手を傷つけるため、あるいは自分の立場を強くするためにフィードバックをすることは許されない。ある行動を変えることがあなたではなく、相手自身あるいは会社にとってどのように役立つのか、明確に説明しよう。「社外パートナーとのミーティング中に歯をいじるのは止めろよ、気持ち悪いから」は誤ったフィードバックだ。正しい伝え方は「外部パートナーとのミーティング中に歯をいじるのをやめれば、パートナーは君をプロフェッショナルとして見てくれるし、会社としても関係を強化できるはずだ」。

2 行動変化を促す（ACTIONABLE） フィードバックはそれを受けた相手が行動をどう変えるべきかにフォーカスすべきだ。私がキューバで基調講演をしたときの女性社員のコメントとして「あなたが壇上から議論を進めるやり方は、文化的多様性に関するあなた自身の主張と矛盾すると思います」だけで終わっていたら、フィードバックとして落第だ。正しいフィードバックは「あなたのやり方だと、参加者のなかで意見を述べるのはアメリカ人だけになりますよ」だ。「会場に来ている他の国の人たちからも意見を引き出す方法を見つけられれば、プレゼンの説得力が高まりますよ」と言えば、なおいい。

3 感謝する（APPRECIATE） 批判されると、誰だって自己弁護や言い訳をしたくなる。反射的に自尊心や自分の評価を守ろうとする。フィードバックをもらったら、この自然な反応に抗（あらが）い、自問しよう。「このフィードバックに感謝を示し、真摯に耳を傾け、とらわれない心で相手のメッセージを検討し、自己弁護をしたり腹を立てたりしないためにはどうふるまったらいいのか」と。

4 取捨選択（ACCEPT OR DISCARD） ネットフリックスで働いていると、たくさんの人からたくさんのフィードバックを受ける。そのすべてに耳を傾け、検討しなければならない。しかし常にそれに従う必要はない。心から「ありがとう」と言ったら、受け入れるかどうかは本人次第だ。それはフィードバックを与える人、受ける人の双方が理解しておかなければならない。

本章の冒頭では、ダグがジョーダンのインドでの仕事ぶりを見て与えたフィードバックを紹介した。これは「4A」ガイドラインを完璧に実践した例だ。ダグはジョーダンの取引相手との接し方が、彼自身の目標達成を妨げていることに気づ

いた。フィードバックの目的は、ジョーダンの業務遂行能力を高め、組織が成功するのを助けることだった（相手を助けようという気持ちで）。ダグのフィードバックはとても具体的だったので、ジョーダンはいまではインドに出張する際に毎回違うアプローチをとるようになったという（行動変化を促す）。ジョーダンは「ありがとう」と言った（感謝する）。フィードバックを受け入れないという選択肢もあったが、今回は受け入れている。「私には弱点がある。パートナーが街を案内してくれている最中に、もし私が時計を見ていたりしたら、すねを思いきり蹴ってくれ。あとで絶対感謝するから」と（取捨選択）。

たいていの人はダグと同じように、その場でフィードバックをするのはとても難しいと感じる。真実を伝えるのに適したタイミングと環境が整うまで待つ、という発想がしみついているからだ。それによってフィードバックの効果は大幅に薄れてしまう。だからチームで率直なカルチャーを醸成するためには、これから紹介する3つめのステップが重要になるのだ。

………… いつでもどこでもフィードバックをする

最後に残った問いは「いつ、どこで」フィードバックをするか、だ。その答えは「いつでも、どこでも」である。会議室の扉を閉めた2人きりの状況のこともあるだろう。エリンがネットフリックスで最初にフィードバックを受けたのは、基調講演の途中で3～4人のグループの前だった。それでもかまわない。40人の集団の前で叫ぶというやり方も、それによってフィードバックの効果が最大になるなら問題はない。

グローバル・コミュニケーションチームのバイスプレジデント、ローズがまさにそんな例を話してくれた。

私は世界中から集まった40人の同僚と、2日間にわたる会議に出ていた。そこでドラマ『13の理由』のシーズン2のマーケティング計画を発表するのに60分、時間をもらった。

シーズン1を公開したときには、番組中の自殺の場面が大論争を巻き起こした。そこでシーズン2では、私の得意分野であるブランドのパブリシティ［広報活動］でよく使われる手法を提案することにした。ただそれはネットフリックスで通常行われる、伝統的なパブリシティの方法とは違っていた。

私の計画には、ノースウエスタン大学と組み、独立した立場からシーズン2がティーンエイジャーに与える影響を調査してもらうというアイデアが含まれていた。ネットフリックスは調査に介入しないが、調査結果はシーズン2の公開に備えて、好ましい評価を広めるのに役立つだろう。

この60分のプレゼンは、マーケティング部門の仲間から賛同を得るための唯一のチャンスだった。だが始まって15分経つころには、次々と反論があがりはじめた。「どんな結果が出るかもわからないのに、なぜそんな大金を投資するのか」「ネットフリックスが資金を出しても、調査に独立性があるといえるのか」といった疑問だ。ローズは自分が攻撃されていると感じた。

誰かが手を挙げるたびに、新たな敵が現れたような気がした。「自分が何をしているか、わかっているのか？」とみんなに怒鳴られているようだった。異論が出るたびに、自分の話すペースが速くなり、会議室内にイライラした空気が充満した。出席者から次々と質問があがるたびに、私はプレゼンを終えられないのではないかと不安になり、ますます早口になっていった。

そのとき会議室の後方に座っていたローズの親しい同僚、ビアンカがネットフリックス的な救命胴衣を投げ込んだ。「ローズ、このままじゃダメ。みんなの支持を失っている。自己弁護的に聞こえる。すごく早口だし、質問をきちんと聞いていない。みんなの不安には答えず、自分の主張を繰り返すだけになっている。深呼吸して。あなたにはここにいるみんなの支持が必要なんだから」と叫んだのだ。

その瞬間、私は聞き手の立場から自分の姿を見ることができた。息を切らして、相手の話を聞かずに一方的に話している。私は深呼吸をしてこう言った。「ありがとう、ビアンカ。あなたの言うとおり。残り時間ばかり気にしていた。みんなにこのプロジェクトを理解してもらいたいと思います。ここにいるのは、みんなの意見を聞き、質問に答えるためだから。議論に戻りましょうか。きちんと答えていなかった質問はどれでしょう?」。私は意識的に自分のエネルギーをプラスに転換し、それによって部屋の空気も変わった。みんなの口調は穏やかになり、笑みが見られるようになった。攻撃的な空気は消えた。最終的に私はグループの支持をとりつけることができた。ビアンカの率直さが、私を救ってくれたのだ。

ふつうの組織では、プレゼンの真っ最中に出席者のいる前で大声で批判的なことを言うのは完全にご法度で、相手のためにならないと思われるだろう。しかし組織内に率直なカルチャーがきちんと浸透すれば、そこにいる誰もがこのビアンカのフィードバックはすばらしい贈り物だと理解するだろう。ビアンカの目的はローズがプレゼンに成功するのをサポートすることだった（相手を助けようという気持ちで）。ローズがパフォーマンスを改善するのに役立つ具体的行動を説明していた（行動変化を促す）。ローズはフィードバックをくれたビアンカにお礼を言った（感謝する）。このケースではローズはビアンカのアドバイスに従い、それが全員にプラスの影響をもたらした（取捨選択）。この「４Ａ」ガイドラインに従えば、フィードバックを最も効果的なタイミングと場所で与えられるようになるし、またそうすべきなのだ。

　このケースではビアンカは善意でフィードバックを提供していたが、そうではなかったらどうだろう。悪意を持った人が、「４Ａ」に従うように見せかけて、実際にはローズのプレゼンを邪魔したり、評価を傷つけようとしていたら？　率直なコミュニケーションにやはりリスクを感じる人がいるのは当然だろう。そこで率直な空気を醸成するための、最後のアドバイスの出番となる。

……「無私の率直さ」と「Brilliant Jerk」を区別する

誰もがおそろしく優秀な人と仕事をしたことがあるはずだ。すばらしいアイデアに溢れ、緻密で、あっという間に難しい問題を解決してしまう、そんなタイプだ。組織の能力密度が高まるほど、チームには優秀な人材が増えていく。

しかし優秀な人材が増えると、あるリスクが生じる。とびきり優秀な人材はときとして、あまりに長きにわたって自分たちがどれだけすばらしいかを聞かされてきたので、自分は本当に誰よりも優れていると思うようになる。バカバカしいと思うアイデアを鼻で笑ったり、要領を得ない同僚の発言にうんざりした顔をしたり、自分より能力が低いと思った相手を侮辱したりする。要は有能だが協調性がない、いわゆる「Brilliant Jerk［デキるけど嫌なやつ］」なのだ。

チームに率直なカルチャーを醸成するには、有能(ブリリアント)だが協調性のない嫌なやつ(ジャーク)を排除する必要がある。「ジャークだがめちゃめちゃ優秀なのだから、失うわけにはいかない」と思うケースも多いかもしれない。しかしジャークがどれほど優秀かは問題ではない。その人物がチームにいたら、率直さの恩恵を享受できなくなる。ジャークが優れたチームワークに及ぼす影響は大きすぎる。そういう人たちは組織を内側から蝕む。彼らが好んで使うのは、同僚を面と向かって傷つけておいて、「自分は率直に意見を言っただけだ」とうそぶくという手だ。

「ブリリアント・ジャークは要らない」を実践するネットフリックスでも、ときどきリミットを見きわめられない社員はいる。そういう状況が起きたら、介入しなければならない。たとえばオリジナル・コンテンツ・スペシャリストのポーラという社員がいた。とびきりクリエイティブで、豊富な人脈という強みもあった。長い時間をかけて脚本を読み込み、テレビ番組の企画をヒット作に仕立てるアイデアを出すことに長けていた。そんなポーラは常に思ったことをズバズバ言うことで、ネットフリックス・カルチャーを実践しようとした。

会議では激しい口調で何度も同じ主張を繰り返し、ときにはテーブルを叩きながら自分が正しいと言い張ることもあった。同僚が話をわかっていないと思うと、しょっちゅう途中で遮った。効率よく働きたいタイプらしく、会議中に同僚、特に自分とは異なる意見を持つ人が発言していると、パソコンを開いて仕事を始めることもあった。誰かが冗長だったり、なかなか要点を言わなかったりすると、即座に話を遮ってそれを指摘した。ポーラには自分がジャークだという自覚はまったくなく、単に正直なフィードバックを出すことでネットフリックス・カルチャーを体現している気になっていた。しかしこうした問題行動が原因で、すでにネットフリックスを去っている。

率直なカルチャーとは、相手にどんな影響を及ぼすかなど気にせず、思ったことを口にしていい、ということではない。むしろその逆で、誰もが「4A」ガイドラインをしっかり考えなければならない。ときにはフィードバックをする前に熟考し、事前に準備することも必要で、それに加えて責任ある立場にいる者は状況のモニタリングとコーチングをする。例として、ネットフリックスのプレイバックAPIチームのエンジニアリング・マネージャー、ジャスティン・ベッカーが2017年に行った、「ぼくはブリリアント・ジャークなのか」というプレゼンを紹介しよう。

ネットフリックスに入社したばかりの頃、ぼくのグループのあるエンジニアが、ぼくの専門分野で大きな間違いを犯した。そのうえ自らの責任を回避し、対応策を何も示さないメールを送ってきた。腹を立てたぼくは、そのエンジニアに電話をかけた。彼を正しい道に戻そうと思ったのだ。ぼくは歯に衣着せずに彼の行動を批判した。決して愉快ではなかったが、自分が会社のために正しいことをしていると思った。

1週間後、そのエンジニアの上司であるマネージャーが突然ぼくの席にやってきた。ぼくとエンジニアとのあいだでどんなやりとりがあったか知っているという。そしてぼくが言ったことは間違っていないが、あれ以降エンジニアがやる気を失い、生産性が落ちたことを知っているか、と言った。そして自分の部下の生産性を落とすことが、ぼくの目的だったのかと尋ねた。もちろん、そんなつもりはなかった、とぼくは言った。するとそのマネージャーは、こう聞いてきた。あのとき君が言った内容を、エンジニアが前向きな気持ちになり、自らの間違いを直そうという気にさせるような方法で伝えることもできたと思わないか、と。たしかに、そういうやり方もあっただろう、とぼくは言った。よかった。次からはぜひそうしてくれ、とマネージャーは言った。わかった、とぼくは答えた。

2分足らずの会話だったが、即効性があった。マネージャーがぼくのことをジャークだと責めたりしなかったことに注目してほしい。そうではなく①会社に不利益をもたらすつもりなのか、そして②もっと分別のある行動ができないか、と尋ねたのだ。どちらの質問にも、正しい答えはひとつしかない。このマネージャーに「おまえはジャークだ」と言われたら、ぼくは「そんなことはない」と反論したかもしれない。しかし彼は問いかけることによってぼくに答えを考えさせ、自らを振り返るきっかけを与えてくれたのだ。

ジャスティンは当初、「4A」のフィードバック・モデルの一部しか実践していなかった。フィードバックはエンジニアを正しい道に戻すためのものだった。そして自分は会社のためにやっていると思っていた。そしてエンジニアへのメッセージも、行動変化を促すものだったかもしれない。それでもジャークになってしまったのは、自らの胸のうちのモヤモヤをフィードバックとして吐き出したことで、率直さの第1のガイドラインを破ったからだ。批判的フィードバックに関する一般的ガイドラインは他にもいくつかあり（「怒りが冷めないうちは相手を批判しない」「修正的フィードバックをするときは穏やかな声で話す」など）、それをわきまえていれば状況は違っていたかもしれない。

もちろん、誰だってときには嫌なやつ（ジャーク）になることもある。ジャスティンの場合は、嫌な態度と率直さとを勘違いしていた。ジャスティンはふるまいを修正することができた。そしていまでもネットフリックスで働いている。

本書の第8章では再びこのテーマをとりあげ、チームで率直な意見交換を促す他の方法をいくつか見ていく。

2つめの点

とびきり優秀で、思いやりと善意に溢れた人材が集まったら、決して簡単ではないが、会社のスピード感と有効性の劇的な向上につながる取り組みを始めよう。お互いに率直なフィードバックをたくさん与え、また社内で権力のある人に対しても疑問を投げかけるよう、社員に求めるのだ。

第2章のメッセージ

・率直なフィードバックによって、優秀な人材は傑出した人材になる。頻繁に率直なフィードバックを与え合うことで、チームや会社全体のスピード感と有効性は飛躍的に高まる。

・定例会議にフィードバックの時間を設け、率直なやりとりを促す。

・「4A」ガイドラインに従い、上手にフィードバックをやりとりできるように社員にコーチングを与える。

・リーダーは頻繁にフィードバックを求め、受け取ったときには「帰属のシグナル」を返す。

・率直なカルチャーを浸透させるときには、組織からジャークを排除する。

「自由と責任」のカルチャーに向けて

企業は通常、社員が会社にとって好ましい行動をとるように、さまざまなコントロール・プロセスを導入する。そこにはルール、承認プロセス、マネージャーによる監督などが含まれる。

まずは職場の能力密度を高めることに注力しよう。それから率直なカルチャーを醸成し、誰もがお互いにたくさんのフィードバックを与え合う環境を生み出そう。

職場に率直な空気が生まれれば、社員の好ましくない行動を正すのは、もはや上司だけの役割ではなくなる。個人のどのような行動が会社のためになり、どのような行動が足を引っ張るかを、全員がオープンに対話するようになれば、上司は社員の仕事を細かく監督しなくてもよくなる。

能力密度と率直さという条件が揃ったら、徐々にコントロールを廃止していこう。第3a章と第3b章ではその方法を見ていく。

それではコントロールを撤廃していこう

第3a章

休暇規程を撤廃する

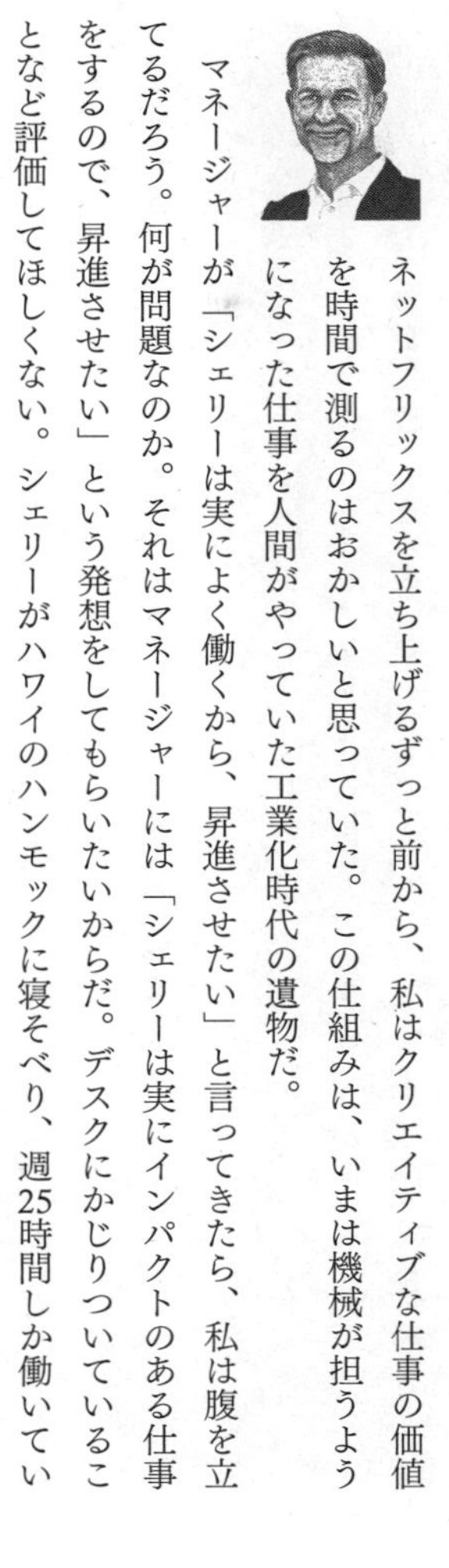

ネットフリックスを立ち上げるずっと前から、私はクリエイティブな仕事の価値を時間で測るのはおかしいと思っていた。この仕組みは、いまは機械が担うようになった仕事を人間がやっていた工業化時代の遺物だ。

マネージャーが「シェリーは実によく働くから、昇進させたい」と言ってきたら、私は腹を立てるだろう。何が問題なのか。それはマネージャーには「シェリーは実にインパクトのある仕事をするので、昇進させたい」という発想をしてもらいたいからだ。デスクにかじりついていることなど評価してほしくない。シェリーがハワイのハンモックに寝そべり、週25時間しか働いていないのに、すばらしい成果を挙げていたらどうか。それならなおさら大幅な昇給が必要だ。とんでもなく貴重な人材なのだから。

この情報化時代に重要なのは、何時間働いたかではなく、何を達成したかだ。ネットフリックスのようなクリエイティブな会社で働く社員は特にそうだ。私は社員が何時間働いているかなど気にしたこともない。ネットフリックスでの業績評価では、頑張ったか否かは関係ない。

それにもかかわらずネットフリックスは2003年までふつうの会社と同じように、各社員に休暇日数を割り当て、何日取得したか管理していた。長いものに巻かれていたわけだ。それぞれの社員は勤続年数に応じて特定の休暇日数を付与されていた。

そんななか、ある社員からの提案をきっかけに、私たちは制度を変えた。

> みんな週末でもとんでもない時間にメールに返信するなど、ネットを使って仕事をすることがある。逆に私用で午後いっぱい休みを取ったりもする。1日あたり、あるいは1週間あたり何時間働いたかなど、誰も管理していない。それなのになぜ毎年休みを何日取ったかは管理するのだろう。

この問いに答えられる者はいなかった。午前9時から午後5時まで（8時間）働く社員もいれば、午前5時から午後9時まで（16時間）働く者もいるかもしれない。後者は前者の2倍の労働時間だが、誰もそれを管理していない。ならばなぜ、ある社員が年に50週働いたか、48週働いたかを気にする必要があるのか。その差はわずか4％なのに。パティ・マッコードはネットフリックスの休暇規程を完全に廃止しよう、と提案してきた。「休暇規程は『たまには休め』ということにしましょう」と。

どう生きるか、いつ働き、いつ休むかは完全に自分次第だ。そう社員に伝えるというアイデアは大いに気に入った。しかし私の知るかぎり、そんな制度を採り入れている会社はなかったので、実際にやってみたらどうなるのか不安だった。この時期、私は2パターンの悪夢をよく見た。

ひとつは夏のこと。私は重要な会議に遅れそうになっている。駐車場に車を停め、会社に駆け込む。やらなければいけない準備が山ほどある。それにはみんなの協力が必要だ。正面玄関を駆け抜けながら、社員の名前を呼ぶ。「デビッド、ジャッキー！」。でも社内は静まり返っている。なぜ誰もいないのだろう？　ようやく豪華な毛皮の襟巻きをして、オフィスにいるパティを見つける。「パティ、みんなどこにいったんだ」。息を切らせて尋ねると、パティはにっこり笑って私を見上げる。「あら、リード。みんな休暇を取っているわ！」

これは重大な懸念だった。ネットフリックスは少数精鋭で、やらなければならない仕事がたくさんある。DVDバイヤーのチーム5人のうち2人が冬に1カ月休暇を取ったら、会社はガタガタになってしまう。社員が休んでばかりいるようになって会社が倒産しないか。

ふたつめの悪夢の場面は冬だ。外は私が子供時代を過ごしたマサチューセッツ州の冬のような猛吹雪だ。扉は雪に閉ざされ、全社員がオフィスに籠っている。屋根からは象1頭分くらいの巨大なつららが下がっている。社内は人で溢れんばかりだ。キッチンの床で眠っている者もいる。ぼんやりとパソコン画面を見ている者もいる。私はカンカンだ。なぜ誰も働かないんだ？　なぜみんなこんなに疲れ切っているんだ？　床に寝ている何人かを叩き起こし、仕事に戻らせようとする。なんとか立たせるが、自分のデスクに戻る姿はゾンビのようだ。なぜみんながボロ雑巾のようになって会社にいるのか、私の頭のなかではわかっている。もう何年も誰も休暇を取っていないのだ。

休暇を割り振らないと、誰も休まなくなるのではないかという懸念もあった。「休暇規程廃止」が「休暇廃止規程」になってしまうのではないか？　ネットフリックス史上最高のイノベーションの多くは、社員の休暇中に生まれた。その一例が、20年近く最高プロダクト責任者を務めたニール・ハントだ。ニールはイギリス出身で、パティの表現を借りれば「棒に脳みそをくっつけたみたい」だ。身長は193センチあるが鉛筆のように細く、抜群に優秀だ。今日のネットフリックスを支える重要なイノベーションの多くは、ニールの監督下で生まれた。ニールは休暇を大自然のなかで過ごすのが大好きだ。

休暇を取るときには、いつも人里離れた場所に行く。そして戻ってくるときにはきまって会社を飛躍させるようなすばらしいアイデアを持ち帰ってくる。妻と一緒に氷のこぎりを持ってシエラネバダ山脈北部に行き、イグルー［イヌイット族が住居にしていた、氷のブロックでつくるドーム型の家］をつくって1週間滞在したこともある。職場に戻る頃には、顧客により適した映画をおススメするための新たなアルゴリズムを編み出していた。社員が休暇を取ると会社にどんなメリットがあるかを示す見本と言える。休暇を取ると、クリエイティブに思考し、仕事を別の角度から見直す心理的余裕が生まれる。ずっと働き続けていたら、新たな視点で問題を見直すこともできない。

休暇規程を廃止する準備として、パティと私は経営陣を集め、私の頭を離れないこのふたつの相矛盾する不安についてじっくり話し合った。その結果、多少の不安はあったものの、休暇規程を全面的に廃止することを決めた。ただあくまでも実験という位置づけにした。新たなシステムは社員にいつでも、そしていくらでも休暇を取ることを認める。事前に承認を受ける必要もなければ、社員自身や管理職が休暇を取得した日数を管理する必要もない。数時間、丸1日、1週間、あるいは1カ月の休暇を取りたいか、取るとすればいつか、それを決めるのは社員自身だ。

実験はうまく行き、ネットフリックスはいまでもこの運用を続けており、多くのメリットをもたらしている。休暇日数が無制限というのは、一流の人材を惹きつけ、つなぎ止めるのに役立つ。特にジェネレーションZやミレニアル世代は時間で管理されるのを嫌う。規程をなくせば、煩雑な手続きが減り、誰がいつ休暇を取得するか管理するコストも抑えられる。何より重要なのは、これは社員に対して「君たちが分別のある行動をとると信頼しているよ」と伝える方法にもなり、彼らに責任ある行動を促す。

とはいえ必要な措置を講じずに休暇規程を廃止すると、私の見ていた悪夢が現実化してしまうリスクがある。必要な措置のひとつつめから見ていこう。

……………リーダーが長期休暇を取って範を示す

私は最近、ネットフリックスと同じような休暇ルールを実験的に採り入れた小さな会社のCEOの記事を目にした。だがあまり成功しなかったようだ。

2週間休暇を取ったら、同僚は自分を怠け者だと思うだろうか。上司より長い休暇を取っても大丈夫だろうか――。そういう不安はよくわかる。私の会社は10年近く、無制限に休暇を取れるようにしてきた。しかし社員の数が40人に増えると、誰も口には出さないが、ここに挙げたような不安が広がっていった。経営陣は昨年の春、現在のルールを維持すべきかを全社員に投票で決めてもらうことにした。結局社員は無制限の休暇制度を廃止し、勤続年数に応じた明確なルールを採用することを選んだ。私にとって予想外の結果ではなかった。

しかし私には予想外の結果だった。ネットフリックスの無制限休暇制度は社員の熱い支持を集めており、こんなことは起こりえない。私が最初に疑問に思ったのは「リーダーは長期休暇を取って範を示したのか」だ。記事を読み進めると、答えが書いてあった。

休暇は無制限とは言っても、CEOの私でさえ年に合計2週間くらいしか休暇を取っていなかった。新たな制度（休暇日数を明記する）の下では、与えられた5週間のすべては無理でも、できるだけ多くを消化するつもりだ。私にとっては「せっかく獲得した休暇を失ってしまう」という不安こそが、実際にそれを使おうという動機づけになる。

CEOが2週間しか休暇を取らなければ、無制限の休暇制度があっても自由に使えないと社員が感じるのは当然だ。休暇日数は無制限でも上司が2週間しか取らないという状態より、3週間でも割り当ててもらったほうがずっと利用しやすい。規程がなければ、社員がどれだけ休暇を取得するかは、上司と同僚の休暇の取り方に大きく左右される。だから休暇規程を撤廃するなら、まずすべてのリーダーがたっぷり休暇を取り、それについて積極的に語るようにするところから始める必要がある。

パティはこれを当初から明確に語っていた。休暇規程廃止の実験を始めることを決定した2003年のリーダー会議で、パティは実験を成功させるには経営陣がまとまった休暇を取り、それについて多くの人と話をすることが重要だと力説した。規程がなくなると、上司がどのような行動をとるかがきわめて重要になる。幹部にはオフィスにインドネシアやタホ湖で買ってきた絵ハガキを大量に貼ってほしいと訴え、テッド・サランドスが7月にスペイン南部での休暇から戻ってきたら、全員で7000枚の写真を一緒に見ようと提案した。

規程がなければ、たいていの社員は部署内を見渡し、許容範囲の「暗黙のリミット」を見きわめようとする。私はもともと旅行が好きで、休暇規程を撤廃する前からたっぷり休みを取るよう努めていたが、規程を撤廃して以降は、聞いてくれる人には積極的に休暇のエピソードを語るようにした。

リードと仕事を始めたときには、仕事漬けなのだろうと思っていた。だが意外なことに、リードは頻繁に休暇を取っていた。私がネットフリックス本社のあるロスガトスに行ったときには、アルプスのハイキングに出かけていて会えなかった。夫婦で1週間イタリアを旅してきたときには、枕が合わなくて肩がこったと文句を言っていた。元社員は「最近リードと1週間フィジーにスキューバダイビングに行ってきたばかりだ」と話してくれた。リードによれば毎年6週間ほど休暇を取るそうだが、私の限られた経験から判断すると「少なくとも6週間」といったところだろう。

リード自身が範を示していることが、ネットフリックス全体で無制限休暇の仕組みがうまくいっている重要な要因だろう。CEOが率先垂範しなければ、この方法はうまくいかない。当時ですらリードの休み方が浸透している部門もあれば、それほど浸透していない部門もあった。リーダーがリードの模範に従わないと、部下はリードの悪夢に登場するゾンビのようになりがちだ。

たとえばマーケティング部門幹部のカイルの例を見てみよう。ネットフリックスに入社する前は新聞記者で、締め切りのプレッシャーとスリルがたまらなく好きだったという。「深夜に速報が入る。新聞の輪転機が回りはじめるまでに、あと数時間しかない。締め切りが刻々と迫る重圧、そして何日もかかるはずの仕事を数時間でやってのけた達成感。あんなにワクワクすることはないね」。カイルの子供はすでに成人している。50代後半で、最近までハリウッドにあるネットフリックスの拠点で部門のひとつを率いていた。ネットフリックスに来てからも、常に締め切りに追われているような働き方を続けてきた。それはカイルの部下も同じだ。カイルはこう説明した。「ぼくらはみんなめちゃめちゃ働いているが、それは仕事に夢中だからさ」。カイルは休暇をあまり取らなかったし、休暇について話すこともなかった。だが、部下にはこうしたカイルの考えはしっかり伝わっている。

たとえばマーケティング・マネージャーのダナは疲弊している。

ダナのフィットビットを見ると、前日の睡眠時間は4時間32分。「終わらない仕事の山」をなんとかこなすため、深夜まで働き、早朝には出社する状態が恒常化している。2人の子供を持つダナは、最初の子供を産んでからのここ4年、「仕事抜きの休暇」など一度も取っていない。「感謝祭のときに母の家に行くため数日休暇を取ったけれど、ずっと地下室で仕事をしていた」

なぜダナはネットフリックスのすべての社員に与えられている自由を行使し、もっと休暇を取らないのか。「夫はアニメーション・アーチストで、イラストを描いている。うちの大黒柱は私なの」。ダナがこれほど働くのは、上司もチームの他のメンバーもそうしているし、仕事への取り組み方が不十分だと思われたくないからだ。「ネットフリックス・カルチャーはすばらしい理想に満ちているけれど、ときには理想と現実のギャップがすごいときがある。それを埋めるのがリーダーシップのはず。リーダーが良い範を示さないと……私みたいな人間が出てくる」

ネットフリックスが成長するのに伴い、リードの率先垂範や、制度導入当初のパティの指示が浸透していない部門は増えている。そうしたチームでは「休暇規程廃止」は「休暇廃止規程」のように感じられる。しかしリーダーの多くはリードの範にならい、意識して長い休暇を取得し、その姿を部下に見せようとしている。そうすると社員は、ネットフリックスの与える自由を存分に活用するようになる。そして驚くほど有意義な時間を過ごしている。

その一例が、2017年にニール・ハントの後任の最高プロダクト責任者（CPO）に就任したグレッグ・ピーターズだ。グレッグは午前8時というふつうの時間に出社し、子供と一緒に夕食をとるため午後6時には退社する。東京の妻の家族を訪れるなど、意識してまとまった休暇を取るようにし、部下にも同じようにするよう促している。「リーダーとして何を言うかがすべてではない。部下はリーダーの実際の行動を見ている。部下に『持続可能で健康的なワークライフ・バランスを見つけてほしい』と言いつつ、自分が1日12時間働いていたら、部下は私の言葉ではなく行動を真似るだろう」

グレッグの行動は明確なメッセージを伝えており、それは部下にしっかり届いている。グレッグのチームに所属するエンジニアのジョンが一例だ。ジョンは1970年代風の茶系ツートン・カラーのオールズモビルに乗っている。フロント・ベンチシートはビニール張りで、パネルは木目調だ。ネットフリックスのシリコンバレー本社のオフィスに運転していくときは、70年代にトリップしたような感覚を楽しんでいる。車にはマウンテンバイク、ギター、愛犬のローデシアン・リッジバック、さらには6歳になる双子の娘が納まる十分なスペースがある。すばらしいワークライフ・バランスに申し訳ない気持ちにさえなるという。

まだ10月だが、すでに7週間休暇を取っている。上司たちもたくさん休みを取るが、ぼくがどれだけ取っているかは知らないと思う。誰にも聞かれたことはないし、驚かれたこともない。ぼくはマウンテンバイクに乗るし、音楽も好きだし、子供との時間も必要だ。よく思うんだ。これだけ稼いでいるんだから、もっと働くべきかな、と。でも膨大な量の仕事をこなしているから、このすばらしいワークライフ・バランスを享受してもいいのだろう。

グレッグのチームの他のメンバーも、従来型の休暇規程の下ではおよそ不可能であったような自分らしいライフスタイルを実現している。シニア・ソフトウエアエンジニアのサラは、週70～80時間働くが、年10週間の休みを取る（直近の休暇では、ブラジル・アマゾンに住むヤノマニ族を訪ねる人類学者のような旅をしてきた）。数週間猛烈に働いた後、1週間はまったく違うことをする、というローテーションを繰り返すのだという。「休暇をたくさん取れるかどうかではなく、自分の好きなように人生を組み立てることができる。これがネットフリックスの自由な休暇制度のすばらしいメリットだと思う。仕事で最高の成果を出していれば、誰も何も言わない」

上司のふるまいの影響力は非常に大きく、国の文化的規範さえも覆すほどだ。グレッグは最高プロダクト責任者になる前は、東京で日本法人のゼネラル・マネージャーをしていた。日本のビジネスマンは長時間働き、休みをほとんど取らないことで知られる。働きすぎて命を落とすことを意味する「過労死」という言葉もあるほどだ。平均的な日本の労働者は年間約7日の休暇を取り、まったく休みを取らない人も17％いる。

ある晩、ビールで寿司をつまみながら、ハルカという30代前半のマネージャーが私にこう言った。「前職は日本企業で、朝8時に出社し、午前零時過ぎの終電で帰宅するという生活を7年間送った。7年間で取った休暇は1週間で、姉がアメリカで結婚式を挙げるという特別な理由があったから」。日本では決して珍しいケースではない。

ネットフリックスに入社して、ハルカの生活は変わった。「グレッグはここで働いていた頃、毎日夕食の時間までには退社していた。だから他の社員もそうしていた。しょっちゅう休暇を取って沖縄やニセコにスキー旅行に出かけ、戻ってきたらたくさんの写真を見せてくれた。社員にもどんな休暇を取っているのかよく尋ねたので、みんな休みを取るようになった。ネットフリックスではすばらしいワークライフ・バランスが実現できるから、辞めるなんて考えられない。また昔のように休みを取らず長時間働く生活に戻るのかと思うと、恐ろしい」

アメリカ人のグレッグが、日本法人の社員全員をヨーロッパ人のように働き、休むように変えてしまったのだ。ルールや罰則を設けたわけではない。望ましい行動の範を示し、期待される行動を社員に伝えたのだ。

組織の休暇規程を廃止しようと思うなら、経営者がまず範を示そう。私が毎年6週間の休暇を取り、経営幹部に同じようにするよう働きかけているネットフリックスでも、カイルとダナの例は長期休暇の取得を浸透させるためには、その働き

かけを継続的に行う必要があることを示している。経営者やリーダー層が部下に範を示せば、休暇も取らずに床に倒れているゾンビを助け起こす羽目にはならないだろう。

リーダーによる率先垂範は、無制限休暇制度をうまく機能させるためのひとつめの措置だ。休暇規程を撤廃するうえで、もうひとつ多くの人が心配するのは、部下が不適切なタイミングで何カ月も休暇を取り、チームワークを阻害し、事業の足を引っ張るようにならないか、という点だ。そこで休暇規程の撤廃を機能させるための、ふたつめの措置の出番となる。それをきちんとやれば、カイルのように上司の範に従わず、部下のワークライフ・バランスを崩壊させるようなリーダーが出てくるのも防げる。

……………社員の行動の指針となるようなコンテキストを設定し、強化する

2007年にレスリー・キルゴアが「コントロール（規則）ではなくコンテキスト（条件）によるマネジメント」という表現を編み出した（第9章でさらに詳しく説明する）。ただ2003年に休暇規程を撤廃した時点では、まだこの会社の指針となる原則は存在しなかった。リーダーは自らたくさん休暇を取得し、それについて部下とたくさん会話しなければならないことは認識

していた。それ以外には具体的に何か指示を出したり、条件を設定することなどあまり考えてはいなかった。社員に休暇日数を割り振ることもしないし、取得日数を追跡することもない、とだけ伝えた。それから数カ月も経たないうちに、さまざまな問題が顕在化しはじめた。

休暇規程を撤廃したのは2003年だが、翌2004年の1月には経理部門のディレクターが私のオフィスに入ってきて、不満をぶちまけた。「休暇規程を撤廃するというすばらしいアイデアのおかげで、今年は決算が遅れますよ」。このディレクターのチームのあるメンバーは、毎年1月の最初の2週間（経理担当者にとって最繁忙期）は猛烈に働かなければならないことにうんざりしていた。そこで休暇の権利を行使してこの2週間は休むと宣言したので、部門全体が大混乱に陥ったのだ。

別の日、私がキッチンに果物を取りに行くと、ある女性マネージャーがいた。目が腫れていて頬は赤く、泣いていたようだった。「休暇の自由化で散々な目に遭っている」と言う。彼女が率いる4人のチームは、まもなく重要業務の締め切りを迎えようとしていた。あるメンバーはすでに翌週から、育児休暇に入ることが決まっていた。そんななか別のメンバーが、2週間後にカリブ海のクルーズに出かけ、1カ月は戻らないと通告してきたというのだ。マネージャーはどちらの部下にも「ノー」とは言えなかった。「自由を与える代償だ」と彼女は嘆いた。

これが、休暇規程の撤廃がうまくいくために重要なふたつめの措置につながった。規程が撤廃されると、社員は何もルールがないところでどうふるまったらよいか、途方に暮れる。上司が具体的にどんな行動が認められるか言ってくれるまで、何もしない者もいる。「たまには休みを取れ」と言うまで、一切取らない。反対に、とんでもなく不適切なふるまいをする自由があると勘違いする者も出てくる。周囲のみんなに迷惑をかけるタイミングで休暇に出かける、といったパターンだ。これはチームの足を引っ張るだけでなく、最終的にはマネージャーがキレて社員本人をクビにする可能性もあり、誰にとっても好ましくない。

明文化された規程がなければ、1人ひとりのマネージャーが時間をかけて、自らのチームに許容される適切な行動とはどのようなものか、伝えていく必要がある。経理担当ディレクターはチームを集め、どの月であれば休暇を取っても構わないか、そして1月はどの経理担当者も休暇を取るのは厳禁であることを伝えておくべきだった。キッチンで泣き腫らした目をしていたマネージャーはチームと話し合い、「休暇を取れるのは一時期にチームから1人だけ」「休暇を予約する前に他のメンバーに不当な負担を押しつけることにならないか確認する」など、休暇のパラメーターを設定しておくべきだった。コンテキストはできるだけ明確なほうがいい。「1カ月オフィスを留守にするなら少なくとも3カ月前には断っておくこと。5日間休むなら通常は1カ月前でよい」といった具合に。

会社が成長すると、リーダーによってコンテキストの設定方法や率先垂範の方法に大きなバラツキが出てくる。ネットフリックスは急速に成長し、変化を遂げるので、社員は業務に圧倒されたりプレッシャーを感じることも多い。マネージャーが分別に欠け、鈍感だと、たちまちチームにダナのような被害者がたくさん出てくる。カイルの失敗は、自ら長期休暇を取って範を示さなかっただけでなく、健全なワークライフ・バランスを維持するために休暇を取るためのコンテキストを設定しなかったことだ。この問題に対処するため、私自身がコンテキスト設定の範を示し、社内のリーダーが各チームでどのようにコンテキストを設定すべきかが明確になるよう心がけてきた。私がよく利用する機会は、年4回、会社全体からディレクターやバイスプレジデント（全社員の10～15％）が集まる四半期業績報告（QBR）会議だ。社員があまり休暇を取っていないという話が耳に入ると、休暇の話をQBRの議題に入れる。そこでネットフリックスはどのような雰囲気の職場を目指しているかを話し、リーダーたちを少人数のグループに分け、社員に健全なワークライフ・バランスを実現してもらう方法を議論させる。

……休暇の自由化は付加価値を生む（たとえ誰も制度を利用しなくても）

ネットフリックスが休暇規程を撤廃すると、多くの会社がそれに追随した。ハイテク業界ではグラスドア、リンクトイン、ソングキック、ハブスポット、イベントブライト、さらには法律事務所のフィッシャー・フィリップス、ＰＲ会社のゴリン、マーケティング会社のビジュアルソフトなど、ざっと見ただけでもこれだけある。

最近ではイギリスの有名な起業家、リチャード・ブランソンが２０１４年にヴァージン・マネジメントで休暇規程を廃止した。ブランソンは自らの決定を説明する記事を書いている。

私がネットフリックスの試みを最初に知ったのは、娘のホリーがデイリー・テレグラフ紙の記事を読み、すぐにそれを転送してきたときだ。「パパ、これを見て！」という文面から、彼女がワクワクしているのがわかった。これはしばらく前から私も考えていたことで、社員の休暇を管理しないというのはとてもヴァージンらしいと感じた。ホリーはこうも言った。「私の友人の会社でも同じ試みをしたら、いろいろなことが一気に改善したみたい。士気やクリエイティビティや生産性がすべてびっくりするほど高まったんだって」。私がすぐに興味を持ち、もっと知りたいと思ったのは言うまでもない。
すばらしいイノベーションについて「スマート［賢い］」や「シンプル」といった形容詞がよく使われる。休暇規程の廃止がここしばらく聞いたなかで最もスマートでシンプルな取り組みのひとつであるのは間違いない。ヴァージンでも休暇規程が特に厳格になりやすいイギリスとアメリカの親会社で、同じ仕組みを採り入れたことを報告しておこう。

ウェブクレディブル社CEOのトレントン・モスも会社の休暇規程を廃止し、それが優秀な入社希望者を惹きつけ、社員の満足度を高めるのに役立っていると語る。

凡庸な人材2人より、スーパースターが1人いるほうが良いというのがネットフリックスの信念だ。私たちの考えもそれにきわめて近い。現在ユーザー・エクスペリエンス分野の優秀な人材への需要はきわめて高いので、社員のつなぎ止めは重要な経営課題となっている（休暇規程の廃止はそれに役立つ）。当社の社員にはリンクトイン上で頻繁に声がかかる。また私たちの業界のプロフェッショナルの多くは、身軽で転職を厭わないミレニアル世代だ。無制限休暇を実施するのは簡単だ。信頼感溢れる企業文化を醸成するだけでいい。当社のカルチャーは3つのルールに基づいている。①常に会社の利益を最優先に行動する、②他の人の目標達成を妨げるようなことは決してしない、③あらゆる手を尽くして自分の目標を達成する。それさえ守れば、休暇の取得については、すべて社員の裁量に委ねられている。

もう1社、マンモスという会社も実験的にネットフリックスの休暇制度を採り入れ、社員の反応を調べた。CEOのネイサン・クリステンソンはこう書いている。

マンモスは小さな会社だ。私は休暇規程を撤廃することを通じて社員に信頼感を伝え、お役所仕事を減らすという発想が気に入った。そこで1年だけ実験的に実施してみて、評価することにした。この1年のあいだに新たな制度は福利厚生のなかで最も人気の高いメニューのひとつとなった。実験期間の終了直前に意識調査を実施したところ、さまざまな福利厚生制度のなかで無制限休暇は眼科保険、歯科保険、さらには職能開発制度などの人気メニューを抑え、医療保険と退職金積立に次ぐ第3位に評価された。

マンモスの社員は無制限休暇制度を高く評価したものの、大いに活用したというわけではない。「無制限休暇を導入した年も、取得日数は前年とほぼ同じだった（平均14日で、ほとんどの社員が12～19日の休みを取っていた）」とクリステンソンは書いている。

ネットフリックスでは休暇の取得日数を把握していないため、社員の平均取得日数に関するデータはない。しかし、実態を調べてみようとした者がいる。2007年にサンノゼ・マーキュリー・ニュース紙のライアン・ブリットスタイン記者がこのテーマを取材した。ある朝、ブリットスタインはスクープを取ってやろうと意気込んでネットフリックスにやってきた。「ネットフリックスのとんでもない休暇制度」という見出しで、ベイエリア版の1面記事にしてやろう、と。

そしてパティにこう尋ねた。「ネットフリックスの社員は数カ月の休みを取って秘境の探検に出かけたりしていますか。仕事に支障はありませんか」と。パティはその問いに答える代わりに、全社員にメールを送った。「今日1日、記者さんが本社に来ているので、自由におしゃべりしてみて」と。そこでブリットスタインは社員食堂に陣取り、社員にさまざまな質問を投げかけた。

だがその日の終わりには、ブリットスタインは打ちひしがれていた。「ここには面白い話が何もない。特別なことをしている人など1人もいない。おたくの社員がなんと言っていたか教えてあげましょうか。『うちの休暇規程は最高だけど、休暇の取り方は以前と変えていないよ』だって。増やしてもいないし、減らしてもいない。そんなもの、スクープになるわけがない！」

………… 自由を与えれば責任感が高まる

休暇を管理しなくなったら、とんでもないことになるんじゃないかと思っていた。だが実際には大きな変化はなかった。それでも社員の満足度は高まり、なかでも3週間ぶっ続けで週80時間働き、それからブラジル・アマゾンのヤノマニ族を訪ねるような個性派は自由を謳歌していた。優秀な人材に自らの人生をこれまで以上にコントロールできるようにしたことで、誰もがそれまでより少し自由になった気がしていた。ネットフリックスの能力密度はすでに高く、社員は誠実で責任感があった。率直なカルチャーが浸透していたので、誰かが自由を悪用あるいは濫用していれば、周囲が直接指摘し、そのような行動の弊害を説明するはずだった。

この時期、社内ではある変化が見られた。そしてネットフリックスはそこから貴重な教訓を得た。パティと私がそれぞれ気づいた変化とは、社員の当事者意識が少し高まったことだ。たとえば共用の冷蔵庫にある牛乳が古くなったら捨てる、といったちょっとしたことだ。

より大きな自由を与えたことが、社員の当事者意識を高め、責任ある行動を促したのだ。それを受けて、パティと私は「フリーダム&レスポンシビリティ（自由と責任）」という標語をつくった。会社には両方が必要というだけではない。両者はつながっているのだ。かつて私は自由は責任の対極にあると考えていたが、実際には自由は責任に至る道であることが、ようやくわかってきた。

それを踏まえたうえで、他にも廃止できるルールはないか、社内を見渡してみた。次の標的となったのが、出張旅費と経費に関する規程だ。

コントロールをさらに撤廃していこう

第3b章

出張旅費と経費の承認プロセスを廃止する

1995年、まだ私がピュア・ソフトウエアを経営していた頃の話だ。セールス・ディレクターだったグラントが、憤懣（ふんまん）やるかたない様子で私のオフィスにやってきた。耳は真っ赤で、ドアを叩きつけるように閉めた。ピュア・ソフトの社員の手引きには「顧客を訪問する際はレンタカーかタクシーを利用することができるが、両方の利用はできない」と書かれていた。グラントはこう言った。「ぼくはレンタカーを借りたんだ。クライアントのオフィスには車で2時間かかるし、タクシーで行けばとんでもない費用になる。レンタカーが正しい判断だったんだ。その晩、ホテルから15分離れたところで、大勢の顧客が集まるイベントがあった。全員お酒を飲むことはわかっていたので、タクシーを使った。すると経理担当者が、同じ日にレンタカーを使っているからタクシー代の15ドルは経費で落ちないっていうんだ」。グラントはルールに腹を立てていた。「ぼくが飲酒運転をすればよかったってことかい?」パティと私は1時間かけて、将来同じようなことが起きるのを防ぐため、ルールをどう書きかえるべきかを話し合った。

数カ月後、グラントは退社した。そのときの面談で「経営陣があんなふうに無駄な時間を使うのを見て、この会社への信頼を失った」と語った。

グラントの言うとおりだ。ネットフリックスでは誰にもこんな無駄な議論をさせたくなかった。有能な社員はベストを尽くすために頭脳を使うべきで、くだらないルールがその妨げになるなんてまっぴらだ。それは革新的な職場に必要な、クリエイティブな空気を台無しにする。

初期のネットフリックスはスタートアップ企業のご多分に漏れず、誰が何にいくら使えるか、出張時にはどのレベルのホテルに泊まれるかといった明文化されたルールはなかった。会社の規模が小さかったので、重要な支出はすべて誰かの目に留まった。社員は必要なものは何でも自由に購入でき、行き過ぎた行動をとれば、必ず誰かがそれを見つけ、行動を改めさせた。

しかし2004年には株式上場から2年が経っていた。たいていの企業がさまざまなルールを整備しはじめる時期だ。CFOのバリー・マッカーシーが私に、出張旅費と経費に関する新たなルールの案を送ってきた。中規模から大規模の企業の多くが使っているようなもので、あらゆることについて細々とした規程がある。どの階層の管理職ならビジネスクラスを利用してよいか。

各社員は承認を得ずにいくらまでなら備品を購入できるか。新しいコンピュータを購入するなど、高額な費用がかかる場合は誰の署名が必要か、といったことだ。

ちょうど休暇規程を廃止したばかりだったので、私は新しいコントロール・プロセスを入れることに断固反対だった。正しく社員を選び、経営陣が手本を示し、きちんと条件を設定すれば、たくさんのルールがなくても非常にうまくいくことを証明できたのだから。バリーはそれに同意しつつ、社員が会社のお金を賢く使えるように、コンテキストをとことん明確にすることは必要だと指摘した。

私はサンフランシスコの南にあるハーフムーンベイでリーダー会議を開き、議題のひとつにルールを廃止した後の経費支出のガイドラインの設定を含めた。私たちはさまざまな状況を検討した。結論が明確なケースもあった。社員が家族へのクリスマスプレゼントをフェデックスで送ったら、その費用をネットフリックスに請求すべきではない。だがすぐに、判断が曖昧な状況もたくさんあることがわかってきた。テッド・サランドスが業務の一環としてハリウッドでパーティに参加する際、手土産に買ったチョコレートはネットフリックスにつけるべきか。あるいは毎週水曜日に自宅で働くレスリーがプリンター用紙を注文した場合、経費になるのか。レスリーの娘が学校の読書レポートにその紙を使ったらどうなるのか。

結局合意できたのは、社員が会社から何かを盗んだら、解雇すべきだということだけだった。だがすぐにクロエというディレクターが発言した。「私は月曜日に会社からシリアルを盗んだ。プロジェクトを終わらせるために午後11時まで働いていたら、翌朝子供たちに食べさせるものが何もなかったから会社のキッチンからミニボックスを4つ持ち帰った」。それは正当な行為だ、とみんな思った。結局どんなルールや方針を策定してもうまくいかない、ということが浮き彫りになっただけだった。現実にはルールでは解決できない細かな例外がたくさん出てくる。

そこで私は、社員に倹約を呼びかけるだけでいいんじゃないか、と提案した。何かを購入するときは、自分の財布から出すときと同じように慎重に判断すればいい。こうしてネットフリックス初の経費ガイドラインができた。

会社のお金は自分のお金のように使う

すばらしい、と私は思った。私は日頃から自分のお金も会社のお金も倹約を心がけているので、他の人たちも同じようにするだろうと考えていた。しかしフタを開けてみると、誰もがしまり屋ではなく、それぞれのお金の使い方がまったく違うことからさまざまな問題が出てきた。たとえば、ちょうど経費規程の議論が始まった2004年に財務担当バイスプレジデントとして入社したデビッド・ウェルズのエピソードがある。ウェルズはその後2010年から2019年までCFOを務めた。

ぼくはバージニア州の農場で育った。実家は公道から1・6キロメートルほど畦道を歩いたところにあり、1日中家の周りの広大な原っぱで愛犬と虫を追いかけたり、棒切れを振り回して走ったりしながら過ごした。

裕福な家の出ではないので贅沢はしない。出張のときは自分のお金を使う気持ちで、とリードが言うのを聞いて、飛行機はエコノミークラス、宿泊は中流ホテルで、と思った。財務担当でもあり、それが責任ある行動だと思った。

新たな経費規程が導入された後、メキシコでリーダー会議が開かれた。飛行機に搭乗し、後方のエコノミークラスに向かって歩いていると、ファーストクラスにコンテンツチームの全員が陣取り、航空会社の支給するフカフカのスリッパを履いてくつろいでいた。ファーストクラスの費用は相当なもので、しかもロサンゼルスからメキシコシティまではわずか数時間のフライトだ。ぼくはみんなに挨拶をしたが、何人かはバツの悪そ

うな顔をした。だが重要なのはここからだ。彼らは自分がファーストクラスに座ってい
たことを恥じていたわけじゃない。ぼくのような幹部がエコノミークラスに座っている
ことを恥ずかしいと思ったんだ。

「会社のお金は自分のお金のように使う」というガイドラインが、私たちが社員に望んでいたような行動につながっていないことは明らかだった。かなりの高給を得ていたバイスプレジデントのラースは、自分は贅沢が好きなので、給料は毎月残さず使うと豪語していた。そんな経費の使い方をされては困る。

そこで私たちはガイドラインをもっとシンプルなものに変えた。現在ネットフリックスの出張旅費と経費に関するガイドラインは次の一文である。

ネットフリックスの利益を最優先に行動する

こちらはかなりうまくいっている。コンテンツチームの全員がロサンゼルスからメキシコシティまでビジネスクラスに乗るのは、ネットフリックスにとって最善の選択ではない。しかしロサ

ンゼルスからニューヨークに深夜便で飛び、翌朝重要なプレゼンをするのであれば、ビジネスクラスに乗るほうがネットフリックスの利益を最優先にすることになるだろう。いざ本番というときに、目の下に隈ができ、くたびれた様子では話にならない。

自分の懐を痛めずに、仕事に役立つモノなら自分の判断で何でも買っていいなんて、そんな素敵なことがあるだろうか。

何ができるか考えてみよう。同僚とミーティングをするためにタイに出張することになった。バンコクの気候は最高だし、マッサージも楽しめる。前回の出張中に壊れたスーツケースを買い替えてもいいかもしれない。〈TUMI〉は少し値が張るけれど。もちろん会社は通常ならばスーツケース代など出さないが、出張のために壊れたのは明らかなので、請求する理由は立つだろう。

一方あなたが経営者なら、この指針が原因で発疹が出るかもしれない。社員に承認も得ずに自由に経費を使わせる？　とんでもなく費用がかかるだろう。会社が破産してしまわないか。もちろん誠実で倹約家の社員もいるかもしれないが、大多数は自分の利益を最大化しようとするだろう。

これは単なる悲観的予想ではない。実験では被験者の優に半数以上が、捕まらないと思うと、自分が得をするようにズルをすることが示されている。

リンツ大学の研究者のジェラルド・プラッカーと、ウィーン経済大学のルパート・ザウスグルーバーが、このような状況下で人はどのように行動するかを検証している。2人は新聞の無人販売所を設置した。新聞を箱に入れ、値段を書いておく。新聞を取っていく人には、代金を投入口に入れてもらうという仕組みだ。きちんとお金を払うよう呼びかけるメッセージも貼った。しかし新聞を取った人の3分の2近くが、代金を払わなかった。ズルい人間はかなりいるということだ。あなたの会社の社員は、残る3分の1の正直者ばかりだと考えるのは相当おめでたい。

このような調査結果は衝撃的で恐ろしくもある。だがネットフリックスの経費使用の実態は、新聞の実験とはかなり違っている。みなさんが考えるほど、面白くもなければ、恐ろしくもない。それは入口として明確なコンテキストが設定され、出口としてチェック機能があるためだ。社員は経費をかなり自由に使えるが、使いたい放題ではないのは明らかだ。

……入口でコンテキストを設定し、出口では目を光らせる

ネットフリックスの新入社員は、何にお金を使ってよいのか、また悪いのか、熱心に理解しようとする。だから私たちも彼らが賢明な判断を下せるように、コンテキストを示す。デビッド・ウェルズはCFOを務めた10年間、「新入社員大学」で新たな社員にコンテキストを学ぶ最初の機会を与えていた。ウェルズはこんな具合に説明していた。

何かを買う前に、私や直属の上司の前で、なぜその航空券、ホテル、あるいはスマホを買おうと決めたのか、説明する場面を想像してみてほしい。その支出が会社にとって最善の選択だと堂々と説明できると思ったら、上司におうかがいを立てる必要などない。さっさと購入すればいい。だが自分の選択を説明するのにバツの悪さを感じるようなら、購入をいったんやめて上司に相談するか、もっと安いものを購入しよう。

これが私の言う「入口でコンテキストを示す」ということだ。自分の支出を上司に説明する、

するはめになる。

というのは、単なるシミュレーションゲームではない。慎重にお金を使わなければ、実際に説明するはめになる。

ネットフリックスでは何かを購入する際、申請書に記入する必要もなければ、承認を待つ必要もない。自分で購入し、領収書の写真を撮り、経理チームに直接送るだけだ。だからと言って、あなたが何を買おうが誰も気にしていないということではない。経理チームは不適切な支出を抑制するために、2通りの方法を用意している。マネージャーはどちらか一方を選んでもいいし、両方を組み合わせてもいい。ひとつめの方法は「自由と責任」（ネットフリックス流にいえば「F&R」）の精神にのっとったもの、ふたつめはそれを徹底したもの、と言えるだろう。

マネージャーがひとつめの方法を選んだ場合、次のような展開になる。毎月の終わりに経理チームは各マネージャーに、1人ひとりの部下がそれまでの数週間に提出したすべての領収書を一覧にしたファイルへのリンクを送る。マネージャーがリンクをクリックすれば、1人ひとりが何に支出したかがわかる。パティ・マッコードはネットフリックス在籍中、こちらの方法を採った。毎月30日に経理チームから送られてくるメールを開き、人事部門の全社員の支出を入念にチェックした。実際、部下の無駄遣いが発覚することもたびたびあった。2008年に人事チームの採用担当だったジェイムとの一件を、こう振り返る。

ある金曜日の夕方、私が帰り支度をしていると、プロダクト部門の社員2人がジェイムを迎えに来た。シリコンバレーにあるミシュランの星を取った高級ギリシャレストラン〈ディオ・デカ〉に行くという。「飲みに行くの？」と尋ねると、ジェイムは「いいえ、ディナー・ミーティングです」と答えた。

翌月チームの支出明細を見ていると、ジェイムが〈ディオ・デカ〉の代金400ドルを請求していた。おかしい、と思った私はジェイムに声をかけた。「これは何週間か前に、プロダクトチームの人たちと出かけたときのもの？」。すると、そうだと言う。ジョンが高級ワインを注文した、というのだ。「ジョンとグレッグは高級なワインが好きなんです」と。それを聞いて私はカンカンになった。

「2人が100ドルのワインが飲みたいなら、自分で好きにしたらいい。自分で買えるだけの給料は払っているんだから！」

それからパティは、ジェイミーがわきまえておくべきコンテキストを明確に伝えた。

あなたが採用候補者をディナーに連れていくなら、こんなふうにお金を使っても構わない。その候補者が高級なワインを注文したら、それも構わない。それもあなたの仕事のうちだから。でもこれは仲間内で飲み食いした代金を会社に請求している。とんでもない。同僚と騒ぎたいなら、自分たちのお金で行きなさい。ミーティングの場所が必要なら、会議室を予約すればいい。これはネットフリックスの利益を最優先にする行動じゃない。分別を働かせなさい。

たいていはこんな具合に一度か二度、コンテキストを明確に示してやれば、社員は会社のお金を賢明に使うとはどういうことか、きちんと理解する。その後は問題は起こらない。マネージャーが支出に目を光らせていることがわかれば、それほど無茶はしなくなる。これが支出を抑制するひとつの方法だが、ネットフリックスのマネージャーの多くはF&Rをもっと極端なかたちで実践する。

F&Rを徹底するというふたつめの方法とは、すべての領収書を見るという手間のかかる作業は省き、制度の濫用を見つけるのは内部監査チームに委ねるというものだ。ただし監査チームが濫用を見つけたら、その社員はアウトだ。
レスリー・キルゴアはこう説明する。

私が担当するマーケティング・チームは誰もが常に出張に出ている。フライトやホテルは各自選択する。私は部下にさまざまなシナリオを示して、賢い選択ができるように教育する。深夜便で飛んで、翌朝から活動するなら、ビジネスクラスに乗るのは合理的選択だ。一方、節約するため深夜便のエコノミークラスに乗って1日早く目的地に着くなら、そのほうが望ましいし、ネットフリックスは追加のホテル代を支払う。そして短距離便でビジネスクラスに乗ることがネットフリックスにとって最善であるケースはまずない、とも伝える。

部下には、私はいちいち経費レポートは見ないけれど、内部監査チームは毎年支出の10%を監査する、と忠告する。私は部下が会社の経費の節約に努め、支出は控えめにすると信頼している。だから万一監査チームがインチキを見つけたら、その社員は即解雇する、と。ミスをしたら警告する、なんてなまやさしいものではなく、「自由を悪用したらクビ」だ。しかもやってはいけないことを示す悪い見本として、社内で使われることになる。

ここにF&Rの要諦が凝縮されている。与えられた自由を悪用する社員がいたら、解雇しなければならない。それも悪用した場合の報いが他の社員にはっきりわかるように処分を下す必要がある。そうしなければ自由はうまく機能しない。

インチキする者がいても、全体的利益は損失を上回る

きちんとコンテキストを設定し、悪用した場合の報いを明確にしても、社員に自由を与えればインチキを働く者は必ず出てくる。そういう状況が発覚しても、過剰反応してルールを増やすのは禁物だ。個別の状況に粛々と対処し、前に進むだけだ。

ネットフリックスにも制度を悪用する者はそれなりにいた。一番話題になったのは台湾の社員で、出張を繰り返し、それに紛れて会社の金で贅沢旅行をしていた。マネージャーは領収書をチ

エックせず、経理部門も丸3年監査をしなかった。問題が発覚した時点で私的旅行に使った金は10万ドルを超えていた。この人物が解雇されたことは言うまでもない。

ほとんどの社員はかなりの自由を与えられても、会社の金をごまかそうとはしない。業務担当のバイスプレジデント、ブレント・ウィケンズは世界中のオフィススペースを管理している。ある春のこと、部下のミシェルが何度かラスベガスに出張していた。ブレントは年数回、部下の経費を抜き打ちでチェックしていた。

ある晩眠れなかったので、「部門の個人別支出」というメールのリンクを開いた。何人かの支出を見ていくと、気がかりなものが見つかった。ミシェルが出張旅費として、ラスベガスの〈ウィン・カジノ〉での食事代1200ドルを請求していたのだ。2日間の飲食費としてはかなりの金額だ。気になった私は、過去数カ月のミシェルの出費を確認した。するとおかしな項目がいくつか見つかった。木曜日にボストンでの会議に出席し、週末は家族と過ごしていた。その金曜日の晩にはレストランの代金180ドルが請求されていた。家族の夕食代を会社に請求したのだろうか？

私はオフィスでミシェルと顔を合わせたとき、こうした請求について問いただした。

するとミシェルは固まってしまった。説明もなければ、謝罪も言い訳もなく、ただ黙っていた。私は翌週、ミシェルを解雇した。私物を片付けながら、ミシェルは何度も「なんてバカなことをしたんだろう」とつぶやいていた。私はとてもつらい気持ちになったし、いまでも実際は何が起きたのかわからない。ミシェルはその後、他の会社ですばらしい成功を収めている。ネットフリックスの与えた自由が、彼女には合わなかったのだろう。

その次の四半期業績報告（QBR）ミーティングで、当時のネットフリックスの最高人材責任者が登壇し、その場に集まった350人のリーダーにミシェルの一件を説明した。具体的にどのような不正があったか、事細かに語ったのだ。ただしミシェルの名前と所属部門は明らかにしなかった。そしてそれぞれのチームに持ち帰り、制度を悪用するのがどれほど重大な問題かを共有してほしい、と語った。ネットフリックスは他の社員に学んでもらうため、このような問題をオープンにする。ブレントはミシェルに申し訳ない気がしたが、全社員に何が起きたかを伝える重要性は理解していた。これくらいの透明性がなければ、経費の承認プロセスを廃止するという仕組みはうまくいかない。

ネットフリックスが自由を与えることで生じている最も大きな経費は、ビジネスクラスの航空券代だろう。ビジネスクラスの使用を規制するための指針を設定すべきか、という議論は何度も繰り返されてきたが、経営陣は現行の方法を敢えて維持している。デビッド・ウェルズはCFO時代に、ネットフリックスが正式な承認プロセスを導入すれば、出張旅費は約10％低くなると試算していた。だがリードにしてみれば、自由がもたらす大きなメリットと比べれば、この10％の増分など取るに足らない代償だという。

自由、スピード、（そして驚くほどの）節度というすばらしいメリット

ピュア・ソフトウエアでセールス・ディレクターを務めていたグラントのエピソードを思い出してほしい。タクシー代が認められなかったと私に言いにきたとき、グラントは激怒していた。お役所仕事によって手足を縛られているような気がしていたのだ。正しいことをしようとしているのに、ルールや方針によって足を引っ張られている、と。

グラントの言葉を聞いて、それは全社員にかかわる問題だと私は気づいた。数百人の社員が、飛び立とうとしているのに赤い梱包テープでデスクに縛りつけられている小鳥のように思えた。社員のクリエイティビティを削ぐつもりはなく、官僚主義をはびこらせるつもりもなかった。ただ経費ルールを定めることが、リスクを抑え、経費を節約する無難な方法だと思っていただけだ。

本章の最も重要なメッセージはこれだ。「自由を与えることで支出が少し増えたとしても、社員が飛び立てない職場をつくるのに比べればまだ安い」。社員にさまざまな書類に記入させ、承認を得させることで選択の自由を縛ると、彼らのフラストレーションが高まるだけでなく、ルールの少ない環境がもたらすスピード感や柔軟性が失われてしまう。私のお気に入りのエピソードのひとつは、2014年に若手エンジニアが会社のピンチを解決した一件だ。

4月8日火曜日の朝、パートナー・エンゲージメント担当ディレクターのナイジェル・バプティスタはシリコンバレーのオフィスに8時15分に出社した。太陽のまぶしい暖かい日で、ナイジェルは口笛を吹きながら4階のオープンキッチンでコーヒーを淹れた。それからサムスンやソニーなどの公式パートナー企業のテレビで、ネットフリックスのストリーミングをチェックするスペースへと向かった。しかし部屋に着くと口笛を忘れ、その場で固まった。そしてパニックに陥った。その日のことをナイジェルはこう振り返る。

ネットフリックスはユーザーが超高解像度の４Ｋテレビで『ハウス・オブ・カード』を観られるようにするため、莫大な投資をしてきた。問題は当時まだ４Ｋをサポートするテレビが実質的に存在しなかったことだ。ネットフリックスがかつてないほどクリアな映像を用意したのに、観られる人がほとんどいない。ようやくパートナー企業のサムスンが先陣を切って４Ｋテレビを発売した。高額製品だったので、消費者が購入するかわからなかった。その年のぼくの大きな目標は、サムスンと協力して多くのユーザーに４Ｋテレビで『ハウス・オブ・カード』を観てもらうことだった。

そんななか広報部門のお手柄で、ジャーナリストのジェフリー・ファウラー氏がサムスンの新しい４Ｋテレビで『ハウス・オブ・カード』を観てくれることになった。ファウラー氏はワシントン・ポスト紙でハイテク製品のレビューを担当しており、２００万人の読者を持っていた。４Ｋの普及に弾みをつけるためにも、最高のレビューを書いてもらわなければならない。月曜日にサムスンのエンジニアがネットフリックスに来て４Ｋテレビを設置し、ぼくの部門のエンジニアと一緒にストリーミングに問題がないか確認を済ませていた。すべてはファウラー氏に最高の視聴体験をしてもらうためだ。夕方には設営もテストも終わり、みんな帰宅した。

だが火曜日の朝、ぼくがオフィスに行くと、テレビセットは消えていた。設備部門に確認したところ、片づけておくように頼んだ古いテレビセットと一緒に廃棄してしまったという。

深刻な事態だった。ファウラー氏の到着まであと2時間もない。サムスンに連絡するにも遅すぎた。午前10時までに別のテレビを用意しなくては。ぼくは街中の家電店に片っ端から電話をかけた。最初の3軒では「申し訳ありませんが、その製品は扱っていません」と言われた。もう心臓が口から飛び出しそうだった。締め切りに間に合わない。

チームで一番若いエンジニアのニックが駆け込んできたときには、ぼくはほとんど涙目だった。するとニックはこう言った。「ナイジェル、大丈夫だ。問題は解決したから。昨日の夜オフィスに来て、テレビが捨てられてしまったことに気づいたんだ。あなたに電話やメッセージを入れたけど返信がなかったので、隣町の家電量販店〈ベストバイ〉に行って同じテレビを買って、今朝テストを済ませておいた。2500ドルかかったけど、ぼくはそれが正しい選択だと思ったんだ」

ぼくはへなへなと床に倒れ込んだ。2500ドル！ 若手エンジニアが自分の判断を信じて、承認も受けずにそれだけの金額を使ったのだ。ぼくは心底安堵した。マイクロソフト、ヒューレット・パッカード（HP）をはじめ、ぼくのかつての勤務先ならさまざまな手続きが邪魔をして、こんなことは起こらなかったはずだ。

結局ファウラーは高解像度のストリーミングに夢中になり、4月16日付のウォール・ストリート・ジャーナル紙にこんな記事を書いてくれた。「冷静沈着なフランシス・アンダーウッドさえ、高解像度画面のなかでは汗をかく。ネットフリックスの『ハウス・オブ・カード』をストリーミングで観ていて、ケビン・スペイシー演じるこの副大統領の上唇に汗が光るのを私は見逃さなかった」

社員が臨機応変に優れた判断を下すのを妨げるようなルールは要らない。ファウラーのレビュー記事はネットフリックスとサムスンにとり、2500ドルのテレビの何百倍もの価値があった。ニックの背中を押したのは「ネットフリックスの利益を最優先に行動する」という一文だ。この自由があったからこそ、ニックは優れた判断力を発揮し、会社にとって正しい行動をとることができた。しかし経費の承認プロセスを廃止するメリットは、社員が自由を手にすることだけではない。ふたつめのメリットは、プロセスがなければ、すべてが迅速化することだ。

機敏で柔軟なスタートアップが成熟企業へと成長していくなかで、たいていの企業は社員の支出を監督する専門部署をつくる。これは経営陣には物事をコントロールできているという安心感を与えるものの、組織のスピードを鈍らせる。プロダクト・イノベーション担当ディレクターのジェニファー・ニーヴァは、HP時代の興味深いエピソードを教えてくれた。

HPで働くのは大好きだったが、2005年3月、私は怒りのあまり耳から煙が出そうだった。

私は大きなプロジェクトを任されていた。当初からプロジェクトが軌道に乗るまでの半年間、外部から専門性の高いコンサルタントを複数迎え入れ、協力してもらうことになっていた。そこで私はコンサルティング会社8社を調べ、その道のトップクラスの専門家が2人いる会社を選んだ。6カ月間で20万ドルという見積書を受け取り、早く仕事を始めたくてうずうずしていた。コンサルタントたちはその時点では手は空いていたが、契約に手間取れば別のクライアントに取られてしまう恐れがあった。

私は社内手続きに従い、HPの調達システムに経費の承認申請を送った。その後どうなるかが気になって調べたところ、なんと20人が署名あるいはシステム上で承認しないと、仕事が始められないことがわかった。直属の上司、その上司、その上司の上司だけでなく、聞いたことのない10人以上の名前が並んでいた。確認すると、メキシコのグアダラハラにある調達部門の人たちだという。

こんなに苦労して見つけたコンサルタントとの契約が、結べなくなるのではないか。直属の上司とその上司、そのまた上司までは署名してくれた。そこで私は調達部門に電話をかけ始めた。最初は毎日、その後は1時間おきに電話をした。たいてい誰も電話に出なかった。ついにアンナという女性と話をした。たいてい電話を受けてくれるのは彼女だったからだ。私はなんとか彼女に助けてもらおうと必死だった。結局承認には6週間かかった。私があまりに頻繁に電話をかけたので、アンナから転職する際にリンクトインで推薦の言葉を書いてほしい、と頼まれたほどだ。

毎月ジェニファーと同じような障害に直面する社員が何百人、あるいは何千人もいたら、組織のスピードにどれほど悪影響を及ぼすだろうか。承認プロセスは管理職にコントロールしているという安心感を与えるが、すべてを大幅にスピードダウンする。ジェニファーの話には後半がある。もっと前向きな内容だ。

２００９年に私はマーケティング・マネージャーとしてネットフリックスに入社した。入社３カ月後、私はダイレクトメールを３００万通送るキャンペーンを準備していた。当時はまだＤＶＤの時代で、人気映画の写真を並べた紙のパンフレットを郵送する計画だった。このプロジェクトには１００万ドル近い経費がかかるはずだった。私は作業明細書を印刷して、上司のスティーブのところへ行った。「この１００万ドル近い経費の承認プロセスは、どこから始めたらいいですか」。また最悪の事態に巻き込まれるのではないかと身構えながら私が尋ねると、彼はこう言った。「自分でサインして、ベンダーにＦＡＸしておいて」。冗談抜きで、私はひっくり返りそうになった。

ナイジェルやジェニファーの例からは、「会社の利益を最優先に行動すること」というシンプルな支出ガイドラインは社員に選択の自由を与え、スピーディに動けるようにすることがわかる。しかしメリットは自由とスピードだけではない。もっと意外な3番目のメリットは、経費の

ルールが撤廃されると、支出を抑える社員が出てくることだ。ハリウッドの拠点で働くコンシュ
ーマー・インサイト部門のディレクター、クラウディオのエピソードからは、その理由がわかる。

私の仕事には、顧客の接待が含まれる。直前に勤めていたバイアコムでは、顧客の接待に使える店、誰が何の支払いを持つべきか、アルコール代はどこまで会社に請求できるかなど、明確な規程があった。私にはそれが心地良かった。規程内に収まっていれば、安心感があった。顧客を接待するときは、1本目のワインだけは会社に請求してよいというルールになっていた。そこで私は食事が始まる前に「バイアコムはお食事と最初のワインをごちそうします。後はそれぞれ飲んだ分だけ、持つことにしましょう」と言っていた。ときにはロブスターを注文し、とびきり高級なワインを頼むこともあった。ルールが明確なので、その範囲に収めればよかった。

ネットフリックスに入社して数週間後、私は初めてとなる接待の準備をしていた。上司のターニャに「接待飲食に関する規程はどうなっていますか」と聞くと、カチンとくるような返事が返ってきた。「規程なんてない。あなたの判断力を働かせて。ネットフリックスの利益を最優先に行動すればいい」と。私は判断力があるのか、ターニャに試

されているのだと思った。

食事が始まるときには、自分がどれだけしまり屋か、ターニャにわからせてやろうと決意していた。メニューのなかでなるべく安い料理を頼み、ビール（ワインより安い）を1杯しか注文しなかった。食事が終わろうとする頃、顧客がもう少しアルコールをオーダーしようとしていたので、理由を付けて代金を支払うと、先に帰った。顧客のパーティ代まで持つわけにはいかない。

入社して日が経つにつれて、ターニャが私を試してなどいなかったことがわかってきた。私の接待の領収書を調べようともしない。それでもルールがない以上、いつ自分の判断力に疑問符が付けられるかわからない。いまでも初めての接待のときと同じように、慎重に注文するのが安全だと思っている。ロブスターも高級ワインもなし、だ。

クラウディオのエピソードは、ルールがもたらす興味深い影響を示している。ルールを設定すると、それを積極的に利用しようとする人が出てくるのだ。バイアコムが「前菜を1品、メインを1品、ワインは参加者2人あたり1本」というルールを作っていたら、社員はキャビアとロブスターとシャンパンを1本注文するかもしれない。それでもルールには収まっているが、かなり高額になるだろう。一方、会社の利益を最優先に行動するよう伝えると、社員はシーザーサラダとチキンにビールを2杯注文して終わりにするかもしれない。明確なルールを設定すれば、必ずしも経費を節約できるわけではないのだ。

3つめの点

社員がほぼ優秀な人材だけになれば、全員が責任ある行動をとってくれると期待できる。率直なカルチャーが醸成されれば、社員はチームメイトが会社の利益に沿う行動をしているか、お互いに注意しあうようになる。そうなったら少しずつ管理を緩め、社員により大きな自由を与えることができる。最初は休暇、出張旅費、経費の規程を廃止するところから始めよう。それによって社員は自らの生活をコントロールしやすくなる。また経営者は社員が正しい行動をとると信頼している、という明確なメッセージを伝えることもできる。信頼感を示すことで、社内に責任感が芽生え、社内の誰もがそれまで以上に主体的に会社にかかわろうとするようになる。

第3a章のメッセージ（休暇規程）

・休暇規程を廃止するときは、事前に休暇の承認を求める必要もないし、社員自身やマネージャーが取得日数を管理する必要もないことを説明する。

・数時間、1日、1週間、あるいは1カ月間、どのように休暇を取るかは、完全に社員に任せる。

・休暇規程を廃止すると、ぽっかりと穴が開く。それを埋めるのが、上司がチームに提示するコンテキストだ。上司は休暇の取り方について、さまざまな状況を想定しながら部下とじっくり話し合う必要がある。

・適切なふるまいを社員に示すうえで、上司が手本となることが重要だ。休暇規程がなく、しかも上司が絶対に休まないと、その職場では誰も休暇を取らなくなる。

第3b章のメッセージ（出張旅費と経費規程）

・出張旅費や経費規程を廃止する際には、マネージャーが入口で経費の使い方についてコンテキストを明確にし、出口として社員の領収書を確認するよう促す。部下が浪費するようであれば、さらにコンテキストを設定する。

・経費を管理するのをやめたら、経理部門が領収書の一部を毎年監査するようにする。

・制度を悪用する社員がいたら、他の面でどれほど優秀な人材であっても解雇し、その悪事を具体的に社内で共有する。これは無責任なふるまいをした場合はどのような報いを受けるのか、他の社員に理解してもらうのに必要なことだ。

・自由を与えることで増加する支出もあるかもしれない。しかし浪費による費用は、自由がもたらす利益には到底及ばない。

・経費を自由に使えるようにすると、社員は事業にプラスになる判断を迅速に下せるようになる。

・発注書の作成や調達プロセスにかかわる時間や管理コストがなくなれば、経営資源の無駄遣いが抑えられる。

・新たに自由を得ると、ルールがあったときより支出を減らす社員が多い。経営者が信頼していることを伝えると、社員は自分たちがどれだけ信頼できるかを示そうとする。

「自由と責任」のカルチャーに向けて

ネットフリックスが首尾よく休暇規程を廃止した年の夏、私はパティ・マッコードの11歳になる息子のトリスタンと長距離走に出る準備をしていた。トレーニングのためにサンタクルーズの海岸を走りながら、私は10年前のピュア・ソフトウエア時代の経験を思い出していた。

ピュア・ソフトウエアを立ち上げて最初の数年は小さな会社だったので、ルールや方針といったものはなかった。しかし１９９６年には主に買収によって７００人規模の会社に成長していた。新たに採用した社員のなかには無責任なふるまいをし、会社に損失を与える者もいた。そこで私たちは、大方の企業と同じような対応をした。社員のふるまいを管理するため、さまざまなルールを設定したのだ。新たな会社を買収するたびに、パティはピュア・ソフトウエアと相手先の社員ハンドブックをひとつにとりまとめていた。

たくさんのルールができると、会社に行くのはそれほど楽しみではなくなってきた。そして個性的で最もイノベーティブな社員から辞めていった。もっとベンチャー精神溢れる職場へと移ったのだ。残ることを選んだのは、慣れ親しんだ安定した環境を好み、ルールに従うことを最も重要な価値観だと考えるタイプだった。トリスタンと長い距離を走りながら、ピュア・ソフトウエアではあまり考えもせず、凡人向けの職場環境をつくっていたのだな、と気づいた。その結果凡人しかいなくなった（実際にはそこまで凡人ではなかったのだが……私の言わんとしていることはおわかりいただけるだろう）。

その夏、私は気づいた。私たちが意識的に抗わなければ、ネットフリックスもピュア・ソフトウエアと同じ道をたどることになる、と。ネットフリックスの規模は拡大し、リーダーは1人ひとりの社員が何をしているのか、目が行き届かなくなっていた。成長がもたらす複雑さに対処するため、通常ならばさまざまなルールやコントロール・プロセスを採り入れるタイミングだ。だが休暇規程や経費規程を廃止する実験がうまくいって以降、私は逆のことができないか、と考えはじめていた。他にも廃止できるルールはないか。成長するにつれてコントロールを強めるのではなく、むしろ社員の自由度を広げられないか。

結局私たちはルールや手続きを増やすのではなく、ふたつのことに力を注ぐことにした。

1　能力密度を高めるための新たな方法を見つける。トップクラスの人材を集め、つなぎ止めるためには、社員から見て最も魅力的な報酬システムを常に用意しておく必要がある。

2　率直さを高めるための新たな方法を見つける。コントロールを廃止するなら、社員が管理職による監督がなくても優れた判断を下せるように、必要な情報はすべて提供しなければならない。そのためには組織の透明性を高め、社内の秘密をなくす必要がある。社員に優れた意思決定を望むなら、彼らも社内で何が起きているかを経営トップと同じように理解しておく必要がある。

次章からは、このふたつの点を詳しく見ていこう。

追記――ちなみに長距離走ではトリスタンが圧勝した。

Section 2

「自由と責任」のカルチャーへの次の一歩

セクション2では「自由と責任」のカルチャーを醸成するプロセスをさらに深く見ていく。能力密度の章では、最高の人材を惹きつけ、つなぎ止めるための報酬プロセスを考える。率直さの章では、第2章で見た個人レベルの率直なフィードバックを発展させ、組織レベルの透明性について検討しよう。

能力密度を一段と高めよう

第4章

個人における最高水準の報酬を払う

2015年のある金曜日の午後、オリジナル・コンテンツ担当マネージャーのマット・スネルは手にしたばかりの脚本をめくりながら、胸が高鳴るのを感じた。ハリウッドのとある混雑した店の狭いコーナー席で、脚本を読むマットの隣で、エージェントのアンドリュー・ワンは静かに昼食をとっていた。マットは脚本を選び、パイロット番組を制作するのがうまい気鋭のクリエイターとして業界では知られた存在だった。その特技のひとつが有能なエージェントとの人脈づくりだ。『ストレンジャー・シングス 未知の世界』の脚本を、ワンはまだ誰にも見せていなかったが、信頼のおけるマットにはこのランチの席でそっと渡したのだ。

マットは大急ぎでオフィスに戻ると、ブライアン・ライト（第2章でも登場したニコロデオン出身のシニア・バイスプレジデント）に脚本を渡した。ブライアンの売れるコンテンツへの嗅覚はテレビ業界でも有名だ。「すばらしい脚本だった。キャラクターが立っていて、ストーリー展開がとんでもなく速い」とブライアンは振り返る。周囲の反応は大方予想がついた。「トゥイーン世代（8～12歳）の主人公というのは、子供向け番組としては年齢が高く、大人向けには若すぎるから、ほとんどの視聴者にとって面白くない」「物語の舞台が1980年代ではニッチな層にしかアピールしない」といった懐疑論だ。しかしブライアンの見立ては違った。「この番組には誰もが夢中になる。『ストレンジャー・シングス』は大ヒット作になり、それを成し遂げるのはネットフリックスだ」

2015年春には脚本の購入が完了し、締め切りが迫っていた。だがネットフリックスにはまだスタジオがなかった。『ハウス・オブ・カード 野望の階段』や『オレンジ・イズ・ニュー・ブラック』は外部スタジオが制作し、ネットフリックスに独占配信権をライセンスしたものだった。ネットフリックスの独自コンテンツ制作はまだ始まっていなかった。ネットフリックスは新たなステージに入ろうとしていた。ブライアンは言う。「今後のオリジナル番組は自分たちで制作する、とテッドは明確な方針を示していた」

当時のネットフリックスのプロダクション・チームにはほんの数人しかメンバーがいなかった。一般的な映画スタジオに必要な人員よりずっと少ない。マットはこう振り返る。

ぼくらが『ストレンジャー・シングス』を完成させられたのは、チームの個々のメンバーがとんでもなく優秀だったからだ。ロブの交渉力は抜群で、出演するスターの1人が複数年契約へのサインを渋ったときも、うまく落としどころを見つけた。ローレンスは経理担当で、お金の管理だけしていればよかったはずだが、経理の仕事を完璧にこなしつつ、脚本家の作業スペースを手配するなど制作でも大活躍した。ローレンスとロブだけで20人分の仕事をしただろう。

『ストレンジャー・シングス』シーズン1は1年あまりで完成した。2016年7月15日に放映が開始され、数カ月後にはゴールデン・グローブ賞のテレビ部門作品賞にノミネートされた。ネットフリックスの成功は、この手のあり得ないようなエピソードが積み重なった結果だ。とんでもなく有能な人材だけで構成された少数精鋭のチーム（リードは「ドリームチーム」と呼んでいる）で社運を賭けたプロジェクトを遂行するのだ。再びマットに登場してもらおう。

どんな会社でも、たいてい優秀な社員と「まあ、ふつう」の社員がいる。「まあ、ふつう」のほうは指示を受けて働く一方、スタープレーヤーは持てる力を振り絞って働くことが期待される。ネットフリックスは違う。ここはいわば抜群に優秀な者だけが立ち入りを許された場所、誰もがスタープレーヤーだ。ミーティングに行けば、才能と知性のパワーで発電できそうなくらいだ。お互いの意見に疑問を投げかけ、激論を闘わせる。誰もがスティーブン・ホーキング博士よりも賢いんじゃないかと思えてくる。信じられないようなスピードでこれほどの仕事ができる理由はここにある。とんでもなく能力密度が高いのだ。

ネットフリックスの能力密度の高さは、その成功の原動力となってきた。リードはこのシンプルだが重要な戦略を、2001年のレイオフを通じて学んだ。しかし難しいのは、どうすれば一流の人材を引き寄せ、つなぎ止めることができるかだ。

ロックスターにふさわしい報酬を提示する

創業して最初の数年、ネットフリックスは急成長を遂げ、ソフトウエアエンジニアを増員しなければならなくなった。能力密度の高さが成長の原動力になることを知った私は、最高の人材を探すことに集中した。シリコンバレーではそうした人材の多くがグーグル、アップル、フェイスブックで働いており、かなりの報酬を得ていた。そんな人材をまとめて採用するような資金は、ネットフリックスにはなかった。

しかし私もエンジニアなので、1968年からソフトウエア業界で注目されるようになった「ロックスターの原則」を聞いたことがあった。「ロックスターの原則」は、サンタモニカのとある地下室で行われた有名な研究に基づいている。午前6時半に9人のプログラマー見習いが招集された。部屋には何十台ものコンピュータがある。それぞれ茶封筒に入れられたコーディングやデバッグの作業を大量に与えられ、それからの120分でできるだけたくさん完成させてほしい、と告げられる。その後この実験結果をめぐって、多くの議論が交わされてきた。

この実験を行った研究チームは、9人のプログラマーのなかで一番優秀な者は、平均的な者と比べて2～3倍の作業をこなせるだろう、と予測していた。だが9人全員が作業をこなす十分な力を持ったプログラマーであったにもかかわらず、最も優秀な者と最も成績の悪かった者には圧倒的な差があった。前者は後者と比べてコーディングは20倍、デバッグは25倍、プログラム実行は10倍の速さでやってのけた。

以来、プログラマーのなかには他を圧倒する能力を持つものがいるという事実はソフトウエア業界で徐々に知られるようになり、実際多くのマネージャーが優秀なエンジニアには平均的な同僚の何倍もの価値があることを実感してきた。給料の原資は限られているが、完成しなければならないプロジェクトがある、という状況で、私は選択を迫られた。平均的なエンジニアを10〜25人雇うか、それともたった1人の「ロックスター」を採用して、必要とあれば他のエンジニアの何倍もの報酬を払うかだ。

時間が経つにつれて、わかったことがある。最高のプログラマーの価値は凡人の10倍どころではない。100倍はある。マイクロソフトの取締役会で一緒だったビル・ゲイツは、さらに過激な発言をしたとされる。「優れた旋盤工はふつうの旋盤工の数倍の賃金をもらうが、優れたソフトウエアエンジニアはふつうのエンジニアの1万倍の価値がある」。ソフトウエア業界では、もはやこれは常識だ（まだ異論もあるようだが）。

ソフトウエア業界以外にもこのモデルが当てはまるところはないか、私は考えはじめた。ロックスターエンジニアにふつうのエンジニアよりはるかに価値がある理由は、プログラミングに限られたものではない。すばらしいソフトウエアエンジニアは非常にクリエイティブで、他の人には見えない概念的パターンに気づくことができる。視点が柔軟で、ある考え方でうまくいかなければ、押したり引いたり突いたりと工夫して、壁を乗り越えようとする。これはあらゆるクリエイティブな仕事に必要なスキルだ。パティ・マッコードと私はネットフリックスのなかで「ロックスターの原則」が当てはまる分野がどこか、詳しい分析を始めた。現業系職種とクリエイティブ系職種を仕分けたのだ。

たとえば窓拭き、アイスクリーム店の店員、運転手などの現業系職種の場合、最高の社員はふつうの社員の2倍の価値を生み出せるかもしれない。すばらしく有能なアイスクリーム店の店員は、平均的店員の2~3倍のスピードでアイスクリームをすくえるだろう。本当に優秀な運転手は、事故の数が平均的運転手の半分かもしれない。しかしアイスクリーム店の店員や運転手が生み出せる価値には上限がある。現業系職種ならば、平均的給与水準でも会社にとって問題は生じないだろう。

ネットフリックスにはそういう仕事はあまりない。ほとんどの職種では、クリエイティブにイノベーションを生み出し、業務を遂行する能力が期待される。あらゆるクリエイティブ系職種では、トップクラスの能力は凡人のそれを優に10倍は超える。トップクラスの広報担当はふつうの担当者より数百万人も多くの顧客を惹きつける企画を考えることができる。『ストレンジャー・シングス』の脚本に話を戻すと、アンドリュー・ワンをはじめとする腕利きのエージェントとコネのあるマット・スネルには、そのような人脈のない者の何百倍もの価値がある。他の制作会社が「トウィーン世代が主人公の番組などうまくいかない」というなかで、『ストレンジャー・シングス』が大ヒットすると見抜いたブライアン・ライトの眼力は、同じような直感の働かないコンテンツ担当バイスプレジデントの数千倍の価値がある。いずれもクリエイティブな仕事であり、ロックスターの原則が当てはまる。

2003年の時点で私たちにはあまり資金はなく、一方やるべき仕事は山ほどあった。わずかな資源をどう使うか、慎重に考えなければならなかった。そこで仕事の質に上限がある現業系職種については、報酬を相場の真ん中あたりに設定した。しかしクリエイティブ系職種については例外なく、凡庸な人材を1ダース雇う代わりに、最高の人材に「個人における最高水準の報酬」を払うことにした。その結果、社員数は少なくなるはずだ。1人のとてつもない人材に大勢が束になってもかなわないような仕事をしてもらい、その分とてつもない報酬を払おうというわけだ。

その後ネットフリックスでは社員の大多数を、このモデルに沿って採用してきた。そしてこの方法はすばらしい成功を収めてきた。イノベーションの速度と成果は飛躍的に高まった。

それだけではない。社員数を抑えることには副次的効果もある。社員を管理するのは難しく、非常に手間がかかる。しかも凡庸な社員ほど手がかかる。会社を小規模にし、リーン「少数精鋭」なチームを維持することで、各マネージャーが管理すべき人数は少なくなり、目も行き届くようになる。リーンなチームが抜群に優秀な社員だけで構成されていれば、マネージャーのパフォーマンスも、社員のパフォーマンス、ひいてはチームの効率も高くなり、またスピードも増す。

「いくら払うか」だけでなく「どう払うか」が大切

リードの採用戦略はすばらしいものに思える。しかし誰も聞いたことのないようなベンチャー企業の経営者なら、いくら報酬をはずむといっても本当に一流の人材が来てくれるのか、と疑問に思うかもしれない。

研究によると、答えはイエスのようだ。オフィスチーム社が2018年、2800人の労働者を対象に意識調査を実施し、転職を考える動機づけを尋ねた。その結果、回答者の44％が「報酬が増える」と答え、他の選択肢を大幅に上回った。

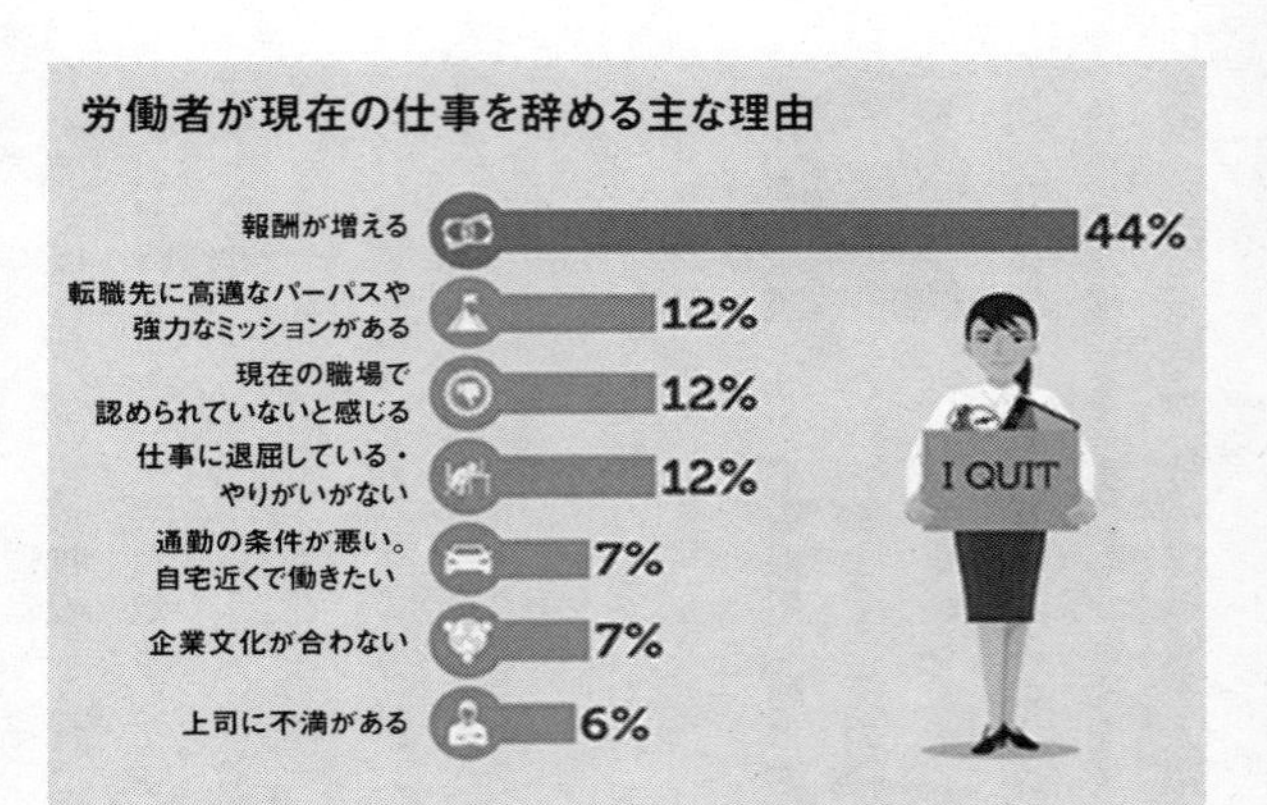

つまりあなたの勤務先が小さな無名企業であっても、リードの方法を実践すればおそらく必要な人材は見つかるだろう。

しかし問題は「いくら」払うかだけではない。「どのように」払うかもまた重要なのだ。圧倒的多数の会社では、高給取りのホワイトカラー社員に月給に加えてボーナスを払っている。ボーナスはいくつかのあらかじめ設定した目標の達成状況に応じて払われる。一流の人材の報酬の大部分は、成果に連動する。

これは実はそれほど良い方法とは言えない。リードとパティはネットフリックスにロックスターを引き寄せるために、そういう人材が働いている職場との違いを明確にする必要があった。そこである方法を思いつき、それをいままでも変えていない。

あなたが貯金をはたいて、最先端の空飛ぶスクーターを開発したとしよう。交通渋滞も飛び越えて職場に行ける代物だ。それを世に送り出すのに、とびきり有能なマーケティングのプロが見つかった。この人物の労働意欲を引き出し、ベストを尽くさせ、さらには長年会社にとどまってもらうには、どのような方法で報酬を払えばよいだろうか。選択肢はふたつある。

1 年収25万ドルを払う
2 年収20万ドル ＋ 成果に連動して25％のボーナスを払う

世の中の多くの経営者は、2番目の選択肢を選ぶ。同じ原資があるなら給料として渡すより、社員に最善を尽くそうとする意欲を与えるニンジンとして使ったほうがいいではないか、と。

成果連動型ボーナスは非常に理にかなっているように思える。社員の報酬の一部は保証する一方、一定割合（通常は2〜15％だが、経営幹部になると60〜80％に達することもある）は成果と結びつけるのだ。会社に多くの価値をもたらせば、ボーナスが得られる。だが目標が未達に終わればボーナスは払われない。これほど合理的な仕組みがあるだろうか。成果連動型ボーナスはアメリカのほぼすべての企業が採り入れており、外国でも良く見られる。

しかしネットフリックスはこの仕組みを使わない。

ボーナスが機敏な対応を阻害する

2003年、ちょうど私が「ロックスターの原則」について考えていたころ、ネットフリックスは成果連動型ボーナスが事業にとってマイナスであることを学んだ。パティ・マッコードと私は週次経営会議の準備をしており、議題のひとつに経営陣向けの新たなボーナス制度を挙げていた。ネットフリックスがようやく会社として成熟し、経営幹部に他の大企業と同じような報酬パッケージを与えられるようになったので、私たちはワクワクしていた。

私たちは何時間もかけて、正しいパフォーマンス目標と、それを報酬にひもづける方法を検討した。パティは最高マーケティング責任者のレスリー・キルゴアのボーナスを、新規契約者数と連動させてはどうか、と提案した。レスリーはネットフリックスに入社する前、ブーズ・アレン・ハミルトン、アマゾン、プロクター&ギャンブル（P&G）に勤務していた。どの会社も経営指標を重視し、報酬はあらかじめ設定された目標と連動させていた。だからまずレスリーをモデルにするのが無難だろう、と私たちは考えた。そしてＫＰＩを設定し、レスリーが目標を達成したらどれだけ追加ボーナスが出るかを計算した。

私は経営会議で、レスリーが直近で数千人の新規顧客を獲得したことを大いに褒めた。今後もこのような成果を挙げると、どれだけ高額のボーナスを受け取ることになるか、という話を始めようとしたところで、レスリーが私の話を遮った。「ありがとう、リード。確かにすばらしい成果だし、私のチームは頑張ってくれた。でも新規契約者数を追うべきではないと思う。重要な数値ではないので」。それからレスリーは、前四半期には確かに新規契約者数が重要な目標だったが、いまでは本当に重要なのは顧客定着率（リテンションレート）のほうだということを数字を使って説明してくれた。私はそれに耳を傾けながら、心底ほっとした。レスリーのボーナスを誤った指標と結びつけなくてよかった、と。

私はこのときのレスリーとのやりとりから、ボーナスという仕組みそのものが「未来は予測可能であり、ある時点で設定した目標はその後も重要であり続ける」という前提に基づいていることを学んだ。しかし急激な環境変化に対応して迅速に会社の方向を修正しなければならないネットフリックスにおいて、社員の12月のボーナスをその年の1月に決定した目標に応じて決めるというのは一番やってはいけないことだ。社員がその時点で会社にとって何が最善かではなく、目標を達成することに集中してしまうリスクが生じるからだ。

ネットフリックスのハリウッド拠点で働く社員の多くは、ワーナー・メディアやＮＢＣといった制作会社の出身者だ。そこでは幹部の報酬の大部分は、特定の財務指標に基づいて決まる。今年の目標が営業利益５％増であれば、ボーナス（年収の４分の１を占めるケースも多い）を手に入れる最善の方法は、営業利益を増やすことにひたすら邁進することだ。しかしある部門が５年後も競争力を保つためには、方向転換が必要だとしたらどうだろう。方向転換には新たな投資が必要で、今年の利益率が低下するリスクもある。株価も下落するかもしれない。そんな状況で経営幹部はどう対応するだろうか。ワーナー・メディアやＮＢＣがネットフリックスほど時代に合わせて機敏に変化できない理由は、ここにあるのかもしれない。

それだけでなく、優秀な人材の鼻先に札束をぶら下げておけば一生懸命働く、という考えに私は同意しない。優秀な人材はもともと成功したいという意欲があり、鼻先にボーナスがぶら下がっていようがいまいが、全力を尽くすものだ。私はドイツ銀行の元最高経営責任者、ジョン・クライアンのこの言葉が大好きだ。「なぜ私にボーナス付きの報酬パッケージを提示するのか、さっぱりわからない。誓っていうが、誰かに報酬を増やす、あるいは減らすと言われたからといって、私の働きぶりが変わるようなことはない」。高額報酬に見合うだけの価値のある経営者なら、みなそう考えるはずだ。

リードのこうした直感は、学術的にも裏づけられている。業績連動給は定型業務には適しているが、クリエイティブな業務にはむしろ逆効果だ。デューク大学のダン・アリエリー教授は2008年に興味深い研究成果を示している。

実験では87人の被験者に、注意力、記憶力、集中力、創造力が求められるさまざまな作業を与えた。たとえば金属製のパズルをプラスチックの枠に収める、テニスボールを的に当てるといったことだ。そして傑出した成績を収めた者には報酬を払う、と約束した。そして被験者の3分の1には少額の、別の3分の1には高額の、そして残りの3分の1にはその中間の報酬を伝えた。

最初の実験はインドで実施した。生活費が安いので、研究予算の範囲で被験者にとっては相当な金額を払うことができた。一番少額のグループのボーナスは50セントで、被験者にとっては日給1日分だった。最も高額のグループは50ドルと、5カ月分の給料に等しかった。

すると予想外の結果が出た。中間グループの成績は最も少額のグループとまったくかわらなかった。何より興味深かったのは、最も高額なボーナスを提示したグループの成績が、あらゆる作業において他のふたつのグループよりも悪かったことだ。

マサチューセッツ工科大学（MIT）の学部生を対象にした実験でも、同じ結果が出た。ここでは被験者には高額（600ドル）あるいは少額（60ドル）の報酬を得るチャンスがあると説明し、認知スキルを要する作業（計算など）と機械的スキルを要する作業（キーをできるだけ速く叩くなど）をさせた。その結果、後者では、ボーナスは期待どおりの効果を発揮した。報酬が大きいほど、成績も良かったのだ。しかし多少なりとも認知スキルを要する作業では、インドでの実験と同じ結果が出た。ボーナスが高いほど、成果は低かった。

この研究結果は完全に理にかなっている。クリエイティブな仕事には、脳がある程度の自由を感じる必要がある。成果次第で高額報酬がもらえるかどうかに脳の一部が集中していると、すばらしくイノベーティブなアイデアが湧いてくる「自由な認知ゾーン」に没入できていないことになる。だからパフォーマンスが悪くなるのだ。

これはまさにネットフリックスにも当てはまる。私生活にかかわるストレスを減らせるほど高額な報酬をもらえると、社員は非常にクリエイティブになる。しかし追加のボーナスがもらえるかどうかが定かではないと、クリエイティビティは低下する。イノベーションを後押しするのは成果連動型ボーナスではなく、高額の給料だ。

ボーナスを給料に上乗せして払わないと決めた後、非常に驚いたのは、それまでよりはるかに多くの一流の人材を惹きつけられるようになったことだ。ボーナスを提示しなければ競争力が失われる、と思う人は多いだろう。だが実際にはまさにその逆だ。払えるだけの原資を給料として提示することは、最高の人材を獲得するうえで強みとなるのだ。

自分が新たな仕事を探していて、ふたつの会社からオファーを受けたと想像してみよう。片方は20万ドルの給料プラス15%のボーナス、もう片方は23万ドルの給料だ。どちらを選ぶか。当然はじめからプラス15%分が確定している後者だ。駆け引きなし、初めから報酬がわかっているほうである。

成果連動型ボーナスをやめれば、高い基本給を提示でき、また意欲の高い社員を会社につなぎ止めることができる。それによって能力密度は高まる。しかし何よりも能力密度を高めるのは、高い給料を払い、さらにそれを引き上げていくことで、社員に個人として最高水準の報酬をもらっているという安心感を与えることだ。

………… どこよりも高い給料を払う

最高の人材を採用し、つなぎ止めるためならお金は惜しまない、と決めてまもなく、エンジニアリング担当ディレクターのハンが私のところにやってきた。空席となっているポジションにぴったりの、すばらしい人材を見つけたという。デビンという名で希少なスキルセットがあり、チームにとってすばらしい財産になるのは間違いない。しかしデビンの要求する給料は、チームの他のプログラマーが得ている金額の2倍近く、ハンの給料さえも上回るものだった。「ネットフリックスにとって最高の人材だが、それだけの金額を払うべきだろうか」とハンは尋ねた。

私はハンに3つの問いを投げかけた。

1　現在チームにいるプログラマーのなかで、それまでデビンがアップルで手がけていた仕事をできる者はいるか？　答えはノーだ。

2　ハンの現在の部下が3人力を合わせれば、デビンと同じだけの成果が出せるだろうか？　答えはノーだ。

3　妖精が現れ、何事もなかったかのように現在のプログラマー2〜3人をデビンと交換してくれたら、会社にとってプラスだろうか？　答えはイエスだ。

それを聞いて私は、デビンを採用するのは金銭的に何の問題もない、とハンに言った。これから採用するプログラマーの数を何人か減らし、その分デビンの要求額を払えばいい。そこでハンは考え込んだ。「デビンの持っているスキルは、いま本当にニーズが高い。デビンを採用するためにに採用方針を変更するなら、デビンにネットフリックスを選んでもらうだけでなく、もっと高い給料を払う会社から引き抜かれないようにする必要がある」

そこで私たちは、デビンの能力にライバル企業がいくらなら払うか、市場調査をすることにした。その情報に基づいて、一番高い企業を少しだけ上回る金額を払うという作戦だ。

その後デビンのチームは、今日のネットフリックス・プラットフォームの基礎となる機能の多くを生み出した。すべての社員にデビンと同じようなインパクトを持ってほしいと考え、その後はすべての新規採用者について同じ報酬の決定方法を採ることにした。

…………個人における最高水準の報酬を払う

たいていどこの会社に転職する場合でも、報酬の交渉は中古車ディーラーとの交渉のようだ。入社希望者としては仕事は欲しいが、会社が最大いくらまでなら払ってもよいと考えているかはわからない。いくらまでなら要求し、いくらなら受け入れるか、推測しなければならない。会社は個人の無知に乗じて、できるだけ安い報酬で採用しようとする。新たな人材を本来の価値より安い報酬で獲得するには良い方法だが、社員は嫌気がさして、数カ月後に他の会社からもっと良い報酬を提示されれば辞めてしまうかもしれない。

ジャック・チャップマンによる『給料交渉に勝つ——毎分1000ドル稼ぐ法（*Negotiating Your Salary: How to Make $1000 a Minute*）』［未邦訳］は、転職する際にできるだけ良い条件を引き出す方法を指南している。

採用担当：なんとか予算の都合をつけて、あなたには年収9万5000ドルをオファーすることにしました。良かった良かった。あなたも喜んでくれますよね。

あなた：（何も言わない。頭のなかで歌を唄ったり、敷物のシミを数えたり、歯列矯正のブリッジを舌先でなめたりしている）

採用担当：（不安そうに）でも11万ドルまでなら引き上げることもできますよ。こちらはかなり無理をすることになるので、受けてもらえるとありがたいのですが。

あなた：（まだ口は開かず、頭のなかで歌を唄い続ける）

一方ネットフリックスは本気で人材を獲得し、つなぎ止めたいと考えている。だから未来の社員との対話では、①他の会社に行けばいくら稼げるか、きちんと評価していること、そして②それより少しだけ高い金額を払う用意があることを伝えることが主眼となる。

たとえばマイク・ヘイスティングスの例を見てみよう（リードの親族ではない）。あなたがネットフリックスのサイトを見ていたら、『Okja／オクジャ』という映画がおススメされたとする。これはネットフリックスがすべてのテレビ番組や映画をいくつかのカテゴリーにタグ付けしているからだ。『オクジャ』は「反体制、知性派、視覚に訴える、斬新」のカテゴリーに入っている。過去に知的で反体制的なテーマの作品を観たことがあれば、『オクジャ』がポップアップされる可能性が高い。マイクはこうしたレコメンド機能を支えているスタッフの1人だ。

ネットフリックスのタグ付けチームから声がかかったとき、マイクはミシガン州アン・アーバーのオールムービー・ドットコムで働いていた。シリコンバレーに引っ越したいとは思っていたが、「カリフォルニア州は生活費が高いので、給料をいくら要求すべきかわからなかった」。そこで給料交渉に関する本を何冊か読み、友人にも相談した。全員が現在の給料について具体的な話は一切するな、と忠告した。「それによって価値が低いと思われ、つけ込まれるぞ」と言う友人もいた。マイクは地域ごとの給料格差も調べたうえで、問い詰められたら現在の給料の2倍を要求しようと決めた。「かなり高額だとは思ったけれど」

給料に関する質問をかわす方法も練習していったが、「面接中に現在の給料から希望する金額まですべてしゃべってしまった。ミシガンに戻る道中は『オレはなんてバカなんだ』と落ち込んでいた」という。アン・アーバーの自宅のベッドに横たわり、お気に入りのヒッチコックのポスターを眺めていると、ネットフリックスのリクルーターから電話がかかってきた。「現在の給料を2倍にした金額に、さらに30%上乗せするというオファーだった。ぼくが息を呑む音が聞こえたんだろう。未来の上司はこう言ったよ。『これは君の職種とスキルでシリコンバレーで稼げる金額の上限なんだ』と」

……最高水準の報酬を払い続ける

相場の上限の給料をもらった新入社員は、最初はやる気を感じるだろう。だがまもなくスキルが高まり、ライバルからさらに高い給料で引き抜きがかかるようになる。給料に見合う働きができる者の市場価値はどんどん高まっていくので、転職するリスクも高まっていく。こう考えると、地球上のほぼすべての会社が、有能な人材の転職を促し、社内の能力密度を下げるような昇給システムを採っているのは不合理なことだ。PRディレクターのジョアンが、前職で経験した問題を説明したメールがある。

ネットフリックスに入社する前、ぼくはブラジルのサンパウロにあるアメリカ系の広告会社で働いていた。仕事は大好きだった。大学を卒業してすぐに入社した会社で、全身全霊で仕事に打ち込んだ。通勤時間を節約するため、コピー室の床に寝泊まりすることもあった。すばらしい幸運に恵まれ、大口顧客4社と契約でき、入社から1年も経たずにベテラン社員を上回る契約を取ってこられるようになった。愛する会社でキャリアを積めることにワクワクしていた。幹部はぼくの2倍、3倍の給料を得ていることを知っていたので、年1回の昇給のタイミングできっと自分の貢献に見合った水準に引き上げてもらえると信じていた。

その年の末、初めての業績考課があり、ぼくは最高評価（100点中98点）を得た。会社は過去最高益を挙げていた。給料が2倍になるとは思わなかったが、上司は任せておけ、と言ってくれた。ぼくは心のなかで10～15%の昇給を期待していた。

給料面談の日は通勤の道すがら、ずっとラジオに合わせて唄っていた。そんなぼくが上司から5%の昇給を言い渡されたとき、どれほどがっかりしたか想像がつくだろう。実を言うと、ほとんど泣きそうだった。さらに悲惨なことに上司はにこやかに笑いながら、「おめでとう！」と言ったのだ。今年これほど昇給した人間は他にいないぞ、と。心のなかで「バカにするな」と叫んでいた。

それ以降、ぼくと上司の関係は一気に冷え込んだ。ぼくはもっと給料を上げてくれ、と迫った。ぼくが辞めるのを恐れた上司は譲歩し、昇給率を5%から7%に引き上げた。しかしぼくがそれ以上期待するのは「非常識」で「世間知らず」だと言った。1年でこれ以上給料を上げる会社など、あるはずがない、と。それを聞いて、ぼくは転職先を探しはじめた。

ジョアンは会社にとってかけがえのない社員だった。そして会社が入社時に提示した給料は、ジョアンが意欲を持って働ける水準だった。しかしわずか1年でジョアンはすばらしい実績を挙げ、会社にとって、またそのライバル企業にとって非常に価値のある人材になった。なぜ雇用主はジョアンの市場価値と明らかにかけ離れた昇給しか与えなかったのか。

その答えは、会社は給料を見直す際、個々の社員の市場価値を見ようとせず、「昇給原資」や「給料バンド［あらかじめ決められた上下限額］」をもとに昇給率を決めようとすることにある。

たとえば、サンタクロースに8人のエルフが仕えていて、毎年12月26日に給料を改定するとしよう。それぞれいまは年5万ドルをもらっている。サンタは昇給原資として給料コストの3％（標準的なアメリカ企業では2～5％）を確保している。このケースでは40万ドルの3％だから、1万2000ドルだ。

ではこれをどう分けるか。一番仕事ができるのはシュガープラム・メアリーなので、6％給料を上げることにする。他の7人は残る9000ドルを分け合うことになる。しかしシュガープラムは15％は給料を上げてもらわなければ辞める、と言い張る。それを受け入れれば、残る7人の昇給額は4500ドルになる。それぞれ大勢の家族を養わなければならないのに。シュガープラムの市場価値に見合った給料を払おうとすると、他のかわいいエルフが割を食うことになる。ジョアンもまさにそのような状況に置かれていたのだろう。上司に3％の昇給原資があったとすれば、ジョアンの給料を5％上げたのもすでに思い切った措置だ。それをさらに7％にすれば、残りの部下が苦しい思いをする。ジョアンの市場価値に見合う15％の昇給など不可能だ。

給料バンドも同じような問題を引き起こす。サンタの事務所では、エルフの給料は5万〜6万ドルの範囲に収めることが決まっている。シュガープラムが5万ドルで雇われ、最初の3年は給料が5〜6％上がったとすると、年収はおよそ5万3000ドル、5万6000ドル、そして5万8800ドルになる計算だ。しかし4年目、経験を積み、かつてないほどすばらしい成果を挙げたシュガープラムは2％しか給料を上げてもらえないことになる。すでにバンドの上限に到達してしまったからだ。新たな職場を探すべきタイミングだろう。

ジョアンやシュガープラムが薄々感じていたことは、調査でも裏づけられている。いまの職場にとどまるより転職したほうが収入は増えるのだ。2018年にはアメリカの社員の平均年収は約3％上昇した（トップクラスの人材は5％）。一方、仕事を辞めて新たな会社に転職した社員の平均昇給率は10〜20%だった。同じ職場にとどまると、自分の懐を痛めることになる。
その後のジョアンはどうなったか。

ネットフリックスがそれまでの3倍近い給料で採用してくれたので、ぼくはハリウッドに移った。その9カ月後、念頭には昇給のことなどまるでなかった。その日、ぼくは上司のマティアスと毎週恒例のウォーキング・ミーティングに出かけた。ネットフリックス・ハリウッドの建物の周囲をぐるっと1周するのだ。その途中の飲茶レストランの壁には、青い目に赤い舌を出した巨大な餃子の絵が描かれている。そこに来たとき、マティアスがぼくの給料を最高水準に維持するため、23%給料を上げるよ、と言った。ぼくはあまりにもびっくりして、餃子の横に座り込んでしまった。

その後もぼくは多くの成果を挙げ、それに対して十分な給料をもらっていると感じていた。1年後、再び給料を見直すタイミングになった。またドカンと昇給するのだろうか、と考えていたぼくは、またしてもマティアスの言葉に驚くことになった。「君の成果はすばらしい。このチームにいてくれて本当に嬉しいよ。君のポジションの市場価値はあまり変わっていないので、今回は給料を上げるつもりはない」。フェアな話だ、とぼくは思った。マティアスはぼくが納得できなければ、自分のポジションの相場データを持って相談に来てほしい、と言った。

いまでも最初の上司に「世間知らず」と言われたことをよく思い出す。企業社会の仕組みがわかってきたいまとなっては、彼の言うとおりだったと思う。企業がどんなルールで動いているかを理解していなかったという点において、確かに世間知らずだった。しかしこれほど多くの企業が、最も有能な人材を追い出すような昇給システムを使っているのも、また世間知らずと言うべきではないか。

ジョアンの主張にはとても説得力がある。それなのになぜ、多くの企業はいまだに従来どおりの昇給方法を採っているのか。生涯同じ仕事にとどまるのが一般的で、個人の市場価値が数カ月で急上昇することなどなかった時代には、それがうまく機能したからだというのがリードの考えだ。しかし今日の経済は変化が激しく、多くの人が頻繁に職を変えることからも、前提条件が変わったのは明らかだ。

ただネットフリックスの「相場の上限を払う」モデルはきわめてユニークで、わかりにくい。管理職にどうやって1人ひとりの部下の最高水準の報酬を継続的に把握しろというのか。ろくに知らない相手に電話をかけ、その人物あるいはその部下がいくら稼いでいるのか探ることに毎年何十時間も費やすことにならないか。ネットフリックスの法務担当ディレクターのラッセルは、まさにそんな大変な思いをしているという。

2017年の時点で私のチームの最も価値の高いプレーヤーは、ラニという名の弁護士だった。ティーンエイジャーの頃にインドからカリフォルニアに移住してきた。母親はスタンフォード大学の数学教授で、父親は斬新なインド料理のシェフとして有名だ。弁護士としてのラニは、まさに優秀な数学者とシェフを掛け合わせたような存在で、私が聞いたこともないような緻密で複雑なアイデアを提案してくれる。一流の弁護士特有の「優雅さ」がラニには備わっている。

ラニを採用するときには、非常に高額な給料を提示した。まちがいなく最高水準だった。入社1年目のラニはすばらしい活躍を見せた。しかし給料改定のタイミングが来て、私は頭を抱えた。法務部門の他のメンバーと違い、ラニは特殊な業務を担当していたので、市場データを探すのが難しかったのだ。この年、他のメンバーは明らかな市場環境の変化を受けて、最大25%もの大幅な昇給を得ていた。

私はラニのためのデータ探しに何十時間もかけた。徹底的な調査の後、さまざまな会社で働く14人の知人に電話をかけたが、誰も給料を教えてくれなかった。そこでヘッドハンターに連絡しはじめ、ようやく3人から数字を得た。3つの数字はバラバラだったが、一番高いものでもラニがすでに稼いでいる金額より5%高いだけだった。そのデータに基づけば、5%昇給させればラニの報酬は個人としての最高水準にとどまるはずだったので、私はその数字を提示した。

それはとても気まずい面談になった。5%という数字を告げると、ラニは悔しそうな顔をして、私と目を合わせようともしなかった。どうしてその数字になったか私が説明していると、ラニは窓の外を見た。まるですでに転職先を考えはじめたかのように。私が話し終えても、ラニはずっと黙っていた。ついに口を開いたとき、声が少し震えていた。「がっかりした」。私はこの昇給が自分の市場価値を反映していないと思うなら、データを持ってきてほしいと告げた。ラニはそうしなかった。

翌年の改定では、私は人事部門に助けを求めた。人事部門が見つけてきた数字は、私の前年の調査結果より30%近くも高かった。今回はラニも自ら行動を起こし、知り合いに連絡を取った。そして他社で同じような業務に就いている4人の名前を挙げ、彼らの給料が人事部門が示したものとほぼ同じであることを示した。私が前年に調べた数字は実際の相場を反映しておらず、ラニを不当に低い給料で働かせてしまったことになる。

自分のため、あるいは部下のために比較可能な給料データを探してくるのは、時間がかかり、骨が折れるというだけではない。たいていあらゆるツテをたどり、「あなたはいくら稼いでいるんですか」というバツの悪い質問を繰り返す必要がある。

問題はそれだけではない。どれだけカネがかかる制度か、想像してみてほしい。マティアスはジョアンが頼むどころか、昇給のことなど考えてもいないのに23％も給料を上げた。ラッセルは2年目にラニに30％の昇給を認めた。このような昇給が可能な会社がどれだけあるのか？　利益率がとんでもなく高いのか？　そうでもなければ、昇給で会社が潰れてしまうのではないか？

いずれの問いの答えも「イエス」だ。しかし最終的には投資に見合う効果がある。

優秀な人材が集まる環境では、最高水準の報酬を払い続けることが長期的に見ると最もコスト効率が良い。トップクラスの人材を引き寄せ、何年も会社にとどまってもらうためには、必要な分より少し多めに給料を払い、社員のほうから求める前に給料を上げ、転職活動を始める前に大幅にアップするのが最善の策なのだ。最初から多少払い過ぎるほうが、このような人材を失ってからその代替を探すよりずっと安上がりだ。

社員のなかには、短期間のうちに劇的に給料が上がる者もいる。本人のスキルセットが向上する、あるいはその分野の人材が不足するといった原因である社員の市場価値が上昇すれば、ネットフリックスはそれに合わせて給料を引き上げる。一方、他の社員はすばらしい成果を挙げていても、何年も給料が上がらないこともある。

ネットフリックスができるだけ避けようとしているのは、市場価値が下落したときにそれに合わせて社員の給料を引き下げることだ（勤務地が変わるときはその限りではない）。それは間違いなく社内の能力密度の低下につながる。何らかの理由で人件費を負担しきれなくなったら、一部の社員を解雇することで、個人の給料は下げずに総人件費を引き下げ、能力密度の維持を図るだろう。

個人における最高水準の報酬を把握する作業には相当な時間がかかるが、一流の人材をより高い給料を提示した他社に引き抜かれ、その代替を見つけて育てるコストよりは低いはずだ。他社がラニにいくら払うかを突き止める作業は大変だが、（人事部門の助けを借りてでも）それをするのがラッセルの仕事である。そしてラニもそれに協力する責任がある。あなたの市場価値を一番よくわかっているのはあなた自身であり、次はあなたの上司だ。

しかしあなたや上司以上にあなたの市場価値を知っている可能性が高い人物が、もう1人いる。その人物と話さない手はない。

……… ヘッドハントされたら、「いくら出す？」と尋ねよう

シュガープラム・メアリーの話に戻ろう。本人やサンタ以上にシュガープラムの価値をよくわかっている人物がいるとしたら、誰だろうか。それは別のエルフ工房の採用担当者だ。その採用担当者が提示する金額こそが、まさにその時点のシュガープラムの市場価格だ。自分の価値を本当に確かめたいなら、ヘッドハンターと積極的に話すべきだ。

ネットフリックスの社員には（みなさんの会社の優秀な社員にも）ヘッドハンターから頻繁に声がかかる。他社との面接に来ませんか、と。当然それなりの報酬は用意しているだろう。ヘッドハンターから電話がかかってきたとき、あなたなら社員にどんな行動を期待するだろうか。ト

イレに駆け込み、こそこそ話をすることだろうか。社員に明確な指示を出さなければ、きっとそうするだろう。ネットフリックスでも2003年に個人における最高水準の報酬を払いはじめるまではそうだった。

それからほどなくして、最高プロダクト責任者のニール・ハントが、パティと私のところへやってきた。自分のチームの最も優秀なエンジニアのジョージが、グーグルからさらに良い条件で仕事を提示されたという。パティも私もジョージを引き留めるためにさらに高い給料を提示するのには反対だった。そもそもこっそり他の会社の面接を受けるなんて、会社に対する裏切りのような気がした。その日の午後、サンタクルーズに車で戻る道中、パティは「替えのきかない社員などいない」とうそぶいていた。しかしその晩私たちはそれぞれ、ジョージが退社したら会社はどれだけ多くを失うか、思いを巡らせた。

翌朝、私の車に乗り込んできたパティは、開口一番こう言った。「リード、昨日の夜、気づいた。私たちはバカだった！　ジョージの代わりなどいない、絶対に」。その通りだった。ジョージのようなアルゴリズム・プログラミングの知識がある人材はこの世に4人しかおらず、そのうち3人がネットフリックスで働いていた。ジョージを手放してしまったら、他の会社が残りの2人を引き抜こうとするかもしれない。

私たちはニールのほか、テッド・サランドス、レスリー・キルゴアら経営幹部を招集した。ジョージへの対応をどうするかだけでなく、ネットフリックスの優秀な人材を狙っている他のヘッドハンターへの対応を協議するためだ。

前職での経験をもとに、非常に説得力のある主張をしたのはテッドだ。


私はアリゾナ州フェニックスに住んでいた頃、テキサス州ヒューストンに本社があるホームビデオ販売会社に勤めていた。会社は私に、テキサス州デンバーの販売拠点の責任者の仕事をオファーしてきた。当時の私にとっては大抜擢だったので、受けることにした。給料は大幅に上がり、しかもフェニックスの自宅が売却できるまでの6カ月間、デンバーの家賃を負担すると約束してくれた。

でもデンバーに引っ越して半年経っても、自宅は売れなかった。家計は赤字になり、妻とデンバーの安いアパートに住みながら、使っていないフェニックスの大きな家のローンを払わなければならなかった。そんななかパラマウントの採用担当から声がかかった。電話を受けたのは、家の問題でうんざりしていたからだ。パラマウントの提示したポジションは給料が高いうえに、フェニックスに戻れるものだった。その当時の仕事には満足していたが、パラマウントのオファーを受ければ抱えていた問題をすべて解決できた。

上司に退社すると言いにいくと、「なぜ家が売れなかったことを言ってくれなかったんだ。君はわが社にとって大切な人材なのだから、引き留めるために契約を見直すことだってできるよ」。結局会社はパラマウントのオファーに合わせて給料を引き上げたうえに、フェニックスの自宅を買い取ってくれた。そのときこう思った。「過去6年、他社からの誘いは一切拒絶してきたが、その間にも自分の市場価値は上がっていたのだ。自分の市場価値に見合った給料を受け取っているか確認するための会話をするのは会社に対する裏切りだと考えていたために、何年も割安な給料で働くはめになったのだ」

私は上司に腹を立てた。「私の価値がそれほど高いとわかっていたなら、なぜそれに見合う給料をオファーしてくれなかったんだ」と。だがその後、はたと気づいた。「上司にそんな義務があるのか？　自分の価値を確かめ、要求するのは自分の責任じゃないか」と。

テッドは話し終えると、こう言った。「ジョージが自分の市場価値を確かめるために、ライバル会社の面接に行ったのは正しい判断だ。そして正しい市場価値がわかったいま、私たちがその最高水準の報酬を払わないのは間違った判断だ。それに加えてニールのチームのメンバーに、グーグルが同じ仕事をオファーしそうな者が他にもいれば、彼らの給料も同水準に引き上げるべきだ。それが彼らのいまの市場価値なのだから」

レスリーもテッドに賛同した。

新しい社員を採用するとき、私はいつも『10万ドルから100万ドル超えへの道（*Rites of Passage at $100,000 to $1 Million+*）』［未邦訳］を読みなさいと言う。1980年代から90年代にはエグゼクティブ・ヘッドハンターのバイブルと言われた本で、自分の市場価値を調べる方法、ヘッドハンターからそれを聞き出す方法が詳しく書いてある。

私は部下に「自分の市場を知り、本を読み、ヘッドハンターに会ってみて」と言い、実際にそれぞれの専門分野に強いヘッドハンターのリストも渡す。それは全員に他に選択肢がないからとどまるのではなく、ネットフリックスで働くことを積極的に選択してほしいからだ。ネットフリックスで働くだけの能力があるなら、必ず他の選択肢もある。選択肢があると思えば、良い判断ができる。ネットフリックスで働くのは、そう仕向けられたからではなく、自ら選びとったからであるべきだと思う。

テッドとレスリーの話を聞き、私は腹を固めた。2人の意見は、個人における最高水準の報酬を払うという会社の方針に完全に合致していた。会議ではジョージの昇給を認めるだけでなく、ニールが他にもグーグルから声がかかりそうなメンバーを把握し、彼らの給料を引き上げることも決定した。それでこそ個人における最高水準の報酬を払っていると言える。それから私たちは全社員に、ヘッドハンターからの電話はぜひ受けてほしい、そして面接で学んだことをネットフリックスに教えてほしい、と訴えた。パティは全社員がリクルーターからの電話や他社との面接で提示された給料のデータを入力するためのデータベースを開発した。

それからマネージャーに対しては、部下がライバル社からのオファーを持ってくる前に昇給をしてほしい、と指示した。失いたくない社員がいて、その人物の市場価値が上がっていることに気づいたら、それに従って給料を上げるのは当然のことだ。

どんな会社でも部下が他の会社の面接を受けたとわかれば、上司は怒り、失望し、その部下を冷たく扱うようになるだろう。部下が重要な存在であるほど、上司は不愉快な気持ちになる。それは当然だ。入社まもない優秀な社員が他社に面接に行けば、会社にとってはそれまでの投資が無駄になるリスクがある。そして面接で新しい仕事のほうがいまの仕事よりずっと魅力的に思えれば、退社してしまうかもしれないし、少なくとも仕事への意欲は失ってしまうだろう。だからこそたいていの会社では、社員が他の会社の採用担当と連絡を取っただけでも裏切り者扱いをする。

だがネットフリックスは違う。コンテンツ担当バイスプレジデントのラリー・タンツは、それを身をもって学んだ。2017年、ちょうどネットフリックスの会員数が1億人を突破したばかりの頃だ。ラリーはコメディアンのアダム・サンドラーが出演する、ハリウッド・シュライン・オーディトリアムでのパーティへ向かおうとしていた。コートをつかんで扉を開けようとしたとき、電話が鳴った。「フェイスブックの採用担当からで、面接に来てほしいという。相手と話すのすらはばかられて、興味がないと答えた」

4週間後、ラリーの上司のテッド・サランドスが月例の業務報告会で、部下全員を前にこう言った。「市場が過熱しているので、みんなのところにはヘッドハントの電話がたくさんかかってくるだろう。アマゾン、アップル、フェイスブックから誘いがあるはずだ。自分の給料が相場の上限ではないかもしれない、と感じているなら、ぜひそういう電話を取って、相手がいくらをオファーするのか確かめてきてほしい。そしてもしネットフリックス以上の給料を払うという会社があったら、ぜひ報告してほしい」。ラリーはびっくりした。「ライバル企業からの電話を取るだけでなく、実際に面接に行けという会社はネットフリックスくらいだろう」

その数週間後、ラリーが出張でリオにいると、フェイスブックから再度電話がかかってきた。「ちょうどブラジルの有名歌手、アニッタの自宅でミーティングをしていたときだ。『GO！ アニッタ』というドキュメンタリーをネットフリックスで制作する予定で、その打ち合わせだ。2億人のブラジル国民にとって、アニッタはマドンナとビヨンセを一緒にしたようなスターだ。だから電話が鳴ったときは取れなかった」。だがフェイスブック側が留守番電話に残したメッセージを聞いて、今度は折り返しの電話をしたという。「面接に来てほしい、とは言うものの、報酬は教えてくれなかった。だから転職する気はないが面接には行くよ、と答えた」

ラリーは上司に、面接に行くことを伝えた。「それだけでも気まずかった。たいていの会社では、ライバル会社の面接に行くのは裏切り行為とみなされるから」。結局ラリーはフェイスブックから仕事をオファーされ、提示された報酬はネットフリックスで受け取っていたより多かった。そこでテッドは約束どおり、ラリーの給料を引き上げ、最新の市場評価に合わせた。

いまではラリーも部下に他社からの誘いの電話を受けるよう促している。「ただし部下が私のところに相談に来るのを漫然と待つつもりもない。他社ならもっと稼げそうな社員がいたら、すぐに給料を上げる」。トップクラスの人材を引き留めるためには、彼らが他社からオファーを受ける前に給料を上げるほうが絶対にいい。

もちろん、このやり方は給料が増えたラリーにとっても、また優秀なラリーを引き留めることのできたテッドにとってもメリットがあった。しかしテッドの指示はきわめてリスクが高いものにも思える。ラリーと違い、他社から誘いを受けて面接に行った結果、新たな仕事に魅力を感じ、ネットフリックスを辞めた社員もたくさんいるのではないか。テッドは自分の考えをこう説明する。

> 市場が過熱し、各社が積極的に採用に乗り出すと、社員もそれに興味を持つようになる。会社がどんな方針を示すかにかかわらず、何人かは電話を受け、面接にも行くだろう。面接に行けとはっきり言わなければ、社員はこそこそ転職活動をし、こちらに引き留める機会も与えず退社してしまうかもしれない。月例会議で方針を伝える1カ月前、

チームは替えのきかないような抜群に優秀な幹部を失った。私に報告に来たときには、すでに他社のオファーを受けてしまっていたので、どうすることもできなかった。ネットフリックスの仕事は大好きだったけど、転職先から40％の昇給を約束された、と彼女から聞いたとき、私は心底がっかりした。彼女の市場価値が変化したことを知っていたら、それに合わせて給料を上げていたのに、と。だから部下には好きなだけ他の会社の面接を受けていい、ただし堂々とやって、相手から言われた条件をこちらに教えてほしい、と思っている。

最近は新しい社員にこう聞かれるようになったという。「テッド、本当に他社からの誘いの電話を取ってほしいの？　それは会社への背信にならないの？」。その答えはグーグルに誘われたジョージがニールに報告してきたときから変わっていない。「こそこそ転職活動をして、われわれに隠して他社と交渉するのは背信だが、堂々と面接を受け、ネットフリックスに給料データを提供してくれたら、みんなの役に立つんだ」と。

他社から誘いを受けたときの行動として、ネットフリックスはこんなルールを定めている。「『興味がない』と言う前に、『いくら出す？』と尋ねよう」

4つめの点

社内の能力密度を高い状態に維持するために、クリエイティブ系職種では10人以上の凡庸な人材を採用する代わりにたった1人、抜群に優秀な人材を採用する。そのようなすばらしい人材が見つかったら、個人における最高水準の報酬で採用する。その後も常にライバル社よりも高い水準を維持するために、少なくとも年1回は給料を調整する。最高の人材に最高水準の報酬を払うのに資金が不足するなら、それほど優秀ではない人材を何人か解雇してでも原資を確保する。そうすることで能力密度は一段と高まる。

第4章のメッセージ

- 一般的な企業の報酬制度は、クリエイティブで能力密度の高い会社には不向きだ。
- 社内の職種をクリエイティブ系と、現業系に仕分けする。そしてクリエイティブ系職種には、個人における最高水準の報酬を払う。その結果、10人以上の凡庸な人材の代わりに、たった1人の抜群に優秀な人材を雇うことになる場合もある。

・成果連動型ボーナスは使わない。代わりにその原資を給料に上乗せする。
・社員に対し、人脈を広げて、自分とチームの市場価値を常に把握しておくよう指導する。そこには他社からの誘いの電話を受けたり、面接を受けたりすることも含まれる。
その結果に応じて給料を調整しよう

「自由と責任」のカルチャーに向けて

能力密度が高まってきたら、社員の自由度を高めるため大胆な措置に踏み切る準備は整ったと言える。ただその前に、率直さをもう一段階引き上げておく必要がある。

たいていの会社では、社員の大多数は（どれほど優秀であっても）意思決定の自由をそれほど与えられてはいない。最高幹部のように会社の機密事項を知らされておらず、しっかりと情報を踏まえた判断ができないためだ。

意欲があり、意識が高く、自己管理に長けた、とびきり責任感の強い人材が大多数を占めるようになったら、たいていの会社が鍵をかけて厳重に管理しているような機密事項も含めて、重要な情報を社員と共有できるようになる。

これが第5章のテーマだ。

率直さをさらに高めよう

第5章 情報はオープンに共有

1989年、平和部隊から帰国し、まだピュア・ソフトウエアを創業する前、29歳だった私はコヒーレント・ソートという名の危なっかしいベンチャー企業でソフトウエアエンジニアをしていた。ある金曜日の朝、出社して自分の席に座ると、目の前のガラス張りの会議室に経営幹部が集まっているのが見えた。扉を閉め、全員窓のそばに立ったまま額を寄せ合っている。ぎょっとしたのは、彼らがぴくりとも動かなかったからだ。その直前に旅行したとき、大きなシラサギがイモリにとびかかろうとしている光景を目にした。イモリは片足を宙に浮かせたまま、恐怖のあまり固まっていた。経営陣の姿は、そのイモリを彷彿させた。口は動いていたのに体はまったく動いていなかった。なぜ座らないのだろう。その姿に私は違和感を抱き、不安になった。

翌朝、早朝に出社すると、経営陣はすでに会議室に集まっていた。その日は椅子に座っていたが、誰かがコーヒーを取りに行くために扉を開けると、そのたびに室内から恐怖がじわじわと漏れてくるような気がした。会社は窮地に立たされているのか。彼らはいったい何を話し合っているのだろう。

いまでもその答えはわからない。真実を聞かされていたら、震えあがったかもしれない。だが当時は憤慨していた。会社の成功を信じ、身を粉にして働いているのに、経営陣は私を信頼せず、何が起こっているか話してもくれないのか、と。何か重大な秘密があり、それを社員から隠しているのは明らかだった。

もちろん誰にだって秘密はある。たいていの人は本能的に、秘密によって身を守ろうとする。私も若い頃は、多少なりともリスクのある情報、あるいはバツの悪い情報は隠しておこうとする傾向があった。1979年、19歳の私はメーン州のボウディン大学に進学した。小規模でアットホームな4年制大学だ。幸運にも1年生のときに寮で同室になったのが、カリフォルニア州から来たピーターだった。新学期が始まってまもない頃、寮の部屋で洗濯物を畳んでいたとき、ピーターはなにげなく自分は童貞なんだと言った。まるでコーヒーを買いに行ってくるとでも言うように、ごく自然に。一方、同じく童貞だった私は、そんなことを誰かに知られたら屈辱だと思っていた。

だからピーターの言葉を聞いたとき、私は自分の秘密を打ち明けられなかった。ピーターが正直に言ってくれたのに、恥ずかしさのほうが勝っていたのだ。その後ピーターは、あのとき私が黙っていたので、最初のうちは私のことを信頼できなかったと教えてくれた。何かを隠そうとしている人間を、信頼することなどできるだろうか。ピーターは自分の感情や不安、失敗を率直に口に出せる人間だったが、私はそんなふうに何でもさらけ出せるピーターに衝撃を受けた。私はそれまでなかったほど、あっという間にピーターを信頼するようになった。ピーターとの友情は私を大きく変えた。秘密を打ち明け、率直に語ることのすばらしいメリットを知ったからだ。

同僚とセックスライフを語り合うことを勧めるつもりもないし、それが職場にふさわしいテーマだと言うつもりもない。もちろんピーターは仕事上の友人ではなかった。しかし仕事場では学生寮よりもはるかに秘密が蔓延しており、会社にとってマイナスだ。

コロンビア大学ビジネススクールの経営学教授、マイケル・スレピアンによると、私たちには平均13個の秘密があり、そのうち5つは誰にも打ち明けたことがないものだという。典型的な経営者には、きっともっとたくさんある。

スレピアンによると、平均的な人の場合47%の確率で、秘密のうちのひとつは信頼を裏切る行為だ。そして60％以上の確率で嘘や金銭的不正行為が含まれ、ほぼ33％の確率で窃盗、秘密の関係、あるいは仕事への不満が含まれている。胸に秘めておくには相当な量で、ストレス、不安、うつ、孤独感、自尊心の低下など心理的負担も大きい。秘密は私たちの脳内スペースもかなり占拠する。ある研究では、私たちが秘密について考える時間は、積極的に秘密を隠すことに費やす時間の2倍に相当するという結果が出ている。

一方、私たちが秘密を打ち明けると、打ち明けられたほうは強い信頼感と忠誠心を抱く。大失敗を打ち明けるというのは、自分の成功を妨げかねない情報を共有することだ。すると相手は「こんなことまで打ち明けてくれるなら、なんでも正直に話してくれるだろう」と感じ、一気に信頼感が高まる。秘密にしてもおかしくないことを直接話すのは、信頼関係を醸成する一番の近道だ。

この話を続ける前に、「秘密にしてもおかしくないこと」に代わる、もっと良い表現を考える必要がある。秘密という言葉の問題点は、打ち明けた途端に秘密ではなくなることだ。

……………マル秘

ここからは漏らすと危険なので、一般的には秘密にされることの多い情報を「マル秘」と呼ぼう（ネットフリックス用語ではない）。それを誰かに知られると、否定的評価をされたり、周囲を怒らせたり、大混乱を引き起こしたり、人間関係を壊したりするような情報だ。そうでなければ自分の胸に秘めておこうとは思わないだろう。

会社におけるマル秘とは、たとえば次のようなものだ。

・組織再編が検討されており、仕事を失う人が出てくるおそれがある。
・社員を解雇したが、理由を公表するとその人物の評価に傷がつく。
・ライバル企業に知られたくない「企業秘密」がある。
・自分の評判を貶め、キャリアをぶち壊しにするような失敗をしてしまった。
・2人のリーダーが対立しており、部下に知られると混乱を招く。
・社員が財務データを知人に漏らしたら、刑務所に入るリスクがある。

組織にはマル秘がいっぱいだ。経営者は日々、自問自答している。「これは部下に言うべき話だろうか。話したらどんなリスクがあるだろう」と。しかしずっと昔、コヒーレント・ソート時代に経営陣の様子を見たリードが不安を感じ、生産性が落ちてしまった例からもわかるように、秘密にすることにもまたリスクがある。

経営者なら誰でも、透明性という言葉は好きだ。だが本気で情報が広く共有される環境をつくろうと思うなら、まずは社内に秘密があることを社員に感じさせるようなサインがないか、周囲を見渡すところから始めるべきだ。

私はあるとき、シリコンバレーでとあるCEOを訪ねたことがある。組織にとって透明性がいかに大切かを常々訴えている人物で、オープンな職場をつくるために実践した大胆な改革が何度も新聞に取り上げられている。

相手の本社に到着すると、エレベーターで最上階にのぼった。そこからは受付係が物音ひとつしない長い廊下を案内してくれた。CEOの執務室は廊下の一番奥にあった。執務室の扉は開いていた（「オープンドア・ポリシー」を掲げるCEOらしい）。しかしその前にはまるで番犬のような秘書が座っていた。もちろんこのCEOには奥まった静かな執務室、夜には鍵のかけられる扉、そして誰も執務室に忍び込めないように目を光らせる番犬が必要な理由があるのだろう。私の目には、その執務室は「ここには秘密があるんだ！」とアピールしているように見えた。

私が専用オフィスはもちろん、鍵付きの引き出しのあるキュービクル［間仕切り付きのデスク］さえ持たないのはこのためだ。ときには話し合いのために会議室をとることもあるが、アシスタントはたいてい他の幹部の仕事スペースを会議の場所に設定してくれる。私はなるべく会議の相手を自分のほうに呼ぶのではなく、自分から出向くようにしている。お気に入りの方法のひとつは歩きながら話し合う「ウォーキング・ミーティング」で、他の社員同士が同じように屋外でミーティングをしているのによく出くわす。

執務室だけの問題ではない。鍵の付くスペースはすべて、そこに隠すべきものがあるというシンボルになり、私たちがお互いを信頼していないというメッセージを発信する。シンガポール拠点を開設して間もない頃、そこでは社員に退社するときに私物をしまえる鍵付きロッカーを与えていることに気づいた。私は鍵を廃止すべきだ、と強く主張した。

しかしシグナルだけでは十分ではない。リーダーができるだけ多くの情報を全社員と共有することで、透明性を率先垂範できるかが重要だ。重大なことも些細なことも、良いことも悪いことも、なんでも公開するのが当たり前だという姿勢を示せば、他の社員もそれに倣う。ネットフリックスではこれを「サンシャイニング（公表）」と呼んでおり、できるだけその数を増やす努力をしている。

本書のために初めてリードにインタビューしたとき、微妙な質問にも答えやすいように、当然扉の閉められる会議室か静かな場所が用意されるだろうと思っていた。だがフタを開けてみると、インタビューの場所は周囲に話が筒抜けになりそうなバルコニーのテーブルだった。若い頃、掃除機の訪問販売をしていたこと、中学校で殴り合いのケンカをしたこと、ガールフレンドとアフリカ横断のヒッチハイクをしていて大変な交通事故に遭ったこと、そして結婚して最初の数年は夫婦の危機があったことなど、リードは生き生きと語ってくれた。私たちの座ったテーブルのまわりを頻繁に人が行き来しても、1デシベルも声を落とそうとはしなかった。

その数カ月後、私は第1章の草稿をリードに送り、フィードバックを求めた。その翌週アムステルダム拠点であるマネージャーにインタビューしていると、リードに送った草稿に含まれていた文章の話題になった。私が怪訝な顔をしたのだろう、マネージャーは「リードがみんなに第1章を送ったんだ」と説明した。「ネットフリックスの全社員に？」と私が尋ねると、「全員じゃないよ。上級管理職700人だけさ。君たち2人がどんなことに取り組んでいるのか、説明しようとしたんだ」

インタビューを終えると、私はすぐに電話を手に取った。頭のなかはリードに言ってやりたいことでいっぱいだった。「いったい何を考えているの？　未完成原稿を何百人もの社員に送るなんてありえない！　事実確認もまだ済んでいないのに」。でも電話をかけようとしている間に、リードの返事が浮かんできた。「未完成原稿を送ってほしくなかったって？　なぜだい？」。それに対する説得力のある答えを、私は持ち合わせていなかった。

…………情報共有をすべきか否かを判断する

透明性というのは、非常に聞こえのよい言葉だ。社内で秘密主義を徹底させたいなどという経営者はいない。しかし透明性はリスクも伴う。情報共有を重んじるリードは、未完成原稿を700人の社員に送った。そのうち何十人かが、内容が不正確だと私に苦情を言ってくる可能性もあった。結局そうはならなかったが、可能性があったのは事実だ。

情報を秘密にしたほうがよい場合もあり、公表すべきか秘匿すべきか、判断が難しいケースもある。リードはどのようにその見きわめをしているのか探ろうと、テストをしてみた。その結果をみなさんにも公開しよう。

私は4つのシナリオを用意した。それぞれには秘密にすべきか判断を要する情報が含まれている。リードにはふたつ選択肢を与え、どちらかを選び、その理由を述べたうえで、ネットフリックスで同じようなジレンマに直面した例を挙げてもらった。

みなさんにもぜひ、質問の答えを考えていただきたい。リードの返答を読む前に、自分ならどうするか、なぜそうするのかを考えてほしい。それからリードの意見と比べてみよう。

リード（とみなさん）への質問

シナリオ1　漏洩したら違法になる情報

あなたは社員100人規模のスタートアップ企業の創業者だ。組織には透明性が重要だと確信し、社員には損益計算書の見方を教え、財務情報や戦略情報はすべて伝えてきた。だが来週には株式上場が予定されており、状況は変わる。上場後はウォール街に経営数値を発表する前に社内で四半期業績を共有し、社員の誰かがそれを知人に教えてしまえば、株価が暴落するリスクもあり、情報を漏らした社員はインサイダー取引で刑務所に入るかもしれない。あなたならどうするか？

(a) 引き続き四半期業績は包み隠さず社員に伝えるが、ウォール街に公開した後にする。

(b) 情報を漏洩したら犯罪者になるリスクがあることを強調したうえで、引き続き誰よりも先に社員に業績を伝える。

■ リードの回答　傘など要らない

シナリオ1への私の答えは(b)だ。引き続き四半期業績を世間に公表する前に社員に伝えるが、情報を漏洩した場合の重大な結果について警告しておく。

私が「オープンブック・マネジメント［社員と財務情報を共有する経営手

法」」という言葉を初めて知ったのは、1998年のことだ。ネットフリックスを創業して1年経ったところで、私はアスペン研究所のリーダーシップ・セミナーに参加していた。たくさんの会社から経営幹部が集まり、賛否の分かれるような題材について議論した。そのひとつがジャック・スタックという名の経営者のケーススタディだった。

ミズーリ州スプリングフィールドの経営者ジャックは、かつて自動車メーカーのインターナショナル・ハーベスター社が所有していたリマニュファクチャリング工場の再生に成功した。ジャックはまず資金を集め、閉鎖されかけていた工場をLBO（レバレッジド・バイアウト）で買い取った。それから社員の意欲を引き出そうと、ふたつの目標を設定した。

1　財務的透明性を重んじる組織文化をつくる。事業のあらゆる側面を、あらゆる社員に公表する。

2　すべての社員が週次の操業レポートと財務レポートを細部まで読み、理解できるように、時間と労力をたっぷりかけて社員を教育する。

ジャックは主席技術者から現場の作業員まで、すべての社員に財務報告書の読み方を教えた。高校も出ていない社員に、損益計算書の隅々まで読む方法を叩き込んだのだ（高等教育を受けた経営幹部ですら、不得手な人が多いスキルだ）。それから社内のすべての社員に週次の操業データと財務データを与え、会社がどのように改善しているか、自分たちの仕事がどのように会社の成功に貢献しているかを理解させた。こうした取り組みによって社員の熱意、責任感、当事者意識はジャックが予想もしなかったほど高まった。会社は40年以上にわたり、すばらしい業績を挙げている。

このケーススタディをアスペン研究所で議論したとき、ジャックのやり方に賛成しないという参加者がいた。「私の仕事は、社員の上に傘をかざしてやることだと思っている。本来の職務と関係のない雑事に気を取られないように、彼らを守ってあげるのだ。社員はそれぞれが得意とする好きな仕事をするために雇われている。経営情報を理解するのは社員にとって関心もなく得意でもないことで、それに何時間も費やすような無駄はしてほしくない」

だが私はそうは思わなかった。「ジャックは社員にそれぞれの仕事の意義を理解させることで、当事者意識を引き出すことに成功した。私も社員にはネットフリックスに雇われているのではなく、自分もその一員だと思ってほしい」。そのとき私は決めた。ネットフリックスの社員に傘をさしてやる必要などない。それぞれ雨に打たれたらいい、と。

セミナーから戻ると、毎週金曜日に「全社員ミーティング」を開くようになった。パティ・マッコードが椅子の上に立って招集をかけると、全員連れだって駐車場に出ていく。全社員が集まれるだけのスペースがあるのは、そこだけだったからだ。そこで私が損益計算書のコピーを配り、その週の数値をひとつずつ見ていく。出荷総数はいくつか。顧客1人あたりの平均売上はいくらか。顧客の第1希望、第2希望の作品をどれだけ用意できたか。またライバルにとっては喉から手が出るほど欲しい情報が詰まった戦略文書も作成し、それをコーヒーマシンの横の掲示板に張り出した。

こうした情報を公開したのは、社員の信頼感と当事者意識を高め、ジャック・スタックと同じような反応を引き出したいと思ったからだ。実際、そのとおりになった。私が傘を閉じても、誰も文句は言わなかった。以来、あらゆる財務情報、そしてネットフリックスのライバルが欲しがるような情報はすべて、社員なら誰でも入手できるようにしてある。その最たる例が『戦略的賭け』と題した4ページにわたる文書で、会社のイントラネットのホーム画面に載せている。

私が目指したのは、社員に会社のオーナーという意識を持ってもらい、その結果として会社の成功への責任感を強めてもらうことだ。ただ会社の秘密を社員に公開したところ、プラス効果はもうひとつあった。社員が一段と優秀になったのだ。職位の低い社員でも通常は経営幹部にしか公開されない情報を見られるようになると、自力でそれまで以上の成果を出すようになる。いったん仕事を中断して上司に情報や承認を求める必要がなくなるため、スピードも高まる。上司からのインプットがなくても、優れた判断が下せるようになる。

多くの企業では経営幹部が財務情報や戦略的情報を隠すことで、意図せずに社員の能力や知力の伸びを妨げている。どれほどエンパワーメント［権限委譲］の重要性を語っても、社員に主体的に仕事に取り組むのに必要な情報を与えていなければ、絵に描いた餅である。ジャック・スタックもこう語っていた。

> 企業において最も深刻な問題は、事業がどのような仕組みで動いているかを誰もわかっていないことだ。野球のルールも説明せず、社員を試合に送り込んでいるような状況だ。社員は一塁から二塁へ盗塁しようとするが、試合全体の流れがいまどうなっているかはまるで理解していない。

マネージャーがそれまでの数週間あるいは数カ月で会社がどれだけの新規顧客を獲得したか、

どのような戦略的議論をしているのかを知らなければ、新たな社員を何人採用してよいのかわかるはずもない。だから上司に尋ねる必要がある。だがその上司も会社の詳しい業績を知らなければ判断できないので、さらに上司に尋ねる。あらゆる階層の社員が会社の戦略、財務状況、日々の状況を理解していれば、上の階層にいる者におうかがいを立てなくても、情報を踏まえて優れた判断を下せるようになる。

もちろん非上場企業の経営者で、すべての財務状況を社員と共有していたのはジャック・スタックだけではないだろう。だが会社が株式を上場するタイミングで、経営者は悩みはじめる。「会社が大きくなったので、情報の扱いに慎重を期す必要がある。リスクを回避し、機密情報が不心得者の手に渡らないようにしなくては」と。

ここでシナリオ1の問いに話を戻そう。私のアドバイスは、上場企業になるからといって傘を広げる必要はない、というものだ。2002年にネットフリックスがIPO（新規株式公開）をしたとき、私もエリンの質問に出てきた架空の経営者と同じジレンマに直面した。ある金曜日の朝、パティを車で迎えにいくと、ため息をつかれた。「他の企業はどこもウォール街に公表するまで、ほんの数人の幹部にしか四半期業績を見せない。情報が洩れたら社員が刑務所に行くんだから！　そんなことになったらどうする？」

だが私は断固として譲らなかった。「ぼくらが突然財務データを隠すようになったら、社員はどう受け取ると思う？　自分の会社からよそ者扱いされていると感じるだろう。会社が大きくなったって、秘密主義になるのはごめんだ。いいかい、ぼくらはその逆をやるんだ。年を追うごとに大胆になって、もっと多くの情報を社員と共有しよう」

四半期が終わる数週間前に、財務結果を社内で共有する上場企業はネットフリックスくらいだろう。700人あまりの上級管理職が集まる四半期業績報告（QBR）ミーティングでこうした数字を発表する。金融界から見ると、とんでもないことに思えるかもしれない。しかし情報が漏れたことは一度もない。いつか漏れたとしても（そういう日は必ず来ると私は思っている）、過剰反応はしないつもりだ。個別のケースとして対応し、社内の透明性は維持するだろう。

ネットフリックスの社員にとって透明性は、会社から責任ある行動をとると信頼されている最大の証となった。経営陣が信頼感を示すことで、社員に当事者意識、コミットメント、責任感が生まれる。

新たな社員からは、ネットフリックスの透明性に驚いたという話をよく聞く。これほど嬉しいことはない。たとえばウォール街でアナリストとして働いた後、投資家向け広報（ＩＲ）および経営企画担当バイスプレジデントとして入社したスペンサー・ワンは、入社当初の出来事をこう振り返る。

ネットフリックスのビジネスモデルは言うまでもなくサブスクリプション型なので、平均月会費（公開情報）に会員数を掛ければ売上高を導き出すことができる。この数字は四半期に一度、業績を公表するまではトップシークレットだ。違法な手段でこの数字を事前に入手すれば、ネットフリックス株を売買して大儲けできる。ネットフリックス関係者が数字を漏らせば、刑務所に送られるだろう。

3月のある月曜日の午前8時。私はまだ入社したばかりで、多少びくびくしながら会社の雰囲気に馴染もうとしていた。コーヒーを手にデスクに座ると、コンピュータを開いた。すると「2015年3月19日　会員状況日次アップデート」と題したメールが入っていた。そこにはその日付の新規契約者が何人であったかが詳細なグラフやデータ付きで国別に示されていた。

心臓が飛び出るかと思った。こんな重要なデータをふつうのメールで送っていいのか？　私はノートパソコンを胸に抱きよせ、壁際に下がった。肩越しに誰かに見られたら大変だ。

その後、私の上司にあたるCFOがデスクの横で立ち止まったので、メールを見せて尋ねた。「これはとても役に立つデータだけれど、漏れたら危険です。いったい何人が受け取っているんですか?」。リードと私と君だけだよ、と言われると思っていたのに、とんでもない答えが返ってきた。「登録すれば、誰でも見られるよ。このデータは興味がある社員全員に公表しているんだ」

もちろんネットフリックス・カルチャーにまつわる他の原則と同じように、透明性も問題を引き起こすことはある。2014年3月にはコンテンツ買付担当ディレクターが、大量の機密データをダウンロードし、転職先のライバル企業に持っていった。これは大変な問題を引き起こし、ネットフリックスは訴訟などにとんでもない時間を費やすことになった。だが1人の社員が信頼を悪用したとしても、それに個別に対応する一方、他の社員に対しては透明性を維持する決意を新たにすべきだ。ひとにぎりの者の誤った行動のために、大多数を罰するようなことはしてはならない。

シナリオ2　組織再編の可能性

本社で上司と面談し、組織再編の可能性を議論した。あなたのチームでも数人のプロジェクトマネージャーが仕事を失う可能性がある。いまはまだ検討段階で、組織再編をしない可能性も50%ある。部下のプロジェクトマネージャーたちにいま伝えるか、それとも再編が確実になるまで待つか?

(a) 状況を見守る。いまストレスを与えても仕方がない。しかもいまプロジェクトマネージャーたちに伝えたら、転職先を探しはじめ、優秀な人材を失うリスクも出てくる。

(b) 妥協案を採る。事前の警告もなしに、部下にいきなり解雇を伝えるのはいかがなものか。だが不要な不安を与えたくもない。だから詳細は伝えず、ただ組織変更が検討されていることをそれとなく伝える。他の会社がプロジェクトマネージャーを採用しているると聞いたら、その情報をそっと部下のデスクに置いておくのもいい。

（c）部下に真実を伝える。部下を集め、半年後には仕事の一部が無くなっている可能性が50％あると説明する。自分は部下の働きぶりを高く評価していて、会社にとどまってほしいと望んでいる。しかし隠し事をしたくなかったので、部下に将来を考えるうえで必要な情報はすべて伝えておきたかった、と強調する。

■ **リードの回答　波風を立てよう**

シナリオ2への私の回答は（c）真実を伝える、だ。

仕事を失う可能性があるなどという話を、聞きたい者はいない。変化には不安や重圧がつきものだ。部署を変わる、あるいは別の拠点への異動といった些細なものでも、それは変わらない。状況が確定する前に部下に伝えれば、相手は不安になり、注意散漫になって仕事の効率が落ちるかもしれない。転職活動を始める者もいるだろう。確定する前に波風を立てる必要があるのか、と思う人もいるだろう。

だが透明性のカルチャーを醸成しようと訴えつつ、変化の可能性があるときに決定するまで伏せておくというのは、社員から見れば偽善的で、信頼が損なわれる。透明性の重要性を説きつつ、陰でこそこそ仕事をなくす話をするのはどうか。とにかく透明性を最優先せよ、というのが私のアドバイスだ。どんどん波風を立てればいい。傷つく人、会社を去る人が出てくるかもしれないが、それでもいい。状況が落ち着いた頃には、経営者に対する社員の信頼は一段と高くなっているはずだ。

もちろん状況はそれぞれ異なるし、ネットフリックスでもそのような精神的負担の大きい事態への受け止め方には個人差がある。情報共有を歓迎する者もいれば、経営陣だけに情報をとどめておいて欲しかったと思う者もいる。ここではネットフリックスの2人の社員に、ボランティアとして「シナリオ2」に答えてもらった。

1人はデジタル・プロダクト担当バイスプレジデントのロブ・カルーソで、私と同じような回答をしている。かつて重要な情報を共有してくれなかった勤務先で、その弊害を感じたのが主な理由だ。

ネットフリックスに入社する前、ぼくはＨＢＯでデジタル・プロダクト担当バイス

プレジデントをしていた。ＨＢＯでは社内の地位がどれだけ上がろうと、常に閉ざされた扉があと５つはあるような気がしていた。戦略的議論はすべて、知っておく必要のある者にしか共有されない。そしてたいていどんな状況でも、経営陣は部下には知らせる必要はないと考える。ＨＢＯを責めるつもりはない。それが標準的な企業のやり方だと思う。

12月のある日、重要なプロジェクトの締め切りが迫っていたため、ぼくは早朝出社した。まだ誰も出社しておらず、職場は静まり返っていた。天気が悪く道がぬかるんでいたので、ぼくはふだんの革靴ではなく、古いスニーカーを履いていた。オフィスに着くと、デスクの上に「部門長のオフィスに立ち寄ってほしい」というメモが置かれていた。部門長から突然会いたいと言われたのはその時が初めてだったので、ぼくは不安になった。古いスニーカーなど履いてこなければよかった、ととっさに思った。

部門長はとても感じの良い男性と一緒にオフィスにいた。そして君の新しい上司だ、と紹介した。それを聞いて強い不安に襲われた。それはぼくとぼくのチームにとって、何を意味するのか。10分後にはそれがすばらしいニュースであることがわかった。解雇された者は１人もいなかった。新しい上司は最高で、会社は「君たちの部門には投資をするつもりで、さらに成長させるために新しいリーダーを見つけてきた」という姿勢を示したのだった。

しかし部門長のオフィスを辞すときぼくが抱いていたのは、安堵よりも不信感だった。こんな話があることすら知らなかった。ぼくの知らぬ間に新たなリーダー探しが進んでいることを、どれだけ多くの人が知っていたのか。経営幹部からのけ者にされていると感じたのは、このときだけではない。

秘密主義がはびこっていたＨＢＯからネットフリックスに入社してみると、驚きの連続だった。初めてのＱＢＲミーティングのことは、決して忘れない。入社してまだ1週間ぐらいしか経っておらず、講堂には1人で行った。社内に知り合いはほとんどおらず、過去の職場のリーダー会議と同じようなプレゼンが続くのだろうと考えていた。大きな講堂には４００人のマネージャーが集まり、リードが簡単な挨拶をするとステージの照明が落ち、白いスライドに大きな文字が映し出された。

この情報をもとにあなたや友人が取引をしたら刑務所行きです。
機密。他人に漏らさないこと。

財務担当バイスプレジデントのマーク・ユレチコが満面の笑みでステージに現れ、四半期業績、株価トレンド、そして今回の業績数値が株価に与える影響について語った。何十年か他の会社で働いてきたなかで、こんな経験は初めてだった。このような情報を知るのはひとにぎりの最高幹部だけの特権であり、他の誰にも許されなかった。

それからの24時間のあいだに、会社が抱えている最新の戦略的問題が詳細に議論された。リードをはじめ経営陣が検討している組織改編など重大な変更が共有され、参加者は小規模なチームに分かれて議論した。ぼくは「信じられない、こんなにオープンな会社があるのか」と、驚きっぱなしだった。

ネットフリックスは社員を難しい情報にも対処できる大人として扱う。ぼくはそこが大好きだ。それは社員のコミットメントや会社への支持を大幅に高める。シナリオ2に対するぼくの答えは（c）だ。社員に真実を伝えるべきだ。不安になるかもしれないが、少なくとも会社は誠実だと思うだろう。それはとても重要なことだ。

ロブの考え方は私と同じで、それを聞いたときは誇らしい気持ちになった。しかしもっと面白いのは、次に紹介するオリジナル・コンテンツ担当プロジェクトマネージャーのイザベラの返答のほうだ。透明性に関する判断が通常はとても難しいものであり、完璧な答えなどないことを示しているからだ。イザベラは次のように語った。

私はシナリオ2とほぼ同じ状況を経験したことがある。そこで学んだのは、透明性といえば聞こえはよいけれど、実際には情報を知らないほうがはるかに良いケースも多い、ということだ。

背景を説明しておくと、私の日々の通勤時間を減らすため、夫と私は14カ月もネットフリックスのロサンゼルス拠点の近くで家を探していた。100軒以上の物件を見て、ようやく理想の家が見つかった。壁が少ないので、階下のキッチンから2階の寝室にいる家族と会話することもできた。テーブルを片付けながら、2階でベッドに入っている娘のために子守歌を唄ってあげることもできる。私は仕事に満足しており、成果も挙げていた。当時担当していたのはチェルシー・ハンドラーのトーク番組だ。通常ネットフリックスでは、テレビ番組は1シーズンを一気に公開する。しかしチェルシーの番組は週3回放映していたので、毎回撮影が終わると24時間以内にさまざまな言語に翻訳し、ネットにあげていた。そのすべてを管理するのが私の仕事だった。そんなある日、上司のアーロンが私のカレンダーにミーティングを入れてきた。「将来について」というタイトルが付いていた。

面談場所は、壁紙も敷物もカーテンも椅子もすべて黄色にコーディネートされた会議室だった。アーロンは椅子を引き寄せて私の目の前に座ると、こう言った。「まだ確定ではないんだが、君がいまやっている番組管理の仕事がなくなる可能性が50%ある。組織改編の話が進んでいて、君の仕事はなくなるかもしれない。ただし結果がわかるのは6~12カ月後だ」。私は頭がクラクラしはじめた。黄色の敷物と天井がいっしょくたになったようで、アーロンの顔に意識を集中するのが難しかった。

面談の後、私はパニックに陥った。くだんの家を買うのは諦めた。仕事を失うかもしれないのに、家など買えるわけがない。それから腹が立ってきた。なぜアーロンはまだはっきりしない事実を伝えて、私にストレスを与えるのだろう。夕方、2人の息子とテレビを観ていて、ネットフリックスのロゴが映ると、以前なら誇らしい気持ちになったのに、不安と怒りを感じるようになる始末だった。さらにバカバカしいのは、結局私の仕事はなくならなかったのだ。新しい仕事に変化しただけだ。それなのに家を買うのを諦めたうえに、何カ月も無意味にストレスを感じるはめになった。

だからシナリオ2で、私は（a）を選ぶ。理由もなく社員の生活を台無しにする理由があるだろうか。

イザベラの言うとおり、仕事を失うかもしれないと告げられ、眠れない夜を幾度も過ごしたのに結局何も起こらなかったというのは、確かにひどく腹立たしいことだろう。しかしイザベラが（a）を選んだとはいえ、私は彼女のエピソードはやはり（c）が正しいことを裏づけていると思う。

イザベラの話の顚末が違っていたらどうだろう。アーロンが状況が確定的になるまでイザベラには話さず、イザベラが家を買っていたとする。その後イザベラが引越しを終えたところで、ある日突然「本当に申し訳ないけれど、君の仕事はなくなったので、辞めてもらう」と言われたらどうか。きっとアーロンがイザベラの人生を左右する議論を、イザベラに一切知らせずに進めたことに激怒したはずだ。

社員が家を買う、あるいは人生の重要な決断を下すというのは、ネットフリックスにとってはあずかり知らない話だ。しかし社員を大人として扱い、きちんとした情報に基づいて意思決定ができるようにあらゆる情報を提供するのはネットフリックスの役割である。

ただ透明性を指針にしているとはいっても、私たちは原理主義者ではない。私にも6人の直属の部下としか共有していないドキュメントがある。他の社員には公開しておらず、そこには「アイラのパフォーマンスに問題がある」といった話題を含めて、何でも書き込むことができる。だがこうしたケースはごく稀だ。一般的には、迷ったときには進行中の案件をできるだけ早く公表する。そうすることによって社員の支持が得られ、また状況は流動的だが、少なくとも情報は共有されているという安心感を抱いてもらえる。

シナリオ3　社員の解雇をどう説明するか

マーケティング・チームのシニアメンバー、カートを解雇することにした。仕事熱心で親切、全般的に能力は高い。だが失言癖があり、社内外で講演するときに問題発言をして、トラブルを引き起こすことがあった。その不利益が見逃せないレベルになったのだ。

解雇を告げられたカートは、ひどく落胆した。自分がどれだけ会社、部下、部門を大切に思っているかを訴え、自分の名誉のためにも周囲には自己都合で退社すると言ってほしい、と懇願した。カートの解雇について、他の社員にどう説明すべきか？

（a）知らせたほうがプラスになる社員に対しては、事実を包み隠さず伝える。ネットフリックスの社員にはメールで、カートは仕事熱心で親切で有能だが、失言癖があり、会社にトラブルを引き起こした。その不利益が看過できなくなったため、解雇したのだと説明する。

（b）事実の一部を伝える。カートのチームには退社を伝え、詳細は言えないと話す。退社は事実であり、その理由などどうでもいいではないか。カートのためにも、評判を貶めることはない。

（c）カートは家族との時間を過ごすため、自己都合で退職したと発表する。これまでネットフリックスのために懸命に働いてくれたのに、解雇したのだ。さらに貶める必要はない。

■ リードの回答　化粧は化粧室だけで

シナリオ3への私の答えは（a）だ。組織や自分自身、あるいは他の社員を実態より良く見せるためにメッセージにお化粧するというのは企業社会ではよくあることで、無意識のうちにやっているリーダーも多い。一部の事実だけを明らかにする、あるいは良い材料を強調する一方、悪い材料には触れないことで、他の人々に与える印象を操作しようとするのだ。

たとえば次のような「お化粧」に心当たりはないだろうか。

お化粧：ラモンの部門で重要な役割を果たしていたキャロルは、管理能力を活かして他の分野で活躍したいと思っている。

事実：ラモンは自分のチームにキャロルを置いておきたくないと考えている。キャロルを解雇しないためにも、誰か引き取ってくれないだろうか。

お化粧：会社全体のシナジーを高めるため、ダグラスはキャスリーンの補佐役にまわる。2

人が率いてきた優秀なチームは統合し、売上拡大のための画期的プロジェクトに取り組む。

事実：ダグラスは降格され、キャスリーンの下で働くことになった。ダグラスの直属の部下は全員、キャスリーンの部門に吸収される。

事実をねじ曲げるのは、リーダーへの信頼を損なう大きな要因だ。だから声を大にして言っておきたい。「やってはいけない」と。社員はバカではない。事実をお化粧しようとすればすぐに気づき、あなたをペテン師だと思うだろう。状況を実態以上によく見せようとせず、事実を淡々と伝えれば、社員はあなたを誠実だと思う。

ときにはそれが難しいことも重々承知している。透明性を保とうとするリーダーは、事実を公表することと個人のプライバシーを尊重することの板挟みになることも多い。どちらも大切だ。しかし誰かが解雇されれば、周囲はその理由を知りたいと思うものだ。何が起きたかは、いずれ明らかになる。解雇した理由をはっきりと正直に説明すれば、噂話はなくなり、信頼感が高まる。

ネットフリックスでも数年前、すったもんだの末にある幹部を解雇した。コミュニケーションの信頼性に問題があったからだ。会社はジェイクという名のこの幹部を昇進させることを検討していたが、数人の部下からジェイクは過度に策を弄するところがあり、フィードバックへの対応も悪いという声があがった。ジェイクに率直なフィードバックをしたところ、遠回しの皮肉や相手を傷つけるようなかたちで報復したという実例がいくつも挙がり、とりわけ不適切に思われる案件もひとつあった。そこでジェイクの上司と人事担当者が直接話をしたところ、ジェイクは事実をさらにねじ曲げ、部下との信頼関係を損なうような発言をした。

結局ジェイクを解雇した上司は、当然ながら迷った。関係者へのメールでは、何が起きたかを明確に説明すべきか、それとも双方合意のうえで退社したとして穏便に済ませるか。

しかしネットフリックスの原則に従えば、正解は透明性を守ることだ。そこでジェイクの上司は次のようなメールをジェイクの同僚に送った（内容は一部省略している）。

> みなさん、
>
> 複雑な思いもありますが、ジェイクには会社を辞めてもらうことにしました。
>
> ジェイクを上級幹部に昇進させることを検討していましたが、そのための適性評価を実施したところ新たな情報が寄せられ、常に私たちが要求あるいは期待するリーダーとしての資質を示していないことが明らかになったためです。具体的に言えば、事業に影

響を与える部下との関係性において、直接問いただしても事実を語りませんでした。
ジェイクはネットフリックス在籍中、すばらしい働きをしてくれました。この知らせを聞いて、ショックを受ける人もいるでしょう。彼は大きな成果をたくさん挙げてくれましたが、私に寄せられたフィードバックの結果は明白であり、このような措置が必要であるとの結論に至りました。

もちろん誰かを解雇した理由を、何でも言えばいいというものではない。どれだけの情報を開示するか決定するうえでは、退社する人物の尊厳を守ること、そして世界各地の文化的差異に配慮することも必要だ。私はいつも管理職にこうアドバイスしている。できるだけ透明性を保ちつつ、「このメールは退社する本人にも堂々と見せられるか？」と自問自答してみよう、と。

ジェイクのケースでは、問題行動は職場で発生した。だが問題が社員のプライベートにかかわる場合、情報を公表するかどうかの判断はもっと難しくなる。そのようなケースでは、私は違うやり方をおススメする。

2017年秋、（会社は認識していなかったが）アルコール依存症に悩まされていたある幹部が、出張中にうっかり酒に手を出し、ただちにリハビリ施設に収容された。部下にはどう伝えるべきか。この人物の上司はネットフリックス・カルチャーに従い、全員に真実を伝えるべきだと考えた。一方人事部門は、プライベートな問題を公表するか、選ぶ権利は本人に与えるべきだと主張した。このとき私は人事部門の見解を支持した。プライベートな問題については、個人のプライバシー権が組織の透明性に優先する。このためこの幹部については最も透明性の高い方法は採らなかったが、事実を歪めることもしなかった。関係者には男性は個人的理由で2週間休みを取った、と説明したのだ。それ以上詳しく説明するかは、本人の意思に委ねた。

一般的に職場で起きた問題については、全員に周知すべきだと思う。しかし社員のプライベートな問題について判断に迷ったときには、詳細を明らかにするかの判断は個人に委ねるべきだ。

シナリオ4　自分が失敗したとき

再びあなたが社員100人規模のベンチャー企業の創業者だとしよう。大変な仕事で、懸命に努力しても重大なミスを犯すこともある。その最たる例が、ここ5年で5人のセールス・ディレクターを採用し、解雇するはめになったことだ。良い候補者を見つけたと思ったのに、一緒に働きはじめるとすぐに職務に必要

な能力を持っていないことが明らかになる、という繰り返しだった。採用ミスはいずれも完全に自分の判断ミスであることはわかっている。それを社員に対して認めるべきだろうか？

(a) 認めるべきではない。社員に指導者としての資質を疑われたら困る。優秀な人材が、もっとましなリーダーを求めて会社を去ってしまうかもしれない。5人目のセールス責任者も解雇されたことは、みんなわかっているので、何か言う必要はあるが、優秀なセールス担当を見つけるのは難しい、とでも言っておけばいいだろう。次は最高の人材を見つけることに全力を尽くそう。

(b) 認めるべきだ。社員にリスクテイクを促し、またそれには失敗がつきものであることをわかってもらうためだ。それにあなたが自らの失敗を率直に認めれば、社員もあなたをもっと信頼するようになる。次の全社ミーティングでは、セールス・ディレクターの採用と管理に5回連続で失敗したことをどれほど恥ずかしく思っているか、みんなに伝えよう。

■リードの回答　成功は小声でささやき、失敗は大きな声で叫べ

シナリオ4への私の答えは（b）だ。

まだ経営者になったばかりの頃、つまりピュア・ソフトウエアの創業初期は自信がなく、部下に自分の失敗を率直に打ち明けることができなかった。だがそれを通じて重要な教訓を学んだ。リーダーとしてたくさんの失敗を犯し、それが心に重くのしかかっていた。人材管理全般が苦手で、そのうえ実際に5年で5人のセールス・ディレクターを採用し、クビにしていた。最初の2回は相手が悪いと思ったが、4回目、5回目となると問題が自分にあるのは明白だった。

私は常に、自分より会社の利益を優先してきた。そこで自分の無能さが会社の足を引っ張っていると確信した私は、取締役会でまるで告解でもするように自分の過ちを説明し、辞任を申し出た。

だが取締役会はそれを受け入れなかった。会社は財務的にはうまくいっていた。取締役会は私が人事管理で失敗したことを認めたものの、新しい経営者を見つけてきても同じ失敗をする可能性がある、という意見だった。この会議ですばらしいことがふたつ起きた。ひとつは予想してい

たとおり、真実を語り、自分の過ちを白状したことで、ものすごく肩の荷が下りたことだ。それ以上に興味深いのはふたつめで、私が率直に弱みをさらけ出したことで、私のリーダーシップに対する取締役会の信頼が高まったことだ。

私は仕事に戻り、次の全社員ミーティングで取締役会のときと同じことをした。自分の失敗を詳しく説明し、会社の足を引っ張って申し訳ない、と語ったのだ。すると安堵感や部下からの信頼が高まっただけでなく、部下もそれまで隠していたさまざまな失敗を語りはじめた。それによって彼らも安堵し、私との関係も改善した。さらに私のもとに情報が集まるようになり、経営者としての役割をそれまで以上にうまく果たせるようになった。

それからおよそ10年後の2007年、私はマイクロソフトの取締役になった。当時CEOだったスティーブ・バルマーは、大柄で陽気で親しみやすい人物だった。そして「このとおり、本件については本当に私の大失態でした」といった具合に自分の過ちをどこまでも率直に語った。私は心からバルマーに親しみを感じた。なんて正直で分別のある男なのだろう、と。そして気づいた。そうか、自分の過ちを正直に語る人間に信頼感を抱くのは、当たり前の反応なのだな、と。

以来、私は自分が過ちを犯したと感じたときには、みんなの前で包み隠さず、何度もそれを語るようになった。するとすぐに、リーダーが失敗を「公表」する最大のメリットは、失敗するのは恥ずかしいことではないと誰もが考えるようになることだとわかった。その結果社員は成功が確実ではなくてもリスクを取るようになり、会社全体でイノベーションが活発に生まれるようになる。自らの弱みをさらけ出すことで信頼が生まれる。助けを求めることで学習が促進される。ミスを認めることで寛容さが生まれる。失敗を積極的に語ることで社員が勇気を持って行動するようになる。

だからシナリオ4については、私は何の迷いもなく（b）を選ぶ。リーダーやロールモデルが謙虚さを示すのは大切なことだ。成功したときには控えめに語る、あるいは他人の口から言ってもらう。一方、失敗したときには自らの口ではっきりと語る。それによって誰もがあなたの過ちから学び、恩恵を享受できる。要は「成功は小声でささやき、失敗は大きな声で叫べ」ということだ。

リードがピュア・ソフトウエアCEO時代の失敗について頻繁に、そして率直に語るので、まるでCEOとして散々な実績しか残せなかったような印象を与える。だが実際にはモルガン・スタンレーのサポートによって1995年に株式上場するまでの4年間、毎年売上高を倍増させ、最終的には7億5000万ドルで売却された。そ

の収益の一部は、リードがネットフリックスを起業する資金になった。

リーダーが自らの失敗について率直に語ることのプラス効果は、学術研究によって裏づけられている。ブレネー・ブラウンは著書『本当の勇気は「弱さ」を認めること』で、定性的研究に基づいてこう指摘している。「私たちは他者が真実を語り、率直にふるまうのを歓迎するが、自分のそんな姿を他者に見られるのを恐れる。（中略）他者が弱さをさらけ出すのは『勇気』、自分がそうするのは『無能』の表れだと思うのだ」

ドイツのマンハイム大学のアンナ・ブルック率いる研究チームは、ブラウンの研究結果を定量的に検証したいと考えた。そこで被験者に、自らの弱さをさらけ出す場面を想像してもらった。たとえば大ゲンカの後に相手より先に謝る、あるいは仕事上の重大な失敗を同僚に打ち明ける、といった場面だ。すると被験者は自分がそのようなふるまいをすると想像したときには、「弱く」「無能」に見えると答えた。一方他人が同じふるまいをすると想像したときには、自らの落ち度を示したのは「好ましい」「優れた」行為ととらえた。こうした結果を踏まえて、ブルックは失敗を正直に打ち明けることは、人間関係、健康、さらには仕事上の成果に好ましい影響を与えると結論づけている。

一方、すでに無能だと思われている人が自らの失敗を認めると、そうした印象を強めるだけであることを示す研究結果もある。1966年、心理学者のエリオット・アロンソンがある実験をした。被験者の学生には、クイズコンテストに出場しようとしている人々のインタビューの録音テープを聞いてもらった。候補者のうち2人は、ほぼすべてのクイズに正解し、優秀さを示した。一方、残る2人の正答率は30%にとどまった。その後、被験者のうちひとつのグループは、皿が割れる音に続いて、優秀な候補者の1人が「まずい、新しいスーツにコーヒーをこぼしちゃったよ」と言う声を聞いた。もうひとつのグループには、同じ皿が割れる音の後、正答率の低い候補者が同じセリフを言うのを聞いた。テープを聞き終わった後、最初のグループの学生は、優秀な候補者が失敗を認めた後、印象がさらに良くなったと答えた。一方、凡庸な学生については逆の結果が出た。被験者は凡庸な学生が失敗を認めた後、さらに印象が悪くなったと答えたのだ。

この現象には「プラットフォール［しくじり］効果」という名称がある。ある人の全般的能力が高いと思われているか低いと思われているかによって、失敗をした後に魅力が高まるか、低くなるかが決まることを指す。リーマンカレッジのリサ・ロシュ教授の研究によると、ある女性が自己紹介のとき、自らの経歴や学歴には一切ふれず、前の晩は病気の赤ん坊の世話をしていたので眠れなかったと言ったとする。するとその後、信頼を獲得するのに何カ月もかかった。この女性がまずノーベル賞の受賞者だと紹介されていたら、前の晩赤ん坊の面倒を見ていたという同じ発言は聴衆の好意や共感を喚起していただろう。

こうした研究結果とリードのアドバイスを組み合わせると、ある重要な教訓が浮かび上がる。周囲から有能さを認められ、好意を持たれているリーダーが自らの失敗を公表すると、信頼感が高まり、チームのリスクテイクを促すことにつながる。会社全体が恩恵を享受するのだ。ただし例外もある。リーダーがまだ有能さを証明できていない、あるいは周囲の信頼を勝ち得ていないケースだ。その場合は失敗を堂々と認める前に、まずは自分の能力への信頼を勝ち取ることを優先しよう。

5つめの点

最良の人材を集め、社内に率直にフィードバックを与え合うカルチャーを植えつけたら、会社の秘密を公表することによって社員の当事者意識とコミットメントを高めていくことができる。社員は重要な情報を適切に扱うと信頼し、それを態度で示せば、社員の責任感が高まり、自分たちがどれほど信頼に値する人間かを証明しようとするだろう。

第5章のメッセージ

・透明性のカルチャーを植えつけるには、社内の象徴的メッセージに注意を払う。扉付きの執務スペース、番犬のようなアシスタント、鍵付きのスペースはなくそう。
・財務情報を社員に公開しよう。損益計算書の読み方を教え、全社員と重要な財務情報や戦略情報を共有しよう。
・組織再編や解雇といった社員の人生に影響しそうな決定をする際には、結論が出るのを待たず、なるべく早く社員に伝える。それによって社員の不安が高まり、注意力が低下するかもしれないが、そうしたデメリットを補ってあまりあるほどの信頼感が生まれるはずだ。
・社内の透明性と個人のプライバシーがぶつかるときには、次の指針に従う。その情報が職場で生じた問題に関係していれば、透明性を優先し、率直に状況を説明する。一方、情報が社員の私生活にかかわる場合は、会社は詳細を明らかにする立場にはないと説明し、あとの判断は社員に委ねる。
・自らの有能さを証明した経営者が、自らの失敗を包み隠さず率直に語り、他のリーダーにもそれを促せば、組織全体の信頼感や善意が高まり、イノベーションが活発になるだろう。

「自由と責任」のカルチャーに向けて

組織の能力密度、率直さ、透明性が高まり、さらに（休暇、出張旅費、経費などの規程を廃止するなど）象徴的な自由も実験的に採り入れたら、その自由をもっと本格的レベルに引き上げる準備はできている。次章のテーマである「意思決定にかかわる承認を一切不要にする」は、ここまでの各章で取りあげてきた事柄をクリアしていなければ実施できない。反対に、すでに基礎が完成していれば、次章の内容は組織全体のイノベーション、スピード、社員の満足度を向上させるのに大きな効果を発揮する。

それではもっと多くのコントロールを
廃止していこう

第6章

意思決定にかかわる承認を一切不要にする

2004年、ネットフリックスがまだDVD郵送サービスしか手掛けていなかった頃の話だ。テッド・サランドスはDVD買い付けの責任者だった。ある新作映画を60枚買うか、600枚買うかを決めるのはテッドで、それをユーザーの注文に応じて郵送するのだ。

あるとき、エイリアンものの新作が発表され、テッドは大ヒットすると思った。そこで注文書を書きながら、目の前でコーヒーを飲んでいた私に尋ねた。「この作品のDVDは何枚注文したらいいと思う?」。そこで私はこう答えた。「あんなのがウケるわけがない。少しにしておけよ」。1カ月も経たずにこの作品は大ヒットになり、ネットフリックスは品不足に陥った。「テッド、どうしてあのエイリアンものをもっと注文しておかなかったんだよ!」と私は叫んだ。「君が少しにしておけと言ったからだ」とテッドは言い返した。

私が典型的なピラミッド型の意思決定の危険性を感じはじめたのは、このときだ。ここでは私がボスだし、私はどんなことにもはっきり意見を言う。でも新作映画を何本買うかを含めて、ネットフリックスが日々迫られる重要な決断を下すのに最適な人間ではないことも多い。そこで私はテッドにこう言った。

「テッド、君の仕事はぼくを喜ばせることじゃないし、ぼくが認めるような判断を下すことでもない。会社のために正しいことをするのが君の責任だ。ぼくがこの会社をダメにするのを止めなかったら許さないぞ！」

たいていの会社では、上司の役割は部下の判断を承認あるいは阻止することだ。だがそれは確実にイノベーションを阻害し、成長を鈍化させる。ネットフリックスでは上司に反対意見を言う、あるいは上司の気に入らないアイデアを実行するのはまったくかまわないという方針を明確にしている。社員には、すばらしいアイデアを上司が理解できないからという理由で諦めてほしくないからだ。だからこんな標語を掲げている。

上司を喜ばせようとするな
会社にとって最善の行動をとれ

事業の細かいところまで口を出し、それによってすばらしい製品やサービスを生み出すCEOや企業幹部についての伝説はたくさんある。たとえばスティーブ・ジョブズがマイクロマネジメントしたことによって、iPhoneは非の打ちどころがない製品になったとされる。主要なテレビネットワークや映画会社のトップが、作品のクリエイティブな面に関して自ら意思決定を下すケースも多い。自分はマイクロマネジメントどころか「ナノマネジメント」をする、と豪語する経営者もいる。

そして言うまでもなく、多くの会社ではリーダーがマイクロマネジメントしなくても、部下のほうで忖度（そんたく）して上司が一番気に入りそうな選択肢を選ぼうとする。その前提にあるのは、これだけ社内で出世したのだから、上司のほうがよくわかっているはずだ、という考えだ。いまの仕事を失いたくない、生意気なやつだと思われたくないと思えば、上司の言うことをよく聞いて、そのとおりにするのが一番だ。

だがネットフリックスは、このようなトップダウン型の意思決定モデルは採らない。なぜなら社員がそれぞれの持ち場で自ら意思決定をするほど、会社のスピードも革新性も高まると信じているからだ。ネットフリックスは全社員の意思決定能力を鍛える努力を怠らない。そして上級幹部がほんのわずかな意思決定しかしないことを誇りに思っている。

少し前、フェイスブックのシェリル・サンドバーグが丸1日、私のシャドーイング［影のように背後について、仕事ぶりを観察すること］をした。私と一緒にすべての会議に出席し、個人面談にも同席した。私もときどき他のシリコンバレーの経営者のシャドーイングをする。お互いの仕事ぶりを見て、学ぶためだ。その後シェリルと振り返りをしたとき、こう言われた。「1日あなたと過ごしてすばらしいと思ったのは、自分ではひとつも意思決定をしなかったこと」

それを聞いて、とても嬉しかった。それこそがネットフリックスの目指している姿だからだ。この分散型の意思決定モデルは私たちのカルチャーの土台となり、ネットフリックスの急成長とイノベーションの原動力のひとつとなった。

本書の執筆を始めるとき、共同作業のためにどれだけ時間を取ってもらえるのか、リードに尋ねた。すると「君が必要と思うだけ、時間は取れるよ」という答えが返ってきた。

私はびっくりした。ネットフリックスの成長速度を考えれば、仕事に忙殺されているはずだ。だが分散型の意思決定モデルに絶対の信頼を置くリードは、やるべき仕事をしているCEOは忙しくないはずだと考えていた。

分散型の意思決定モデルは、能力密度と組織の透明性がきわめて高くなければ機能しない。こうした条件が揃っていなければ、仕組みそのものが崩壊する。反対に、こうした条件が揃えば、象徴的なもの（休暇規程など）にとどまらず幅広いルールを廃止できるだけでなく、会社全体のイノベーションのスピードを劇的に高めることができる。マーケティングの専門家としてスカイ・イタリアからネットフリックスのアムステルダム拠点に移ってきたパオロ・ロレンゾーニは、新旧の職場を比較しながら、それを説明する。

スカイはイタリアで『ゲーム・オブ・スローンズ』を独占配信していた。そこで上司にこの作品を宣伝するためのアイデアを出してほしいと頼まれたぼくは、すばらしい案を考えた。

『ゲーム・オブ・スローンズ』を観たことがある人なら、王国を守る巨大な氷の壁を覚えているだろう。番組の多くのシーンがこの壁で撮影されており、そこに登るととんでもなく寒い。ぼくはそれにヒントを得た。

ある暖かな晩、４人の友人たちがミラノに集まっている。ちょうど陽が沈みかけており、それぞれシャンパングラスでピンク・ベリーニのカクテルを飲んでいる。Tシャツ姿の4人は、中庭に座っている。その後ろの窓には、室内のテレビ画面が映っている。1人が時計を見ると、ちょうど『ゲーム・オブ・スローンズ』が始まる時間だ。そこで片目をつぶってこう言う。「中に入ろうぜ。冬が来るから」。残る3人のうち、2人はすぐに反応し、上着を取る。番組を見逃したくないからだ。だが最後の1人は困惑する。「どういうこと？　暖かい晩なのに」。他の3人が何も知らない友人を笑う。スカイに加入していないから、氷の壁も知らないんだな、と。そして友人に声をかける。「さっさと入ろうぜ！」

このアイデアを聞いた人はみんな気に入ってくれた。だがスカイではどんなことでもCEOの承認を得なければならず、ぼくのアイデアを唯一理解しなかったのがCEOだった。アイデアは却下された。それもたったの3分半で。

パオロはイタリア国内の宣伝担当としてネットフリックスに採用された。そしてネットフリックスのオリジナル番組『ナルコス』がイタリアで大ヒットすると確信した。コロンビアの麻薬王、パブロ・エスコバルの物語だ。パブロは1980年代風のウェービーヘアに口ひげをたくわえたハンサムな男だ。「とんでもない悪事ばかり働くのに、なぜか応援したくなる」とパオロは説明する。「マフィア番組が大好きなイタリア人なら絶対『ナルコス』を気に入る。アパートで何十日もアイデアを練り続け、ようやくイタリア中を夢中にするプロモーション計画を完成させた。絶対の自信があった。ただとてもお金のかかる計画で、イタリア市場向けのマーケティング予算をそっくり注ぎ込む必要があった」

新しい上司である、マーケティング担当バイスプレジデントのジャレット・ウエストは気に入ってくれるだろうか。ウエストはアメリカ人で、シンガポール在住だ。今度は上司にアイデアを承認してもらえるだろうか。

ジャレットがアムステルダムに来ることになった。そこでぼくは何週間もかけて提案書を準備した。ジャレットが却下すれば、すべて徒労に終わってしまう。月曜、火曜、水曜。来る日も来る日も、できるだけ説得力のある主張を考え続けた。そして木曜の正午、メールに添付してジャレットに送った。送信ボタンを押す前にはコンピュータに祈りを捧げた。「なんとかジャレットにイエスと言ってもらえますように」と。

ミーティングの日、ぼくは不安でたまらず、両手の震えを隠すためにポケットに突っ込んでおかなければならないほどだった。だがジャレットはミーティング時間の大半を、採用の問題に費やした。ぼくはあまりのストレスで何も頭に入ってこなかった。そこで深呼吸をすると、ジャレットの話を遮った。「ジャレット、『ナルコス』についてのぼくの提案について話す時間がなくなると困るのですが」

そのときのジャレットの返答は、信じられないものだった。

「なにか話し合いたい要素はあったかな。決めるのは君だよ、パオロ。何か私に力になれることはあるかい？」。そのとき、ぼくはすべてを悟った。そういうことか。ネットフリックスでは自分の判断のコンテキストを共有したら、それで準備は整ったということなのだ。承認など要らない。判断するのは自分なのだ、と。

人は自分で意思決定を下すことができる仕事を望み、そのような状況下で力を発揮する。1980年代以降、経営書ではどのように権限委譲を進め、「社員をエンパワーメントすべきか」に紙幅が割かれるようになった。その理由は、まさにパオロが語ったとおりだ。自らの職務に対して多くの権限を与えられるほど、社員は当事者意識を持ち、最高の仕事をやってみせようと意欲を燃やす。何をすべきか社員に逐一指図するのは時代遅れで、「マイクロマネジメント」「独裁者」「ワンマン」のそしりを免れない。

しかしたいていの組織においては、社員に自ら目標を設定し、アイデアを生み出す自由を与えても、結局のところ彼らが誤った判断を下し、会社の資金や経営資源を無駄にするようなことがないように目配りするのは上司の責任である、というのが常識だ。そんな状況において自分が上司だったら、「上司を喜ばせようとするな」というリードの信念は、奇妙どころか恐ろしいものに思えるだろう。

……………組織の能力密度と率直さが高まったら、管理をやめられるか

こんなシナリオを想像してみてほしい。あなたはスピード感のある最先端企業で管理職のポストを得た。給料は高く、経験豊富で仕事熱心な直属の部下が5人いる。すべてが完璧と思えたが、ひとつ小さな問題がある。この会社は最高の人材しか採用せず、最高の成果を挙げない社員は容赦なくクビにすることで有名だ。絶対に成功しなければ、という強烈なプレッシャーがある。

あなたはもともとマイクロマネジメントするタイプではない。部下の肩越しにのぞき込み、事細かに指示を出さなくても、業務をうまく進めていく方法は心得ている。前職では部下をエンパワーメントするリーダーシップ・スタイルを高く評価されていた。

ある朝、部下のシーラがある提案を持ってきた。事業を成長させるための最高のアイデアがあるので、あなたが勧めたプロジェクトを中断したいというのだ。シーラの能力には一目置いていたが、今回のアイデアは失敗しそうな気がする。失敗しそうなプロジェクトに、シーラが4カ月もかけて取り組むことを認めたら、あなたの上司はどう思うだろう。

そこで誠心誠意、アイデアに反対する理由を説明する。しかし日頃から部下をエンパワーメントするよう心がけてきたため、最終判断はシーラに任せることにした。シーラは礼を言い、あなたの指摘をすべてきちんと検討すると約束した。1週間後、シーラから再び面談の申し出があった。今度は「あなたが反対なのはわかっていますが、私はこのアイデアが大きな利益につながると思うので、実行しようと思います。私の判断を覆したいと思うのであれば、言ってください」。

さて、あなたはどうするか。

事態はさらに複雑になっていく。その2日後、別の部下がやってきて、良いアイデアがあるので、業務時間の半分をそれに充てたい、というのだ。これもあなたには失敗確実に思える。その数日後には、3人目の部下が同じような提案を持ってきた。自分のキャリアも部下たちのキャリアも棒に振りたくない、だからみんなが考えたアイデアに取り組むのは認めない、と言いたくてたまらなくなってきた。

ネットフリックスでは、部下が新たな取り組みを始めるとき、上司の許可を得る必要はない（ただし報告する義務はある）と考えている。シーラが失敗しそうな提案を持ってきたら、そもそもなぜシーラを採用したのか、なぜ彼女に個人における最高水準の報酬を払うことにしたかを思い出すべきだ。次の4つの問いを考えてみよう。

・シーラは抜群に優秀か。
・優れた判断力があるか。
・会社にポジティブなインパクトを与える能力があるか。
・あなたのチームにふさわしい人材か。

いずれかの問いへの答えが「ノー」であれば、シーラには会社を去ってもらうべきだ（次章

「並の成果には十分な退職金を払う」を参照)。しかし答えがすべて「イエス」なら一歩引いて、シーラの判断を尊重しよう。管理職が「承認役」をやめれば、会社全体がスピードアップし、イノベーションが活発になる。パオロが新しいアイデアにジェレットの承認を得るため、提案書の準備にどれだけ時間をかけたか思い出してほしい。ジェレットがそれを却下したら、パオロは自分が心から正しいと思うアイデアを捨て、別の方法を探さなければならなくなる。すばらしいアイデアはもちろん、それまでパオロが注ぎ込んだ時間がすべて無駄になる。

もちろん部下の判断がすべて吉と出るわけではない。また上司が部下の判断をいちいち精査しなくなったら、失敗も増えるだろう。だからこそシーラのアイデアがうまくいかないように思えたとき、本人の意思に任せるのはとても難しいのだ。

……………ネットフリックスはどんな秘薬を使っているのか

数年前、私はジュネーブで開かれたある会議に出席した。バーに座っていると、2人のCEOがイノベーションの難しさについて語り合っていた。1人はスポーツ用品会社のスイス人経営者だ。「マネージャーの1人が、店内にローラーブレードの専用レーンをつくろうと提案してきたんだ。オンラインショップを利用する若い顧客層を取り込むための作戦だ。ぼくらの会社に必要なのは、まさにそんな斬新な発想だ。でもこのマネージャーは提案したそばから、それを否定しはじめた。スペースがない、カネがかかる、危険かもしれないなど、2分も経たずにアイデアそのものを完全に否定した。上司にアイデアを提案することすらなかった。うちの会社はリスクを嫌う者ばかりだ。イノベーションなんて起こるはずもない」

一緒にいたアメリカのファッション小売業のCEOは、うなずきながらこう言った。「社員のデスクには『1日10分、イノベーション』という標語が貼ってある。わが社の問題はみんなが忙しすぎて、新しい仕事のやり方を考える時間がないことだ。だから全員に、ただ考えるためだけの時間を与えようとしている。『イノベーション・フライデイ』という試みを始めるつもりなんだ。毎月1日、全社員が他に何もせず、ただすばらしいアイデアを考え続ける日を設けるんだ。私たちは1日中グーグルを使って働き、アマゾンで買い物をして、スポティファイで音楽を聴き、ウーバーを使ってエアビー・アンド・ビーで手配した宿に行き、ネットフリックスを観る。それなのにこういったシリコンバレー企業がなぜあれほど機敏で革新的なのか、さっぱりわからない」

そしてCEOはこう締めくくった。「ネットフリックスがどんな秘薬を使っているのか知らないが、われわれにもそれが必要だ」

漏れ聞こえてきた会話はとても面白かった。「ネットフリックスがどんな秘薬を使っているか」だって？　ネットフリックスの社員はもちろん優秀だが、入社するときはローラーブレード・レーンを提案したスポーツ用品会社の社員と同じように、なるべく失敗しないようにということばかり考えている。「イノベーション・フライデイ」もなければ張り紙もない。そしてネットフリックスの社員もファッション小売業の従業員と同じように忙しく働いている。

違いを生んでいるのは、ネットフリックスが社員に意思決定の自由を与えていることだろう。優秀な社員を採用し、それぞれが心からすばらしいと思うアイデアを実行する自由を与えれば、イノベーションは生まれる。ネットフリックスは医療や原子力といった安全性を至上命題とする市場に身を置いているわけではない。業界によってはミスを防ぐことを最優先すべきだ。一方ネットフリックスはクリエイティブ市場で戦っている。私たちにとって長期的に最大の脅威となるのは、イノベーションの欠如である。失敗ではない。お客様を楽しませるためのクリエイティブなアイデアを生み出すことができず、支持を失うことが最大のリスクだ。

チームとしてより多くのイノベーションを生み出したければ、上司を喜ばせる方法ではなく、事業を成長させる方法を考えるよう部下を指導しよう。シーラのように上司に異を唱えることを教えよう。「あなたが反対なのはわかっていますが、私はこのアイデアが大きな利益につながると思うので、実行しようと思います。私の判断を覆したいと思うのであれば、言ってください」と。それと同時にマネージャーには、たとえ部下の判断が疑わしく、長年の経験に照らして間違っているように思えても、それを覆さないよう指導しよう。部下が失敗すれば、上司は「だから言ったじゃないか」と言いたくなることもあるだろう（でも言わない）。だが上司の疑念に反して、社員が成功することもある。

広報部門ディレクター、カリ・ペレスがその一例を語ってくれた。ラテンアメリカでネットフリックスの認知度を高めるのがカリの仕事だ。メキシコ出身で、いまはハリウッドに住んでいる。

2014年末、メキシコではまだネットフリックスはさほど知られていなかった。私にはそうした状況を変えるためのビジョンがあった。当時まだメキシコではオリジナル番組を制作していなかったが、ネットフリックスをメキシコのコンテンツを重視する媒体として売り込もうと考えたのだ。

まずメキシコの有名な監督による、地元のスターを起用したその年最高の映画10本をノミネートする。さらにアナ・デ・ラ・レゲラ（メロドラマの女王で、その後『ナルコ

Ana De La Reguera @ADELAREGUERA · 4 Mar 2015
#PremioNetflix Mexico. Entra a premionetflixmx.com para votar y apoyar al cine independiente Mexicano !!

アナ・デ・ラ・レゲラのツイート

ス』にも出演した）、マノロ・カロ（最近しわくちゃのタキシード姿で美人女優に囲まれ、ヴァニティ・フェア誌の表紙を飾った有名監督）など地元の有名人10人に審査員になってもらう。彼らのファンであるメキシコの人々にネットフリックス・ブランドを知ってもらうのが狙いだ。

映画に出演するスターや審査員に選ばれた有名人は、ソーシャルメディアでおススメの作品をアピールし、ツイッター［現・X］、フェイスブック、リンクトインでフォロワーに投票を呼びかける。最も得票数の多い映画2本は、ネットフリックスが1年間全世界に配信する契約を結ぶ。最後はメキシコ中の有名人を招いて盛大なパーティで締めくくる。

だが上司のジャックはこのアイデアに大反対だった。なぜネットフリックスが制作したわけでもない映画に大金と時間を注ぎ込むのか、と。さらに都合の悪いことに、地元映画祭と組んで同じような試みをしたブラジルでは、まるでユーザーが増えなかった。ジャックはことあるたびに、自分はこの企画に断固反対だと発言していた。

だが私は自分のアイデアに絶対の自信があった。勝負に出て、失敗したら責任は自ら引き受けるつもりだった。ジャックの懸念には真摯に耳を傾け、映画祭ではなく地元のインフルエンサーや取引相手と組むことで、ブラジルの轍を踏まないよう努力した。もちろん上司から絶対失敗すると思われているのに、突き進むのは怖かった。

結局心配は杞憂に終わった。コンテストの開会式と閉会式の記者会見には大勢の報道陣が集まり、表彰式までの数週間、ツイッターはコンテストの話題でもちきりだった。審査員となったセレブはフェイスブックやツイッターで積極的にメッセージを発信した。プロデューサーや監督や俳優たちもそれぞれ勝手に作品への支持を訴えた。おかげで「プレミオ・ネットフリックス」は、一気にメキシコの独立系映画業界の重要なプラットフォームに躍り出た。

結局数千人が投票し、このイベントはネットフリックスにとって転換点となった。あっという間にネットフリックス・ブランドを知らない人などいなくなった。表彰式にはエンリケ・ペーニャ・ニエト大統領の娘をはじめ、有名なインフルエンサーが大挙してやってきて、私は成功を確信した。メキシコを代表する女優の1人であるケイト・デル・カスティーリョもレッドカーペットに登場したが、彼女のためにプライベートジェットをアレンジしたのは（いまや完全に乗り気になった）上司のジャックだった。

次のチームミーティングで、ジャックは全員の前で立ち上がり、自分が間違っていたことを認め、最高のキャンペーンだったとねぎらってくれた。

カリのような社員やジャックのようなマネージャーに、積極的に新たな試みに挑戦するマインドセットを持たせるために、ネットフリックスでは「賭け」のイメージを使う。それによって社員に、起業家という自己認識を持ってもらうのが狙いだ。起業家が多少の失敗を経験せずに成功をつかむことはまずない。カリや（数ページ前に登場した）パオロのような経験は、ネットフリックスでは日常茶飯事だ。私たちはすべての社員に、自分が正しいと思う賭けに出て、たとえ上司に反対されても新しいことに挑戦してもらいたいと思っている。その賭けが失敗したら、さっさと後始末をして、そこから何を学んだか話し合えばいい。ネットフリックスのようなクリエイティブなビジネスでは、迅速に失敗から立ち直ることが最善の策だ。

……… 賭けに出る前（と出た後）にやるべきこと

「賭け」は何十年も前から、起業家精神と切っても切れない関係にあるとされてきた。1962年、イエール大学の学生だったフレデリック・スミスは、経済学の授業のレポートで即日配送サービスのアイデアを書いた。料金をたっぷりはずめば、ミズーリ州で火曜日に荷物を発送し、水曜日にはカリフォルニア州に届けてもらうことは可能だ、という考えだ。このレポートの評価は「C」で、教授は「もっと高い評価を得るには、実現可能なアイデアを書きなさい」とコメントを付けたという。教授がスミスの上司だったら、まちがいなくイノベーションの芽を摘んだだろう。

だがスミスは起業家だった。そしてイエール大学のレポートは、1971年にスミスがフェデックスを創業する土台となった。またスミスは賭けに出る男だった。フェデックスの創業初期、銀行から命綱となる融資の延長を断られたときには、会社の有り金5000ドルをつかんでラスベガスへ飛んだ。そしてブラックジャックで2万7000ドルに増やし、2万4000ドルの燃料代を払ったという。もちろんネットフリックスは社員をカジノへ送り込むつもりはないが、フレデリック・スミスの精神を社員に植えつけようとしているのは確かだ。カリはこう振り返る。

私がネットフリックスに入社したとき、ジャックからこんな説明を受けた。君にはカジノでチップをひと山受け取ったと考えてほしい。それを自分が正しいと思う賭けに自由に使っていい。最善を尽くし、慎重に考えて、最高の賭けをしてほしい。その方法は私が教える。失敗する賭けもあれば、成功するものもあるだろう。最終的に君の業績を評価することになるが、それは個別の賭けの成否で決まるわけではない。事業を成長させるために、チップを有効に使う能力そのものが評価される、と。
賭けをして失敗したからと言って、ネットフリックスをクビになることはない。ただチップを使ってスケールの大きい挑戦をしなかったり、何度も継続して判断を誤ったりすれば、仕事を失うことになるだろう、とジャックは言った。

ジャックはさらにカリにこう説明した。「ネットフリックスでは社員に、判断を下す前に上司の承認を得ることは求めていない。ただ優れた判断を下すには、コンテキストをきちんと理解し、さまざまな立場の人からフィードバックを受け、あらゆる選択肢を理解することが不可欠だと考える」。なんでも自由にできるからといって他の人々の意見を求めずに勝手に重要な決断を下せば、判断力が低いとみなされる、と。

それからジャックはカリに「ネットフリックス・イノベーション・サイクル」を示した。成功確率が高い賭けに出るための枠組みである。社員がこのシンプルな4つのステップを実行するとき、「上司を喜ばせようとするな」という原則は威力を発揮する。

ネットフリックス・イノベーション・サイクル

本気になれるアイデアを見つけたら、次のステップを踏もう。

1 「反対意見を募る」あるいはアイデアを「周知する」。
2 壮大な計画は、まず試してみる。
3 「情報に通じたキャプテン」として賭けに出る。
4 成功したら祝杯をあげ、失敗したら公表する。

イノベーション・サイクル1　反対意見を募る

反対意見を募るという条件ができたきっかけは、「クイックスター」の大失敗だ。ネットフリックス史上最大の過ちである。

2007年初頭、ネットフリックスはDVD郵送とストリーミングを組み合わせたサービスを月会費10ドルで提供していた。だがユーザーがDVDを観なくなる一方、動画ストリーミングが増えていくのは明らかだった。

そこで私たちはDVDに気を取られることなく、ストリーミングに集中しようと考えた。そこで私がふたつの事業を分けることを提案した。ネットフリックスはストリーミングを手掛け、新会社クイックスターがDVD市場を担当するのだ。それぞれの会社は月会費8ドルでサービスを提供する。つまりDVDとストリーミングの両方を利用したい顧客の負担は16ドルに跳ね上がった。新体制によってネットフリックスは、DVD郵送という過去に縛られず、未来に向かって邁進できるはずだった。

しかしこの発表は顧客の反発を招いた。新たなモデルで金銭的負担が増えただけでなく、それまでは1社と契約すれば済んだのに、ふたつのウェブサイト、ふたつの契約を使い分けなければならなくなったからだ。

それから数四半期にわたり、ネットフリックスは数百万人の会員を失い、株価は75％以上も下落した。私の見当違いな判断によって、それまでネットフリックスが築き上げてきたものが一気に崩壊しつつあった。私のキャリアで最悪の時期だった。二度とあんな経験はしたくない。私はユーチューブに謝罪動画を載せたが、あまりにへこんだ姿はコメディ番組『サタデーナイト・ライブ』のネタになったほどだ。

だがこの屈辱的経験によって、ネットフリックスは重要な教訓を学んだ。というのもその後、何十人というマネージャーやバイスプレジデントが、実は最初からクイックスターの案には反対だったと打ち明けたからだ。「大失敗すると思っていたが、『リードはいつも正しいから黙っていよう』と思った」と言う者もいれば、「10ドルの月会費を払ってもＤＶＤ郵送サービスをまったく利用しない会員が大半だったのに、なんてバカなことをするんだと思った。なぜリードはネットフリックスが損をするような選択をするのだろう。でもみんなが支持しているようだったから、自分も同意した」と語った財務担当もいた。別のマネージャーは「クイックスターなんて名前は最低だと思ったが、誰も文句を言わなかったので私も黙っていた」と打ち明けた。極めつきがあるバイスプレジデントだ。「リード、あなたはこうと思ったら止まらないから、何を言っても無駄だと思ったんだ。いまから思えば、線路に身を投げ出すようにして『絶対失敗する！』と叫ぶべきだった。でもそうしなかった」

日頃から率直さの重要性を語っていた割には、ネットフリックス・カルチャーは社員に対して「反対意見は常に歓迎されるわけではない」というメッセージを発信していたのだ。そこで私たちはカルチャーに新たな要素を追加することにした。いまでは「反対意見があるのに表明しないのは、ネットフリックスに対する裏切りだ」とはっきり言っている。意見を口に出さないのは、会社に貢献しないことを選択するのに等しい。

なぜネットフリックスの舵をとるリードが、クイックスターという名の嵐に突っ込んでいくのをみんな黙って見ていたのだろうか。その一因は、周囲に合わせようとする人間の本能にある。隠しカメラを使った興味深い実験がある。3人の俳優がエレベーターに乗り、全員扉に背を向けて立っている。そこへ女性が乗ってきて、最初は戸惑った表情を見せる。なぜ全員、おかしな方向を向いているのだろう、と。だがおかしいと思いつつ、女性も少しずつ体勢を変え、後ろ向きになる。人は群れと同じ行動をとったほうが安心できる。生きていくうえで、通常それは悪いことではない。しかしときとして、それは直観的ある

いは経験上おかしいと思うような考えに従ったり、積極的に支持したりする原因になる。

もうひとつの要因は、リードはネットフリックスの創業者でありCEOであるということだ。たいていの人はリーダーに従い、リーダーから学ぶ習性を身につけているため、これも状況を一段と難しくしている。マルコム・グラッドウェルは著書『天才！ 成功する人々の法則』のなかで、大韓航空の乗務員が機長の顔を立て、問題を指摘するのを躊躇したために重大事故につながったケースを取り上げている。これは人類に共通して見られる特徴だ。

クイックスター問題が収束して数カ月後、経営幹部を対象とする1週間のリトリートが開かれた。その締めくくりに、全員が輪になって座り、今回の危機から何を学んだのか、1人ずつコメントしていった。当時の人事担当バイスプレジデントで、現在は最高人材責任者を務めるジェシカ・ニールはこう振り返る。「最後に発言したのはリードで、話しながら泣き出してしまった。あんな状況に会社を追い込んで本当に申し訳なく思っている、あの経験を通じて自分がどれだけ学んだか、そしてみんなが自分を見放さずに一緒に闘ってくれたことにどれだけ感謝しているかを語った。他の会社のCEOならしないようなことで、とても心を動かされた」

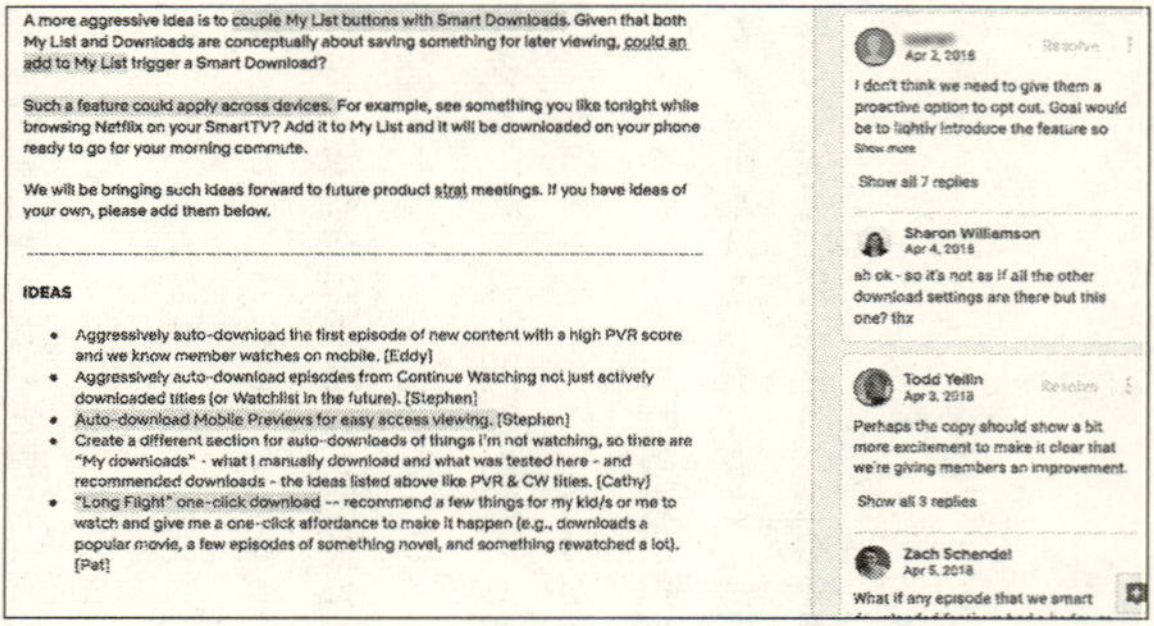

A more aggressive idea is to couple My List buttons with Smart Downloads. Given that both My List and Downloads are conceptually about saving something for later viewing, could an add to My List trigger a Smart Download?

Such a feature could apply across devices. For example, see something you like tonight while browsing Netflix on your SmartTV? Add it to My List and it will be downloaded on your phone ready to go for your morning commute.

We will be bringing such ideas forward to future product strat meetings. If you have ideas of your own, please add them below.

IDEAS

- Aggressively auto-download the first episode of new content with a high PVR score and we know member watches on mobile. [Eddy]
- Aggressively auto-download episodes from Continue Watching not just actively downloaded titles (or Watchlist in the future). [Stephen]
- Auto-download Mobile Previews for easy access viewing. [Stephen]
- Create a different section for auto-downloads of things I'm not watching, so there are "My downloads" - what I manually download and what was tested here - and recommended downloads - the ideas listed above like PVR & CW titles. [Cathy]
- "Long Flight" one-click download -- recommend a few things for my kid/s or me to watch and give me a one-click affordance to make it happen (e.g., downloads a popular movie, a few episodes of something novel, and something rewatched a lot). [Pat]

Apr 2, 2018 Resolve

I don't think we need to give them a proactive option to opt out. Goal would be to lightly introduce the feature so

Show more

Show all 7 replies

Sharon Williamson
Apr 4, 2018

ah ok - so it's not as if all the other download settings are there but this one? thx

Todd Yellin
Apr 3, 2018 Resolve

Perhaps the copy should show a bit more excitement to make it clear that we're giving members an improvement.

Show all 3 replies

Zach Schendel
Apr 5, 2018

What if any episode that we smart

たくさんの人の意見を聞かなければ、最善の判断を下すことはできない。だからこそいままでは私はもちろんネットフリックスの誰もが、重要な決断を下す前には積極的にさまざまな意見を求めようとする。それを社内では「反対意見を募る」と言う。ネットフリックスは通常、仕事の手順を定めないようにしているが、この「反対意見を募る」という原則は非常に重要なので、誰もが確実に反対意見に耳を傾けるように複数の仕組みをつくっている。

ネットフリックスの社員は提案があると、アイデアを説明する共有メモを作成し、数十人の同僚を招待して意見をもらう。招待された同僚はデジタル文書の余白に、誰でも見られるかたちでコメントを付ける。寄せられたコメントにざっと目を通すだけでも、さまざまな反対意見、賛成意見が頭に入ってくる。たとえば「アンドロイ

アレックス	-4	2つの変更を同時に実施するのは良くない。
ダイアナ	8	重要な販促企画の直前で、タイミングは完璧。
ジャマル	-1	段階的会費の導入は正しい選択。ただし今年この価格に設定するのは不適切。

ド・スマート・ダウンロード」が論点となった右上のメモを見てみよう。

アイデアを提案する社員がスプレッドシートを共有し、同僚がそれを「マイナス10」から「プラス10」までの尺度で評価し、理由やコメントを付けてもらうこともある。これは反対意見がどれほど強いものかを測り、議論を開始する良い方法だ。

私もある重要なリーダー会議の前に、ネットフリックスの会費を1ドル値上げすると同時に、会費を数段階に分ける新システムの提案をメモとして共有したことがある。それに対して数十人のマネージャーが評点とコメントを付けてくれた。上の図にいくつか例を挙げよう。

スプレッドシートは賛成、反対意見を集めるとてもシンプルな方法で、特にチームメイトが一流の人材ばかりであれば、すばらしく有益な指摘が集まる。投票や多数決ではないし、全員の評点は合算するものでも平均点を出すものでもない。それでもさまざまな気づきが得られる。私は何か重要な決断を下す前には、この方法で率直なフィードバックを集める。

積極的に反対意見を募るほど、そして反対意見を率直に表明するカルチャーの醸成に努めるほど、社内の意思決定の質は高まる。これは業種、企業規模を問わず、あらゆる企業について言えることだ。

………… アイデアを周知する

もう少し重要度の低いプロジェクトの場合は、反対意見を募る必要はないが、やはり自分がやろうとしていることを周囲に知らせ、反応を探るのが賢明だ。さきほど登場してもらったシーラのケースに戻ろう。あなたが上司としてシーラのアイデアに反対なら、シーラには同僚や他部門のリーダーにもアイデアを広めたらどうか、と勧めてみるべきだ。具体的には会議をいくつか設定し、アイデアを説明して参加者と議論するのだ。それによってアイデアをストレステストにかけ、最終的判断を下す前にさまざまな意見やデータを集めることができる。アイデアを「周知する」のは、「反対意見を募る」の一形態ではあるが、「反対意見」より「募る」のほうに重きを置いている。

私自身も2016年に、アイデアを周知した結果、自分の意見が変わるという経験をした。そのときまで私は、子供向けのテレビ番組や映画は新規顧客の獲得や既存顧客のつなぎ止めに貢献しない、と固く信じていた。子供番組のためにネットフリックスと契約するような人がいるだろうか。大人は自分がネットフリックスのコンテンツを観たいから契約するのであって、子供はそこにあるものを観るだけだ。だから独自番組をプロデュースするようになっても、対象は大人用に絞っていた。子供向けにはそれまでどおりディズニーやニコロデオンの番組をライセンス配信していた。その後外部の制作会社に独自の子供番組を依頼するようになっても、ディズニーのように莫大なお金を注ぎ込むといったことはしなかった。だが、子供向けコンテンツチームはこの姿勢に不満を持っていた。「子供たちは次世代のネットフリックスのユーザーだ。親世代と同じようにネットフリックスに夢中になってもらう必要がある」と。そしてネットフリックスが自ら子供向け番組の制作に乗り出すべきだと主張した。

そんなアイデアには感心しなかったが、いずれにせよ周知することにした。次のQBRミーティングでは、400人のマネージャーを6〜7人ずつ60個のテーブルに振り分けた。そして「ネットフリックスは子供番組への投資を増やすべきか、減らすべきか、ゼロにすべきか」と書かれた小さなカードを渡し、議論してもらった。

その結果、子供番組への投資を支持する意見が大勢を占めた。子供のいる女性ディレクターはステージに上がり、熱く語り出した。「ネットフリックスに入社する前に会員になったのは、娘に『ドーラといっしょに大冒険』を観せたかったから。自分が何を観るかより、子供たちに何を観せるかのほうがずっと大事だから」。ある男性社員は「入社する前にネットフリックスを契約していたのは、安心して子供に観せられると思ったからだ。妻とぼくはテレビを観ないが、息子は観る。ネットフリックスならケーブルテレビのような広告は入らないし、ユーチューブのように得体のしれないコンテンツを観てしまう心配もない。だが息子がネットフリックスの番組に夢中にならず、観なかったら、さっさと契約を解除していたはずだ」。登壇した社員は口々に、私の考えが誤っていることを指摘した。子供番組はネットフリックスの顧客基盤にとってきわめて重要な要素だと、誰もが考えていた。

それから6カ月もしないうちに、ネットフリックスはドリームワークスから子供と家族向け番組担当のバイスプレジデントを引き抜き、独自のアニメ番組を制作しはじめた。2年後には子供向け番組のラインアップは3倍に増え、2018年には独自番組3つ『アレクサ&ケイティ』

『フラーハウス』『レモニー・スニケットの世にも不幸なできごと』がエミー賞にノミネートされた。これまでに『ミスターピーボディ&シャーマンショー』や『トロールハンターズ』といった子供番組で、1ダース以上のデイタイム・エミー賞を獲得している。

あのとき私がアイデアを周知していなかったら、こうしたことは起こらなかったはずだ。

イノベーション・サイクル2 壮大な計画は、まず試してみる

成功している企業は、顧客がどう行動するか、その理由は何かを確かめるためにさまざまな実験をしている。そしてその結果はたいてい企業戦略に大きな影響を与える。ネットフリックスが他の企業と大きく違うのは、たとえ会社のトップが断固反対している取り組みについても実験が行われることだ。ライバルからかなり遅れてダウンロード・サービスを開始することになった経緯が、その最たる例だ。

2015年の時点では、空の旅の最中にお気に入りのネットフリックスのコンテンツを観ることはできなかった。スマホその他のデバイスにコンテンツをダウンロードする方法はなかった。ネットフリックスはインターネットを使ったライブストリーミングに特化していたのだ。インタ

ーネット環境がないところではネットフリックスは観られない。アマゾン・プライムはダウンロードを提供しており、ユーチューブも一部の国ではダウンロードができた。当然これはネットフリックスにとっても話題となっていた。

当時最高プロダクト責任者だったニール・ハントは、ダウンロード機能の提供に反対していた。非常に時間のかかる大がかりな取り組みになるはずで、それはネットの接続環境が悪いところでもストリーミングの質を高めるという会社の中核的ミッションに集中する妨げになると考えていたからだ。しかもインターネットがますます高速化し、どこでも利用できるようになるなかで、ダウンロードの利用価値が徐々に低下していくのは確実だった。ニールはあるイギリスのメディアで、ダウンロードはユーザーに煩雑さをもたらすだけだと語っている。「まず、どのコンテンツをダウンロードしたいか覚えておかなければならない。ダウンロードは一瞬で終わらないし、デバイスに十分なストレージ容量があるかチェックし、ダウンロード済みのコンテンツを管理する必要がある。ユーザーが本当にそんなことに魅力を感じるのか、それだけ煩雑なことをサービスとして提供する価値があるのか、確信が持てない」

ダウンロード機能に反対していたのはニールだけではなかった。リードも社員集会でなぜダウンロード機能をつくらないのか、たびたび質問を受けていた。2015年には全社員がアクセス可能な文書で、こんな回答をしている。

社員からの質問：他社がオフライン視聴を可能にするダウンロード・サービスを強化しているなかで、ネットフリックスがこのサービスに手を出さないことで、ブランド品質にマイナスの影響が出ると思わないか？

リードの回答：思わない。まもなく航空会社と組んで、ネットフリックスのすべてのコンテンツが視聴可能な無料Ｗｉ－Ｆｉストリーミングの第1弾を発表する。私たちはストリーミングに集中している。インターネットが（航空機内などに）拡大するなかで、ダウンロードへの顧客ニーズはなくなるだろう。ライバル企業はこれから何年も、縮小するダウンロード・サービスをサポートしつづけるはめになる。最終的にブランド品質という面では、ネットフリックスが大きくリードすることになるだろう。

社員からの質問：この文書の最初のほうで、ダウンロード機能を提供しない理由としてコンテンツ・コストを挙げていた。人気番組や映画に限ってダウンロードの権利も購入し、トップティア［最上級］顧客だけに提供することはできないのか。

リードの回答：ストリーミングはいずれ機内を含めてどこでも使用可能になると考えている。ダウンロード機能がないことが問題になるのは、全使用事例の1％に過ぎない。だから煩雑さより使い勝手を重視し、このアプローチには手を出さないというのがネットフリックスの判断だ。

ニールとリードという社内の重鎮2人は、あらゆる場面でダウンロードに断固反対の姿勢を見せていた。ふつうの会社なら、それで話は終わりのはずだ。だがプロダクト担当バイスプレジデント（ニールの部下にあたる）のトッド・イエリンは納得していなかった。そこでユーザー・エクスペリエンス担当のシニアリサーチャーであったザック・シェンデルと相談し、ニールとリードの主張が本当に正しいのか、確認するための実験をすることにした。ザックはこう振り返る。

「ニールとリードが反対しているのにテストなどして大丈夫なのか」という気持ちはあった。過去のどの職場でも、利口なやり方とはみなされなかっただろう。だがネットフリックスには、上司の反対を押し切ってすばらしいアイデアを実現した一般社員の伝説がたくさんあった。それを念頭に、ぼくはやってみることにした。

ユーチューブのコンテンツはアメリカではダウンロードできなかったが、インドや東南アジアなど一部の国では可能だった。それは２０１６年１月から積極的な海外進出を計画していたネットフリックスにとって興味深い事実だった。いずれも重要な市場になるはずの国だったからだ。ぼくらはインドとドイツでインタビュー調査を実施して、顧客の何％がダウンロード機能を使っているか確かめることにした。インドではユーチューブの利用者を、ドイツでは（ドイツ版ユーチューブのような）「ウォッチエバー」の利用者を、そしてアメリカでは（すでにダウンロード・サービスを提供していた）アマゾン・プライムの利用者をインタビューした。

調査の結果、アメリカではアマゾン・プライム利用者の15～20％がダウンロード機能を利用していることがわかった。利用者全体のなかでは明らかに少数派ではあったものの、リードの予想していた１％よりは大幅に多かった。

インドではユーチューブ利用者の70％以上がダウンロード機能を使っていることが明らかになった。とんでもない数字だ。インタビューでよく出てきた回答は、次のようなものだった。「通勤に毎日90分かかる。同僚と一緒に車で行くので、毎日1時間半、渋滞のあいだ時間をつぶさないといけない。ハイデラバードでは携帯電話を使ったストリーミングはあまり速くないので、観たい番組はすべてダウンロードしている」。アメリカでは出てこないようなコメントもあった。「職場のインターネットは高速だが、自宅は遅い。だから職場で観たい番組をダウンロードしておいて、家で毎晩観ている」

ドイツではインドのような、交通渋滞や通勤時間の長さといった問題は出てこなかった。それでもアメリカほど、どこでも信頼性の高いインターネット環境があるわけではなかった。「自宅の台所で番組を観ると、数分おきにスプールするために停止してしまう。だからインターネットが速いリビングでダウンロードしておいて、料理中に観る」。ドイツはアメリカとインドの中間だった。

ザックが調査結果を上司のエイドリアン・ラヌッセに提示すると、エイドリアンはそれを上司のトッド・イエリンに見せ、トッドはそれを上司のニール・ハントに見せ、それをニールは上司のリードに見せた。するとリードは、ニールと自分が間違っていたこと、そしてネットフリックスの海外進出を考えれば、ダウンロード機能の開発に取り組むべきであることを認めた。

「改めて言っておくと、ぼくは社内では無名の存在だ。ただのリサーチャーさ。それでも経営トップの強い反対を覆し、ダウンロード機能をやるべきだと訴えることができた。それがネットフリックスの強みなんだ」とザックは語る。

ネットフリックスは現在、ダウンロード機能を提供している。

イノベーション・サイクル3 「情報に通じたキャプテン」として賭けに出る

反対意見を募る。アイデアを周知する。それを試してみる。こう書くと、合意形成のプロセスのようだが、そうではない。合意形成は集団による意思決定だ。一方、ネットフリックスでは個人が関係者に意見を聞くものの、その後プロジェクトを進めるのに誰かの合意を得る必要はない。4ステップから成るイノベーション・サイクルは、個人が周囲からのインプットを踏まえて意思決定するための仕組みだ。

あらゆる重要な意思決定には、必ず「情報に通じたキャプテン」がいる。この人物が意思決定の完全な自由を持っている。エリンが提示したシナリオで言うと、シーラが「情報に通じたキャプテン」だ。最終的に判断するのはシーラの上司でも同僚でもない。シーラが意見を集め、自ら選択する。そして結果に対して全責任を負う。

2004年、最高マーケティング責任者だったレスリー・キルゴアが、「情報に通じたキャプテン」が意思決定の全責任を負うことを明確にする、新たな取り組みを始めた。ふつうの会社では、重要な契約にサインするのは組織でかなり上の立場にある人物だ。しかしレスリーが部下の1人であったカミーユの背中を押し、カミーユはメディアとのすべての契約に「情報に通じたキャプテン」として自らサインするようになった。あるとき法務責任者がレスリーのところへやってきて「このディズニーとの重要な契約にあなたは署名していないじゃない。なぜカミーユの名前になっているのか」と尋ねた。それに対して、レスリーはこう答えたという。

この契約に責任を持って署名するのは、部門長やバイスプレジデントではなく、それに全身全霊で取り組んでいる人間であるべきだ。上司がサインすれば、本来責任を負うべき人間がそれを免れることになる。もちろん私も契約内容は確認している。でもカミーユは自分がやり遂げた仕事に誇りを持っている。これは私ではなく、彼女の功績だ。カミーユはこの契約にすべてを賭けているし、私はそのままでいてほしいと思っている。私の名前で契約することで、カミーユに自分事という意識を失ってほしくない。

まさにレスリーの言うとおりで、いまでは会社全体がレスリーの手法に倣っている。ネットフリックスには経営陣の署名を得なければならない文書というものは一切ない。「情報に通じたキャプテン」が当事者意識を持ち、自ら文書にサインすればいい。

ネットフリックスの「自由と責任」について書かれた記事を読むと、自由という言葉の魅力に目がくらみ、それに付随する責任についてよく考えない人も多い。「情報に通じたキャプテン」として、自らまとめた契約にサインするというのは、責任とはどういうものかを示す良い例だ。リードには社員に恐怖や不安を与えるつもりはもちろんないが、「自由と責任」が非常にうまく機能している一因は、社員が自由に付随する責任の重さを痛感し、並々ならぬ努力をすることにある。

自分で契約にサインすることのプレッシャーを語ってくれた大勢の社員の1人が、ネットフリックスのブラジル拠点の草創期に入社したオマルソン・コスタだ。事業開発ディレクターとして入社したばかりの頃のエピソードを紹介してくれた。

ネットフリックスに入社してまだ数週間しか経っていなかった頃、法務部門からメールが来た。そこには「オマルソン、あなたにはネットフリックスのブラジルでの事業について、契約や合意に署名する権限があります」と書かれていた。メールの一部が抜け落ちているのではないか、と思ったぼくは、すぐに返信した。「金額はいくらまでですか？　それを超えた場合は、誰の承認を得る必要があるのですか？」と。すると「上限は自分で判断してください」という答えが返ってきた。

なんだって？　数百万ドル規模の契約に、ぼくがサインできると言っているのか？ほんの数週間前に入社したばかりのラテンアメリカの一社員に、なぜそんな権限を与えられるのか。

ぼくは驚くと同時に、怖くなった。こんなふうに信頼してもらったのだから、ぼくの判断は完璧でなければいけないし、意思決定の前には徹底的に調べる必要がある。ぼくは誰の承認も得ずに、上司やそのまた上司、さらにはネットフリックス全体のために意思決定をすることになる。それまで感じたことのないような責任と不安を感じた。それによってぼくが署名する契約は、必ず会社全体に利益をもたらすものでなければならないという使命感が生まれ、かつてないほど仕事に打ち込むようになった。

ネットフリックスの社員には、とほうもない重責を感じている者が多い。国際オリジナル・コンテンツ担当ディレクターのディエゴ・アヴァロスは、2014年にヤフーからネットフリックスのビバリーヒルズ拠点に移ったが、そこで待ち受けていたのは予想もしていなかった状況だという。

ネットフリックスに入社したばかりの頃、マネージャーにある映画を購入する契約を300万ドルでまとめてほしい、と頼まれた。ヤフーでは5万ドルの契約でもCFOや法務責任者の署名が必要だった。ぼくはヤフーでディレクターを務めていたが、契約に自ら署名したことは一度もなかった。

マネージャーに指示された契約をまとめると、「自分でサインしておいてくれ」という。それを聞いて、ぼくは不安でいっぱいになった。気が遠くなりそうだった。うまくいかなかったら、どうなるんだ。失敗したらクビになるのか？　ネットフリックスはぼくを優秀と信じて採用してくれたが、今度は首に縄をかけようというのか。うっかり足を滑らせたら首を吊ってしまう。心臓がばくばくして、オフィスを出て少し歩きながら頭を冷やさなければならなかった。

その後、法務部門が文書を確認し、あとはぼくがサインするだけになった。署名欄の下に自分の名前が印字されているのを見て、手汗をかいてしまった。ペンを持つ手が震えた。自分にこれほどの権限が与えられるなんて、信じられなかった。とんでもないストレスを感じた。

だがそれと同時に、とてつもない解放感があった。ヤフーを辞めた理由のひとつは、何事にも自分でやったという意識が持てなかったからだ。アイデアを思いつき、プロジェクトを立ち上げても、ようやく関係者全員の承認を得るころには、すでに自分の仕事という気持ちは失われていた。たとえ失敗しても「自分のほかにも30人が承認したんだから、ぼくのせいじゃない」と思っていた。

ネットフリックスの流儀に慣れるまでには半年かかった。完璧に仕上げることが重要なのではなく、速く行動を起こし、やりながら学ぶことが肝心なのだとわかった。ここは自ら判断し、それに対して自ら責任を負う職場だ。こういう仕事がしたくて、これまでずっと頑張ってきたのだ。最近1億ドルの大型契約を結んだが、もうそれほどの恐怖は感じない。最高の気分だ。

優秀な人材は「情報に通じたキャプテン」の役割を与えられると、解放感を抱く。そんな自由を手に入れたくて、ネットフリックスに入社する者も多い。一方ディィエゴのように心地良さより恐怖を感じる者もいて、うまく適応できる場合もあれば、会社を去っていく者もいる。

イノベーション・サイクル4
成功したら祝杯をあげ、失敗したら公表する

シーラのプロジェクトが成功したら、上司として喜んでいることをはっきりと伝えよう。シーラの肩に手を置き、シャンパンを奢ると誘ってもいいし、チーム全員をディナーに招待するのもいい。どうやって祝うかはあなた次第だが、ひとつ絶対に必要なのは、あなたが疑念を呈したにもかかわらずシーラが行動を起こしたことを喜んでいると、はっきり態度で示すことだ。できればみんなの前で。「君が正しく、私が間違っていた」と明確に宣言することで、上司の意見に逆らってもよいのだということが全員に伝わる。

一方、シーラのプロジェクトが失敗に終わった場合、上司であるあなたの対応はさらに重要だ。失敗が明確になったら、あなたがどう対応するか、みんなが注目している。ひとつの選択肢は、シーラに罰を与え、叱責し、恥をかかせることだ。紀元前800年のギリシャでは、事業に失敗した商人は頭に籠をかぶせられ、市場に座らされた。17世紀のフランスでは、倒産した事業のオーナーは町の中心にある広場で糾弾された。そしてそのまま刑務所に入りたくなければ、外出するときは常に緑色のボンネットをかぶるという辱めに耐えなければならなかった。

今日の組織では、失敗への対応はそれほどあからさまではない。たとえば上司であるあなたは、横目でシーラを見てため息をつき、こう囁く。「まあ、こうなることはわかっていたよね」。シーラの肩に腕をかけ、明るい口調で「次は私のアドバイスを聞こうか」と言うかもしれない。あるいは簡単なお説教をするという選択肢もある。会社がやらなければならない仕事がこれだけあるのに、これほど失敗が目に見えていたプロジェクトに君が膨大な時間を使ったのは残念だよ、と（シーラから見れば、頭に籠をかぶせたり、緑のボンネットをかぶったりするほうがまだましだろう）。

こういうやり方を選択すれば、確実に言えることがひとつある。それから先、あなたが何と言おうと、チームの部下は「上司を喜ばせようとするな」というのは建前で、誰もが与えられたチップを自由に賭けていいというのは口先だけで、あなたにとってはイノベーションよりミスを防ぐことのほうが大切だと思うだろう。

だから私たちは、次の3要素から成る対応をおススメする。

1　そのプロジェクトから何を学んだのか尋ねる。
2　失敗について大騒ぎしない。
3　失敗を「公表する」よう促す。

………1　そのプロジェクトから何を学んだのか尋ねる

失敗に終わったプロジェクトは、成功への重要なステップであることが多い。

私は年に1〜2回、ネットフリックスのプロダクト会議で、すべてのマネージャーに簡単な質問票に記入してもらう。ここ数年で行った賭けをリストアップし、「成功した」「失敗した」「まだ結果が出ていない」の3つのカテゴリーに分類するのだ。それから少人数のグループに分かれて、各カテゴリーの項目を議論し、それぞれの賭けから何を学んだかを話し合う。このエクササイズを通じて、全員が大胆なアイデアを実行するよう期待されており、リスクを取ってもうまくいかないケースも必然的に出てくることを改めて認識してもらうのが狙いだ。賭けは個人的な成功や失敗というより、全体として会社を勢いよく成長させる学習プロセスだということがわかる。さらにこのエクササイズは比較的新しい社員が、さまざまな失敗をみんなの前で認めることに慣れていくのに役立つ。失敗はみんなするものなのだから。

2 失敗について大騒ぎしない

うまくいかなかった賭けを大問題として扱えば、将来のリスクテイクの芽を摘むことになる。社員はあなたが意思決定を分散することの重要性を口では言いながら、実行はしないのだと学ぶだろう。2010年にプロダクト・イノベーション担当ディレクターとして採用されたクリス・ジャフィは、自分が優秀な人材を何百時間も働かせ、膨大なリソースを注ぎ込んだ末に大失敗したとき、リードが大騒ぎしなかったエピソードを教えてくれた。

2010年当時は、テレビ番組をコンピュータにストリーミングすることはできたが、スマートテレビはまだ普及していなかった。テレビでネットフリックスの番組をストリーミングしたければ、プレイステーションやWiiを経由する必要があった。

なんとかしてユーザーが棚にしまい込んだ古いWii端末を引っ張り出し、ネットフリックスをストリーミングするようにできないか、とぼくは考えた。そうすれば多くのユーザーがこれまでよりずっとリビングでインターネットを楽しめるようになる。ぼくは部下のデザイナーやエンジニアを動員して、ネットフリックスのWiiとのインターフェースを改善することにした。当時のインターフェースはとにかくシンプルだった。ぼくの指揮の下、チームは何千時間もかけて、もっと手の込んだ、ユーザーにとって魅力的な（少なくともぼくから見れば）インターフェースを開発した。全員が1年以上このプロジェクトにかかりきりになった。プロジェクトは「エクスプローラー」と命名された。

エクスプローラーが完成すると、20万人のネットフリックスユーザーを対象にテストしてみた。だが結果を聞いて、倒れそうになった。新しいインターフェースを使ったユーザーは、視聴時間が減少して﹅い﹅た﹅のだ。何かシステムにバグがあるのかと、入念に確認したうえで再度テストを実施した。だが結果は同じだった。ユーザーは変更前のシンプルなインターフェースのほうを支持していた。

ぼくがネットフリックスに入社してから、まだそれほど経っていなかった。エクスプローラーの前にひとつ、優れたイノベーションを生み出していたものの、今度は比較にならないほどの大失敗をしてしまった。当時はリードも出席する「コンシューマー・サイエンス」というミーティングが四半期に一度開かれていた。そこではプロダクト・マネージャーが次々と登壇し、最近の賭けを説明する。うまくいったプロダクトはどれか。うまくいかなかったものはどれか。そこから何を学んだのか。ぼくを含めたプロダクト・マネージャー全員のほか、その上司に当たる人々（直属の上司であったトッド・イエリン、その上司であるニール・ハントやリードも）も出席するはずだった。

どんな展開になるのか、予想できなかった。数千時間、数十万ドルを無駄にしたぼくを、リードは叱責するだろうか。ニールは渋い顔をするだろうか。トッドはぼくを採用したことを後悔するだろうか。

ネットフリックスでは失敗した賭けを公表すること、つまりうまくいかなかったことについて率直に、みんなの前で話すことの重要性がよく語られる。リーダーたちが自らの過ちを熱心に、そして包み隠さず語る姿を、ぼくは何度も目にしていた。そこでぼくも自分の失敗を公表しようと考えた。それも形ばかりではなく、たっぷりと。

ぼくはステージに上がった。会議室の照明は落ちていた。最初のスライドに、大きな赤い文字でタイトルが浮かび上がった。

エクスプローラー　失敗に終わった私の賭け

ぼくはプロジェクトについて、うまくいったこと、うまくいかなかったことを詳細に説明し、それはすべて100%自分の責任だと語った。リードがいくつか質問し、プロジェクトのどの要素が失敗につながったかを議論した。それからリードは、プロジェクトから何を学んだのか、と聞いてきた。ぼくは「プロダクトを複雑にすると、カスタマー・エンゲージメントにマイナスになるということです」と答えた。ちなみにこれはエクスプローラーの教訓として、いまでは全社に共有されている。

「なるほど、それは面白いね。ぜひ覚えておこう」とリードは議論を締めくくった。「まあ、それは終わったこととして、次は何をやるんだい?」

18カ月後、いくつかのプロジェクトを成功させたクリスは、プロダクト・イノベーション担当バイスプレジデントに昇進した。

リードの反応は、イノベーティブな思考を促すためにリーダーがとるべき態度のお手本である。賭けが失敗したら、マネージャーはそこから何を学んだかに興味を示しつつ、当事者を非難しないよう細心の注意を払わなければならない。クリスの発表を聞いた他のプロダクト・マネージャーの心には、ふたつのメッセージが刻まれたはずだ。第一に、賭けに出て失敗したら、リードに「何を学んだのか」を聞かれることになる。第二に大きな試みに挑戦してうまくいかなかったとしても、誰にも怒鳴られないし、仕事を失うこともない。

……………

3 失敗を「公表する」よう促す

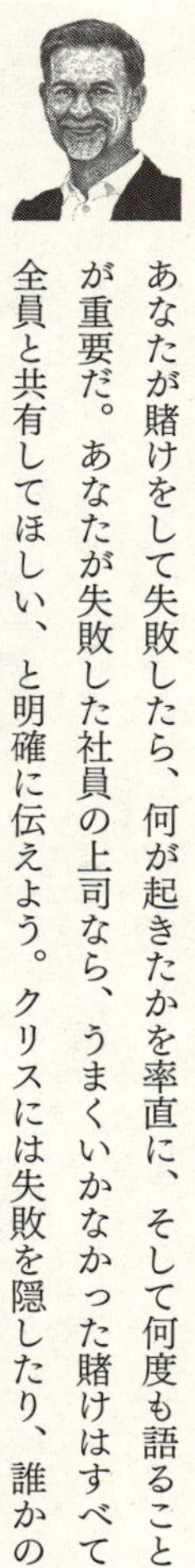

あなたが賭けをして失敗したら、何が起きたかを率直に、そして何度も語ることが重要だ。あなたが失敗した社員の上司なら、うまくいかなかった賭けはすべて全員と共有してほしい、と明確に伝えよう。クリスには失敗を隠したり、誰かの

せいにしたり、弁解したりするという選択肢もあったが、実際には失敗と正面から向き合うことで、すばらしい勇気とリーダーシップ能力を示した。

それはクリス自身のためになっただけでなく、ネットフリックス全体にも恩恵をもたらした。同僚が賭けに出て失敗した話が、常に社員の耳に入るようにしておくことはとても重要だ。そうすることで誰もが、自分も（失敗するかもしれないが）賭けに出てみようという勇気を持てる。そういう環境がなければ、イノベーションのカルチャーは生まれない。

ネットフリックスではすべての失敗した賭けを、しっかり公表しようとしている。社員には何が起きたかを率直に説明し、そこから得た教訓とともにメモにまとめ、全員に公開するよう促している。その一例を以下に挙げよう。偶然ではあるが、これもクリス・ジャフィの手によるメモだ。エクスプローラー事件から数年後の2016年、「メメント」という失敗に終わったプロジェクトについて書いている。失敗した賭けを文書のかたちで公表するお手本として、ネットフリックス社内でよく配布されている資料だ。

メメントの近況――プロダクト・マネジメントチーム、クリス・J

18カ月ほど前、私はプロダクト戦略会議に、作品レベルの補完的メタデータ（出演者のプロフィールや関連する作品の情報など）を、スマホなどのセカンドスクリーンに表示するという案を提案した。

活発な議論を経て、私はプロジェクトの継続を決め、アンドロイドスマホでメメントを使えるようにする取り組みを進めた。それには1年以上の時間をかけた。昨年9月、チームはリリース用のメメントを制作し、小規模なテストを実施した。

そして2月、私はプロジェクトを続けるべきではないと判断し、打ち切った。

プロジェクトを継続し、投資を続けるという判断はすべて私自身のものであったことを改めて強調しておきたい。この結果と、それに伴うコストはすべて私の責任だ。このプロジェクトに1年以上かけ、ローンチしないというのは時間とリソースの浪費であり、また同時に重要な学びをもたらした。私の得た教訓をいくつかここで共有する。

・このプロジェクトを続けたことで、真の機会費用が発生した。結果として重要なモバイルイノベーションのスピードが遅くなった。これは私のリーダーシップとフォーカスの重大な失敗である。

- セカンドスクリーンの利用者が少ないことから、そこから得られるインサイトも限定的であることをもっとしっかり考えるべきだった。利用者は増えると思っていたが、そうはならなかった。
- 当初のプロダクト戦略会議で出た、「ダーウィン」のほうが同じアイデアを検討するプラットフォームとして適しているのではないかという提案に、もっと真剣に耳を傾けるべきだった。自らの思い込みに疑問を持つことの重要性を再認識した。
- プロダクト戦略会議を受けてこのプロジェクトの継続を決めたあとも、ローンチするかどうかは改めて議論の俎上に載せるべきだった。私のやり方はネットフリックスのプロダクト・イノベーションの方法と整合性がとれていなかった。
- プロジェクトの進行中にも、その価値が低下していることに気づき、数カ月前に打ち切りの判断をすべきだった。9月のデータは作業を止めるべきだという明確なサインだった。ゴールは目前だと錯覚していた。ありがちなことだ。

あなたが失敗した賭けを公表すると、全員にとってプラスだ。周囲から正直で、自らの行動の責任を引き受ける信頼できる人だと思われるようになるので、あなたにとってプラス。プロジェクトから学びを共有できるので、チームにとってもプラス。そして誰もが失敗はイノベーティブな成功へのプロセスにつきものであることを学ぶので、会社にとってもプラスだ。失敗を恐れてはいけない。受け入れるのだ。

そして失敗をもっと公表しよう。

前章の用語を使うと、ネットフリックスにおいては、よく考えた末の賭けは「マル秘」というより単なる失敗である。クリスは「エクスプローラー」や「メメント」という失敗した賭けについて語るとき、恥ずかしさなど感じていなかった。ネットフリックスの期待に応え、大胆な発想に基づいて、自らの信じたアイデアにチップを賭けただけだからだ。このような状況なら、壇上に立って「ぼくはこのアイデアに賭けたが、結果は望んだものではなかった」と説明するのはそれほど困難なことではない。

しかしどうにも恥ずかしい失敗もある。重大な判断ミスや不注意があったことが明白なら、なおさらだ。

恥ずかしい過ちが大きいものであるほど、そこから逃げたいという気持ちは強くなる。だがそれはネットフリックスでは良しとされない。過ちが大きいほど、それを乗り越えるには公表する姿勢がことさらに求められる。率直に話せば、少なくとも最初の数回のミスは許容される。だが過ちを隠したり、何度も過ちを繰り返したりすると（過ちを否定する人間は、過ちを繰り返しがちだ）、さらに重大な結果を招くことになる。

トルコのソーシャルメディア担当としてアムステルダム拠点に勤務するヤスミン・ドルメンは、人気番組『ブラック・ミラー』シーズン４のプロモーションで大失敗したとき、自らに期待される行動をしっかり理解していたようだ。

『ブラック・ミラー』にはウォルドーという、青いクマのアニメキャラクターが登場する。シーズン４は２０１７年12月29日にリリースされることが決まっており、クリスマスシーズンにちなんだプロモーションをしよう、ということになった。

そこでトルコの人気ソーシャルサイトの会員に「iamwaldo」というアカウントから謎めいたメッセージを送ることになった。「おまえが何をたくらんでいるかはわかっている。こっちがどう出るか、見ててごらん」と。メッセージを受け取った人たちが、友達に「ウォルドーが戻ってくるのか？」「『ブラック・ミラー』シーズン4が始まるの？」などとツイートしてくれるかもしれない。良い話題づくりになるだろう。

だが私は大きなミスを犯していた。このアイデアを周知しなかったのだ。クリスマスに家族と1週間休暇を過ごす予定で、その準備でバタバタしていたこともあり、他国のPR部門の仲間にこの企画のことを知らせていなかった。コミュニケーション部門からも反対意見を募らなかった。そして準備を済ませると、父と一緒にギリシャに出発してしまった。

12月29日、父と一緒にアテネの美術館でツアーガイドの話を聴いていると、突然私の電話が猛烈に鳴りはじめた。トルコで「iamwaldo」のメッセージが大問題になり、メディアで大きく取り上げられ、世界中の同僚が対応に追われていたのだ。あるメッセージには「これって私たちがやったの？」と書かれていた。慌ててスマホでニュースを見た私は、トルコのメディアが大騒ぎになっていることを知った。

テクノロジーブログの〈エンガジェット〉は、このときの様子をこう伝えている。

不気味でうっとうしいプロモーションの季節がやってきた。ネットフリックスはトルコ版〈レディット〉ともいえるソーシャルサイト〈エクシ・ソズリュック〉のユーザーに、不気味なメッセージを送りつけて震えあがらせた。目的は『ブラック・ミラー』シーズン4の話題づくりだ。「iamwaldo」（シーズン2のエピソード「時の〝クマ〟、ウォルドー」から命名した）というアカウントから深夜に送られてきたメッセージは、まるで脅迫のようだった。文面はこうだ。「おまえが何をたくらんでいるかはわかっている。こっちがどう出るか、見ててごらん」

イギリスの有力メディアまでがこの問題を取りあげた。ニュースサイト〈エクスプレス〉には「『ブラック・ミラー』シーズン4――不気味なマーケティングに視聴者が『最低』と激怒」という見出しが躍った。ヤスミンはこの辛い経験を振り返る。

心臓がズドンと靴下の中まで落っこちた気がした。胃がキリキリと痛んだ。100%私のミスだ。キャンペーンを企画しておきながら、誰にも周知しなかった。同僚たちはカンカンで、上司は困惑していた。

父が私を静かな場所へ連れていった。私は涙ぐみながら、何が起きたかを説明した。父は息を呑むと「クビになると思う？」と尋ねた。それを聞いて、私は思わず笑った。

「ならないよ。こういうことではネットフリックスをクビにはならない。クビになるのはリスクを取らなかったり、大胆な行動を起こさない人。あるいは失敗したとき、率直に認めない人」

もちろんプロモーション企画を周知しないというミスを、二度と繰り返すつもりはない。そんなことをすれば、今度こそクビになるかもしれない。

私はクリスマス休暇のあいだ、自分がどんな過ちを犯し、そこから何を学んだかをひたすら説明しつづけた。たくさんのメモを書き、何十本も電話をした。つまり休暇のあいだずっとギリシャのビーチでのんびりするどころか、「公表」に明け暮れたわけだ。


ヤスミンはその後、ネットフリックスですばらしいキャリアを積んでいった。「iamwaldo」事件の5カ月後には、シニアマーケティング・マネージャーに昇進し、責任範囲は150％増えた。さらに18カ月後にはマーケティング担当ディレクターに抜擢された。

何より重要なのは、ヤスミンだけでなく、ネットフリックスのマーケティング・チーム全体が彼女の失敗から学んだことだ。「マーケティング部門で新しい社員を採用すると、いつも過去の事例を見せながら、やってはいけないことを説明する。トルコの『ブラック・ミラー』キャンペーンは研修の定番で、みんながとりあげる」とヤスミンは説明する。「アイデアを周知することの大切さ、そしてそれを怠るとどうなるかがよくわかるから。ただそれに加えて、マーケティング部門はもうひとつ重要な教訓を学んだ。ネットフリックスの目的は、楽しい時間を提供すること。だから不気味なキャンペーンはやってはいけない。お客様を怖がらせて番組を観てもらおうとするのは禁物だ、と。優れたキャンペーンは楽しそうでワクワクする、とにかく面白いものだ」

……… 6つめの点

能力密度が高まり、組織に透明性がしっかりと根づいたら、迅速にイノベーティブな意思決定プロセスを実現することができる。社員は壮大な構想を描き、実験し、たとえ上司に反対されても自らが正しいと信じる賭けに出られるようになる。

第6章のメッセージ

・スピード感があるイノベーティブな会社では、重要でリスクの大きい意思決定を下す権限は職位にかかわらず、組織のさまざまな階層に分散すべきだ。

・そのような体制を機能させるには、リーダーが部下に「上司を喜ばせようと思うな」というネットフリックスの原則を教育しなければならない。

・新入社員には、それぞれがチップをひと山与えられ、自由に賭けをする権限を与えられているのだと教えよう。賭けは成功することもあれば失敗することもある。社員のパフォーマンスは単一の賭けの結果ではなく、全体の成果で判断する。

・社員が賭けに成功する確率を高めるため、反対意見を集め、アイデアを周知し、壮大な計画はまず試してみることを教えよう。

・賭けが失敗したら、率直に公表することを教えよう。

「自由と責任」のカルチャーに向けて

この段階まで来れば、あなたの会社は「自由と責任」のカルチャーの恩恵をたっぷり享受できるようになっている。会社のスピードは速くなり、イノベーションは活発になり、社員の満足度は高まる。だが組織が大きくなるにつれて、丹精込めて育ててきた文化的要素を維持するのが難しくなってきたと感じることもあるかもしれない。

ネットフリックスもそうだった。2002年から2008年にかけて、私たちは本章までに述べてきたような組織の土台を築きあげた。だが毎週数十人の新しい人材が他社から移ってくるようになると、彼らに発想を転換し、ネットフリックス流の働き方に適応してもらうのが難しくなってきた。

こうした理由から、たとえ会社が変化し成長しても、能力密度、率直さ、自由という重要な要素が失われないように、マネージャーにはいくつかのノウハウを身につけてもらっている。それがセクション3のテーマだ。

Section 3

「自由と責任」のカルチャーの強化

- 能力密度を最大限高める

第7章 —— **キーパーテスト**

- 率直さを最大限高める

第8章 —— **フィードバック・サークル**

- コントロールをほぼ撤廃する

第9章 —— **コントロールではなくコンテキストを**

セクション3では、ここまで見てきたチームや組織において重要なさまざまな要素を強化する実践的方法を見ていこう。第7章では「キーパーテスト」を紹介する。ネットフリックスのマネージャーたちが能力密度の高い状態を維持するために活用している重要な手法だ。第8章では上司、部下、同僚のあいだで常にたくさんのフィードバックが行われるようにするためのふたつのプロセスを見ていく。第9章では部下の意思決定の自由度を一段と高めるために、上に立つ者がマネジメントスタイルを具体的にどう変えていくべきかを考察する。

能力密度を最大限高める

第7章

キーパーテスト

2017年のクリスマスから新年にかけて、ネットフリックスには祝杯をあげる理由が山ほどあった。それまでの6週間は会社始まって以来の慶事続きだった。私は最高にご機嫌で、テッド・サランドスにお祝いを言おうと電話をかけた。

11月、テッドのチームはアルフォンソ・キュアロンが監督と脚本を務めた映画『ROMA／ローマ』をリリースした。メキシコの中流階級の家庭で住み込みで働く家政婦の物語だ。ニューヨーク・タイムズ紙はこの作品を「傑作」と評価し、ネットフリックスの独自制作映画のなかで最高の出来だと書いた。その後『ROMA』はアカデミー賞の監督賞と外国語映画賞、撮影賞を獲得した。

そのほんの数週間後には、さらに『バード・ボックス』をリリースした。主演はサンドラ・ブロック、子供たちの命を救うため、目隠しをしたまま危険な川を下る母親をめぐるスリラーだ。

12月13日にリリースされると、1週間も経たずに4500万人が視聴した。最初の7日間の視聴者数としては、ネットフリックスのオリジナル作品で過去最高である。

「とんでもなくすばらしい6週間だったな」とテッドに言うと、「そうだな、みんな良い選択をしたよ」という返事が返ってきた。私が怪訝そうな顔をしたのだろう、テッドはこう続けた。「ほら、君がぼくを選び、ぼくはスコット・スチューバーを選んだ。スコットはジャッキーとテリルを選んだ。そしてジャッキーとテリルが『ROMA』と『バード・ボックス』を選んだ。どれもすばらしい選択じゃないか」

テッドの言うとおりだった。ネットフリックスの分散型意思決定モデルでは、トップが最高の人材を選び、彼らも最高の人材を選び（という具合にどんどん階層を降りていき）、最終的にすばらしい成果が実現する。テッドが「選択のピラミッド」と呼ぶこの仕組みこそ、能力密度の高い組織をつくる目的だ。

選択というと、採用だけの話のようだ。組織が慎重な選択を繰り返し、正しく選ばれた社員が成功しつづける、というのが理想ではある。しかし現実は厳しい。どれだけ慎重に採用しても、ときには過ちを犯すこともあるし、採用した人材が期待したほど成長しないこともある。また会社のニーズが変わることもある。能力密度を最大限高めるためには、困難な決断を下す勇気を持たなければならない。能力密度を本気で高めるには、採用よりはるかに難しいことを日常的に実践しなければならない。新たに「最高の人材」を採用できると思ったら、既存の「良い人材」を解雇するのだ。

それが難しい理由のひとつは、企業経営者の多くは社員に向かって「私たちは家族だ」と常々語っているためだ。しかし能力密度の高い職場というのは、家族ではない。

「パフォーマンス」にかかわらず一緒にいるのが家族

何世紀にもわたって、ほぼすべての事業は家族経営という時代が続いた。だから今日、CEOが自らの会社を家族にたとえることが多いのも意外ではない。家族は帰属、安らぎ、そして長期にわたって助け合うコミットメントを象徴する。社員に会社への愛着と忠誠心を持ってもらいたくない経営者などいるだろうか。

アメリカの大手小売りチェーン、ウォルマートの入口に立ち、来店客に挨拶をする担当者は過去数十年、自らを「ウォルマート家」の家族だと思うように教えられてきた。研修では、来店客に挨拶をするときには自宅でお客を迎えるときのように温かく迎えよ、と言われる。

ネットフリックスの元エンジニアリング担当バイスプレジデントであるダニエル・ジェイコブソンは、ネットフリックスで10年にわたるキャリアをスタートさせる以前は、10年間ワシントンDCのナショナル・パブリック・ラジオ（NPR）で働いていた。NPRには家族的文化があったと言い、そのメリットをこう説明する。

私は1999年末、NPRで働きはじめた。オンライン採用では初の、フルタイムで働くソフトウエアエンジニアだった。私はやる気満々で入社した。NPRで働くことを希望するのは、組織のミッションに共感し、報道や情報を大切にする姿勢を強く支持する者ばかりだ。この共通の目的意識から、ときには職場というより家族のように感じられる組織文化が生まれていた。とても魅力的な職場で、私もたくさんの友人に恵まれた。

NPRの家族的文化は非常に強く、実際に多くの人がそこで本当の家族を見つけた。NPRの「生みの親」の1人であるスーザン・スタンバーグは「職場結婚リスト」なるものを作成していた。比較的小規模な組織にかかわらず、カップルのリストは相当なものだった。

ダニエルは同僚から「NPRで3年勤めたら、一生働くことになる」とよく言われていた。もちろん家族は愛と絆だけでできているわけではない。家族のなかではお互いの失敗は大目に見るし、おかしな癖、不機嫌なときなども我慢する。ずっと支え合って生きていくものと決まっているからだ。誰かが問題行動を起こしたり、自分の役割や責任を果たさなかったりしても、なんとかする。選択の余地はない。別れることはできないからだ。それが家族というものだ。

ダニエルが語ったNPRでの経験の後半には、社員を家族として扱うことの問題点が現れている。

NPRの文化にはたくさんの長所があり、うまく機能していたと思う。しかし入社してしばらく経つと、家族的文化が職場で引き起こす問題にも気づいた。私のチームにはパトリックという名のソフトウエアエンジニアがいた。ベテランではあったが、与えられた仕事を十分こなすスキルがなかった。期限内にプロジェクトを終えられないことが多く、コードにはたいてい重大なバグや問題があった。きちんと仕事を終わらせられるように、パトリックのプロジェクトにはお目付け役として別のエンジニアを付けなければならないことも多かった。

パトリックの勤務態度は完璧だったので、問題はさらに厄介だった。きちんと仕事をしようという意欲があり、1人でもやれることを証明しようと頑張った。みんなパトリックには成功してほしいと思い、限られたスキルに見合った仕事を見つけてあげようとした。それでもパトリックの仕事の質は、他のエンジニアにはとても追いつかなかった。他のエンジニアについては何の不安もなかったが、私は日々パトリックのことを心配していた。人柄はすばらしかったが、期待される成果はまるで挙げていなかった。

私はパトリックの世話に相当な時間を取られ、チームも彼のミスを直すのに膨大な時間を取られ、深刻な問題となっていた。チームでもとりわけ優秀なエンジニアたちが不満を募らせ、私に助けを求めてくることもあった。彼らが我慢しきれず、転職してしまうのではないかと、不安になるほどだった。パトリックさえいなければチームのパフォーマンスは大幅に高まるのはわかっていた。たとえ新たな人材が補充されず、頭数が1人減ったとしても。

私が上司に相談すると、パトリックの強みを活かせる他の仕事を探してみると同時に、他のメンバーがパトリックの弱みによって迷惑を被らないようにしてほしい、と言われた。パトリックをクビにすることなど話題にもならなかった。クビにする理由がなかったからだ。パトリックは何も悪いことはしていなかった。組織は家族であり、「パトリックは仲間で、われわれは運命共同体だ。なんとか彼と一緒にやっていく方法を考えよう」というのが答えだった。

家族からチームへ

ネットフリックスでも創業期には、マネージャーたちは家族のような雰囲気の醸成に努めた。しかし2001年のレイオフの後、パフォーマンスが劇的に改善するのを目の当たりにして、能力密度の高い職場にとって家族は比喩として適切ではないことに気づいた。

社員たちには、熱意を持って協力しあいながら、組織の一員として仕事に取り組んでほしかった。しかしネットフリックスとの関係を終身契約とは思ってほしくなかった。仕事とは本来、自分がその職務に最適の人材であり、またその職務が自分にとって最適である「魔法のような特別なひととき」に限られたものだ。その仕事で学ぶことがなくなったとき、あるいは突出した能力を発揮できなくなったときには、ポストを自分より適した人に譲り、自分に適した役割に移るべきだ。

しかし家族ではないとしたら、ネットフリックスとはいったい何なのか。自分のことしか考えない個人の集まりなのか。それは明らかに私たちの目指している姿ではなかった。散々議論を尽くしたあと、ネットフリックスはプロスポーツチームと考えるべきじゃないか、と提案したのはパティだった。

当初それはあまり的を射た答えに思えなかった。会社はチームだという比喩は、家族と同じくらい使い古されたものだったからだ。しかしパティの説明を聞いていると、その真意がわかってきた。

最近、子供たちと一緒に映画『さよならゲーム』を観た。プロ野球チームでは、プレーヤー同士はすばらしい関係で結ばれている。とにかく仲が良く、助け合う。ともに勝利を祝い、慰め合い、お互いのプレーを知り尽くしているので言葉を交わさなくても一体となって動ける。でも家族とは違う。すべてのポジションに最高のプレーヤーがいるように、コーチはシーズンを通じて交代やトレードをする。

パティの言うとおりだった。ネットフリックスでは1人ひとりのマネージャーに、担当部門を最高のプロスポーツチームのように運営してほしいと思っている。強い熱意、一体感、仲間意識を醸成しつつ、各ポジションに最高のプレーヤーがいる状態を維持するためには、厳しい決断も常に求められる。

プロスポーツチームは能力密度が高い組織の比喩として最適だ。というのもプロチームのアスリートには、次のような特徴が見られるからだ。

・卓越したチームを要求する。マネージャーには常にすべてのポジションにベストな人材を配置することを期待する。
・勝利するために自らを鍛える。スキルを向上するためにコーチから、そしてお互いから継続的に率直なフィードバックを受け取ることを期待する。
・努力するだけでは不十分だと理解している。Aクラスの努力をしてもBクラスのパフォーマンスしかできなければ、感謝と敬意をもって別のプレーヤーと交代させられることを理解している。

高い成果を挙げるチームでは、プレーヤー同士の協力と信頼のレベルが高い。それはすべてのメンバーがそれぞれの役割において圧倒的に優れているだけでなく、他のメンバーと協力することにおいても優れているからだ。自分のスキルが高いだけでは、個人として傑出したプレーヤーと認められない。私心を捨て、自らのエゴよりチームの利益を優先させなければならない。ボールをパスすべきタイミングやチームメイトの成功を助ける方法を心得、自らが勝利する唯一の方法はチームを勝利させることだと理解している。これこそがネットフリックスが目指しているカルチャーだ。

この理解に基づき、ネットフリックスは次の標語を掲げるようになった。

私たちはチームであって、家族ではない

一流のチームを目指すのなら、すべてのポジションにベストな人材を置く必要がある。伝統的に社員が解雇されるのは、間違ったことをしたとき、あるいは能力が不十分であるときとされてきた。しかしプロスポーツチームやオリンピックレベルのチームでは、プレーヤーはコーチの役割は「良い」から「最高」へとレベルアップすることだと理解している。メンバーはすべての試合を、そのチームにとどまるためにプレーしている。最高レベルの試合で勝利することより雇用の安定を求める人は、ネットフリックスという会社には不向きだ。私たちはそれをはっきり伝えようとしているし、どちらの価値観のほうが優れていると言うつもりもない。それでも勝てるチームに所属することに価値を見いだす人にとって、ネットフリックス・カルチャーはすばらしく魅力的に映るはずだ。最高峰のリーグで戦うチームがすべてそうであるように、ネットフリックスのメンバーは深い友情で結ばれ、お互いを大切にする。

キーパーテスト

まっとうな人間はみなそうだが、ネットフリックスのマネージャーも当然、自分は正しいことをしていると思いたい。好意と敬意を持っている相手を解雇することを正しいと感じるには、組織に貢献しようとする意思を持ち、すべてのポジションにスタープレーヤーがいるほうがネットフリックスのメンバー全員の幸福度や成果が高まることを理解している必要がある。そこで私たちはマネージャーにこう問いかける。「サミュエルを解雇し、もっと有能な人材を探したほうが会社のためになると思うか？」と。答えが「イエス」なら、別のプレーヤーを探すべきタイミングだという明確なサインだ。

またネットフリックスはすべてのマネージャーに対し、定期的に部下を評価し、それぞれのポストに最適の人材であることを確認するよう求めている。そしてマネージャーが正しい判断をできるように、「キーパーテスト」という手法を教えている。

チームのメンバーが明日退社すると言ってきたら、
あなたは慰留するだろうか。
それとも少しほっとした気分で退社を受け入れるだろうか。
後者ならば、いますぐ退職金を与え、
本気で慰留するようなスタープレーヤーを探そう。

私たちは自分自身を含めて、キーパーテストを全員に当てはめる。私の代わりに別の誰かをCEOに迎えたほうが会社のためになるだろうか、と。その目的は、ネットフリックスから解雇されることを、誰も恥と思わないようにすることだ。ホッケーのオリンピック代表チームを考えてみよう。チームから外されるのはとても残念なことだが、外されたプレーヤーの友人たちはそもそも代表チームに入れるだけのガッツと能力があったことを尊敬するはずだ。ネットフリックスを解雇された人についても、同じであってほしい。解雇されても友情は変わらず、恥と感じることは何もない。

パティ・マッコード自身がその例だ。10年以上一緒に働いてきたパティに対して、私は別の人と交代させたほうが全員のためになるのではないか、と感じるようになった。それをパティに伝え、なぜ私がそんな考えを抱くようになったか話し合った。その結果パティは働く時間を減らしたいと考えていたことがわかり、結局円満退社することになった。それから7年経つが、いまでも私たちは親しい友人で、お互いの非公式なアドバイザーだ。

レスリー・キルゴアのケースも同じだ。最高マーケティング責任者（CMO）としてすばらしい成果を挙げ、ネットフリックス・カルチャーの醸成、ブロックバスターとの闘い、そして会社の成長そのものに欠かせない存在だった。経営者としてもすばらしい発想の持ち主で、それはいまも変わらない。しかし『ハウス・オブ・カード』をリリースし、ネットフリックスの将来においては作品買いつけより作品のマーケティングのほうが重要になることが明らかになると、私自身のショービジネスのノウハウ不足を補うためにも、CMOにはハリウッドの制作会社での豊富な経験が必要だと考えるようになった。そこでレスリーにはCMOを退いてもらった。だがレスリーは取締役就任を快諾し、私のボスの1人となり、何年にもわたって会社にとって最高の取締役であり続けてくれた。

このように、キーパーテストは絵空事ではなく、ネットフリックスのすべての階層のすべてのマネージャーが常に実践している。私のボスである取締役の面々には、私も同じように扱ってほしいと伝えてある。私が失敗するまでCEOの座にとどめる必要はない。私よりも有能と思えるCEO候補がいれば、いつでも交代させてほしい、と。毎四半期このポジションを勝ち取るために最高のパフォーマンスをしなければならないと思うとモチベーションが高まり、最高の人材であり続けるために自分を磨く努力をする。

ネットフリックスでは、できるだけの努力をし、会社の成功のために全力を尽くし、それなりの成果を挙げていても、ある朝出社したら解雇を通告される……ということもある。避けられない金融危機や突然人員削減の必要性が生じたためではない。あなたの仕事の成果が、上司が期待していたほど目覚ましいものではなかった、パフォ

Like every company,
we try to hire well

NETFLIX　　22

ほかの会社と同じように
われわれも優秀な人材の採用に努める

ーマンスがそれなりでしかなかったというだけだ。

本書の冒頭で、リードの経営哲学を説明する「ネットフリックス・カルチャー・デック」のなかでも、とりわけ批判の多いスライドを何枚か見た。

いずれもかなり厳しい批判にさらされてもおかしくないものばかりだ。こうした批判にリードにきちんと答えてもらうため、ここからはQ&A方式を採ることにしよう。

The other people should get a generous severance now, so we can open a slot to try to find a star for that role

The **Keeper Test** Managers Use:

Which of my people,
if they told me they were leaving,
for a similar job at a peer company,
would I fight hard to keep at Netflix?

NETFLIX

スター以外には即座に十分な退職金を払い、
スターを採用するためのスペースを空ける
マネージャーが使うべき「キーパーテスト」:
「ネットフリックスを退社して
同業他社の同じような仕事に転職する」
と言ってきたら必死に引き留めるのはどの部下か?

Unlike many companies,
we practice:

adequate performance gets a generous severance package

NETFLIX

ほかの会社と違って
われわれは
並の成果には十分な退職金を払う

リードへのインタビュー

■ 質問1

元最高プロダクト責任者のニール・ハントによると、「私たちはチームであって、家族ではない」という方針は当初から物議を醸してきたという。

2002年、リードはハーフムーンベイにリーダーを集めてオフサイトミーティングを開いた。リードはこう強く訴えた。レイオフに向けて自分とパティが行ったような厳格な選別は、継続的に行う必要がある、と。各ポジションにおいてもはや最高の人材とは言えなくなった社員は誰かを常に考え、フィードバックを与えても「最高の人材」に復活できなかった場合には、解雇する勇気を持たなければならない、と。

私は驚愕した。そしてみんなにペンギンとゾウの違いについて話した。ペンギンは群れのなかの弱い者、困難を抱えた者を切り捨てていくと言われる。一方、ゾウは弱者のまわりに集まり、元気になるまで介抱する。「要するに、われわれはペンギンになることを選ぶってことか？」と私は尋ねた。

ネットフリックスがニールの物語に出てくる思いやりのないペンギンの群れになることに不安はないのか。仕事を失うというのは大変なことだ。解雇された本人の家計、評判、家族との関係、キャリアに影響を及ぼす。移民ビザで働いている社員は、失業すれば本国へ送還されるかもしれない。リード自身は資産家なので給料がなくなっても痛くもかゆくもないだろうが、社員の大半にとってはそうではない。

ベストを尽くしている社員を、圧倒的成果を挙げられないからといって解雇するのは倫理にもとる行為ではないか？

■ リードの回答1

ネットフリックスではそれぞれの社員に、個人における最高水準の報酬を払っている。つまり全員がかなりの高給取りだ。そこには担当する職務において最高のプレーヤーである限り、チームでプレーできるという合意がある。ネットフリックスのニーズは急速に変化すること、そして会社として社員に傑出したパフォーマンスを求めていることは、みな理解している。つまりネットフリックスチームに加わると決めた者はそれぞれ、高い能力密度を維持するという私たちのアプローチを選んで入ったわけだ。

私たちはこのような方針を明確にしている。多くの社員がこれほど優秀な同僚に囲まれて仕事をすることを喜び、それと引き換えに多少のリスクを進んで引き受けている。一方、長期的に安定した雇用を好み、ネットフリックスに入社しないことを選択する人もいるかもしれない。だから私はネットフリックスのやり方は倫理的だと思っているし、社員のほとんどはそれを心から支持している。

とはいえ私たちの求めるパフォーマンス基準はきわめて高いので、解雇するときには新しいスタートを切るのに十分な資金を与えるのは当然だと考えている。だから解雇する人にはもれなく、十分な退職金を払う。別の仕事に移るまで、自分と家族を養うのに十分な金額だ。誰かを解雇するときには、必ず数カ月分の給料を払う（非管理職は4カ月分、バイスプレジデントなら9カ月分）。だからこんな方針を掲げている。

並の成果には十分な退職金を払う

おそろしくコストのかかる仕組みだ、と思う人もいるだろう。実際、ネットフリックスが不要なコントロール・プロセスを排除する努力をしていなかったら、そのとおりかもしれない。

アメリカ企業の多くでは、部下を解雇することを決めたマネージャーは「業績改善計画（ＰＩＰ）」と呼ばれるプロセスを開始することになっている。マネージャーはこの部下と毎週面談した記録を数カ月間にわたって作成する。フィードバックを与えたにもかかわらず、部下が成果を挙げられなかったことを記録に残すためだ。ＰＩＰが部下の業績改善につながることはめったになく、単に何週間も解雇を遅らせるだけだ。

ＰＩＰはふたつの理由から生まれた。ひとつめは社員が建設的なフィードバックや改善する機会を与えられずに解雇されるのを防ぐためだ。しかしネットフリックスには率直なカルチャーがあるため、誰もが毎日たくさんのフィードバックを受け取る。どの社員も解雇される前にはっきりと、そして頻繁に、改善するためには何をしなければならないか言われているはずだ。

ふたつめは会社を訴訟から守るためだ。ネットフリックスでは解雇する社員に、十分な退職金を受け取るのと引き換えに、会社を訴えないという合意にサインするよう求める。ほぼ全員がこの提案を受け入れる。十分な退職金を受け取り、新たなキャリアに踏み出すことに集中する。

ＰＩＰには当然、コストがかかる。４カ月にわたるＰＩＰを実施するということは、パフォーマンスの低い社員に4カ月分の給料を払ううえに、マネージャーや人事担当者がプロセスを記録するために膨大な時間を割くことを意味する。長期間にわたるPIPに資金を注ぎ込む代わりに、それを十分な退職金としてさっさと渡し、うまくいかなかったのは残念だと伝えたうえで、新たな冒険での成功を祈ったほうがよほどいい。

■ 質問2

映画『ハンガー・ゲーム』に、ティーンエイジャーの主人公カットニス（ジェニファー・ローレンス）が迷彩服を着て、高台からライバルをこっそり観察するシーンがある。12〜18歳の24人の若者が集められ、殺し合う様子が「ハンガー・ゲーム」としてテレビで中継される。勝者は1人、他が全員死ぬまでゲームは終わらない。生き残りたければ、ライバルを殺さなければならない。

ネットフリックスでインタビューを始めた当初は、社内にハンガー・ゲームのような雰囲気が漂っているのだろうと予想していた。プロスポーツチームの選手なら、誰かが勝者となるためには、敗者が必要なことはわかっている。自分の席を守るにはライバルと闘わなければならない。

過去に他の企業が同じような手法を採り入れた結果、組織を蝕むような社内競争が起こったという話も読んだことがあった。たとえばマイクロソフトは2012年まで、マネージャーに部下をトップから最下位までランク付けし、最下位の者たちを解雇するよう促していた。ヴァニティ・フェア誌に載った「マイクロソフトの失われた10年」と題する記事で、ジャーナリストのカート・アイヘンヴァルトは元社員の言葉を引用している。

> 10人のチームに所属していれば、全員がどれだけ優秀でも、このうち2人は最高の評価、7人は並の評価、そして1人は最悪の評価を受けることはみなわかっていた。この結果、社員の関心は他社との競争より、社員同士の競争に向くようになった。

あるマイクロソフトのエンジニアは、こう語ったとされる。

> 誰もがあからさまに他人の仕事を妨害するようになった。そこで私が会得した実利的なスキルは、親切なように見せかけて、同僚の順位が自分より上にならないようにほどほどに情報を隠すことだ。

「チームであって家族ではない」と標榜するネットフリックスでも、おそらく同じようなことが起きているはずだ。ネットフリックス社員も自分の席を守るために、足の引っ張り合いをしているはずだ、と私は予想していた。だがフタを開けてみると、インタビューのあいだにそのような事実は見つからなかった。

ネットフリックスでポジションを獲得し、そこにとどまるのはきわめて難しいのに、どうやって社内競争を防いでいるのか？

■ リードの回答2

能力密度を高めようとするネットフリックスのような企業にとって、意図せずに社内競争を引き起こすのは重大な懸念だ。マネージャーに凡庸な部下を解雇するよう促すためのプロセスやルールを導入した企業の多くが、知らず知らずのうちに社内競争を煽るような状態に陥っている。最悪なのがいわゆる「スタックランキング」、別名

「バイタリティカーブ」「ランク&ヤンク」などと呼ばれる仕組みで、いずれも相対評価で順位づけし、下位の社員を解雇する仕組みだ。

エリンが引用したヴァニティ・フェア誌の記事には、スタックランキングの一例が説明されている。GEやゴールドマン・サックスも能力密度を高めるために、スタックランキング制度を試したことがある。GEのジャック・ウェルチはこの手法を採り入れた最初のCEOとされ、マネージャーに毎年部下をランク付けし、パフォーマンスレベルを高い水準に保つため、下位10%を解雇するよう促したことで知られる。

2015年のニューヨーク・タイムズ紙の報道によれば、2012年のマイクロソフトと同じように、GEもこの評価制度を廃止したとのことだ。誰でも想像できると思うが、スタックランキングは社員同士の協力を妨げ、優秀な人材が集まったチームワークの楽しさを奪ってしまう。

ネットフリックスはマネージャーに、日ごろからキーパーテストを実践するよう促している。しかし解雇すべき割合を定めたり、ランキングシステムを採り入れたりすることは絶対に避けてきた。ひとつの理由は「スタックランキング」や「部下の10%を必ず解雇する」といったルールは、まさにネットフリックスが廃止しようとしている「ルールに基づくプロセス」にほかならないからだ。

それ以上に重要な理由は、このような手法を使えば凡庸な社員を解雇できるかもしれないが、同時にチームワークも失われてしまうからだ。ネットフリックスの優秀な社員には仲間内ではなく、ライバル企業と競争してほしい。スタックランキングを採り入れると、能力密度が増えても、その分チームワークが失われる。

幸い、能力密度の高さと優れた協力関係のどちらか一方を選ぶ必要はない。キーパーテストを使えば、両方を実現できる。それはある重要な点において、ネットフリックスはプロスポーツチームとは違っているからだ。ネットフリックスチームの場合、ポジションの数は固定されていない。特定のルールブックに従わなければならないスポーツと異なり、プレーヤーの数に制限はない。誰かを勝たせるために、別の誰かが必ずしも負ける必要はない。むしろチームの実力が高まるほど、実現できる成果も増える。成果が増えるほど、成長できる。成長できるほど、ポジションの数は増やせる。ポジションの数が増えれば、より多くの優秀な人材を受け入れることができる。

■ 質問3

２０１８年11月、ニュース雑誌ザ・ウィークが「ネットフリックスの恐怖のカルチャー」と題した記事を載せた。そこではテクノロジー系ウェブサイト〈ギズモード〉のレット・ジョーンズの批判的コメントが引用されていた。ネットフリックスは「残酷なまでに率直で、社内でしか通じない言葉を話し、絶え間ない恐怖に支配されている」と。そのほんの2〜3週間前にはウォール・ストリート・ジャーナル紙のシャリニ・ラマチャンドランとジョー・フリントが、ネットフリックス社員へのインタビューをもとに記事を書いていた。「今年の春、広報部門の幹部会議で、ある参加者は『毎朝、解雇されるのではないかとビクビクしながら出社している』と発言した」

私とのインタビューでも、ネットフリックスの社員の何人かが仕事を失う恐怖について率直に語っていた。その1人がアムステルダム拠点の採用担当、マルタ・ムンク・デ・アルバだ。正式なライセンスを持つ心理学者で、２０１６年にネットフリックスの人事チームで働くためスペインからオランダへと移ってきた。マルタの話を紹介しよう。

入社して最初の数カ月は、同僚にこのドリームチームに所属する価値のない者と判断され、仕事を失うのではないかという恐怖でいっぱいだった。同僚たちがどれほど優秀かは、すぐにわかった。「私は本当にここに属しているのだろうか。どれくらいで、みんなにニセモノだとバレてしまうだろう」といつも思っていた。毎朝8時にエレベーターに乗り、ボタンを押すときは、引き金を引くような気分だった。息苦しくなるほどだった。エレベーターの扉が開いたら上司が待ち構えていて、クビを通告されるに決まっている、と。

この仕事を失うのは、人生最大のチャンスを逃すことだと感じていた。私は深夜まで猛烈に働き、それまでにないほど努力した。それでも不安は消えなかった。

ネットフリックスでディレクター職にあるデレックも同じような経験を語った。

ネットフリックス入社1年目は、自分が解雇されるのではないかと毎日考えていた。9カ月間は私物の荷ほどきすらしなかったほどだ。荷物をほどいたら解雇されるような気がしていたからだ。ぼくだけの話ではない。同僚たちとも、いつもキーパーテストの話をしていた。タクシーに乗っているときやランチタイムに一番よく話題になったのは、最近クビになった者、もうすぐクビになりそうだと思う者、あるいは自分たちがクビになる可能性など、解雇に絡む話だった。上司からディレクターへの昇進を告げられたとき初めて、自分の不安が見当違いなものであったことに気づいた。

キーパーテストが能力密度を高めるのは明らかだが、それは同時に不安も生み出す。ネットフリックスの社員はチームから切られることについて、「少し不安を感じている」から「ときどき恐怖を覚える」まで、さまざまな思いを語ってくれた。

ネットフリックスの恐怖のカルチャーをやわらげるために、どんな手を打っているのか？

■リードの回答3

急流を下るホワイトウォーター・カヤックでは、避けたいと思う危険なホールの脇にあるクリアで安全な水面を見ろ、と教えられる。絶対に避けたいと思う地点を見つめていると、実際にそこに向かって漕いでいってしまうことが専門家によって明らかになっている。同じようにネットフリックスでも、社員には学習、チームワーク、成果に意識を集中するのが最善の策だと教えている。解雇されるリスクのことばかり考えていると(ケガを恐れるアスリートと同じように)、自信を持って軽快にプレーすることができなくなり、まさに避けようとしていたトラブルにつながりかねない。

キーパーテスト・プロンプト

ネットフリックスではふたつの方法で、社内の不安を抑えようとしている。

ひとつめの方法として、マルタやデレックが語ったような不安を感じている社員に、できるだけ速やかに「キーパーテスト・プロンプト」と呼ばれる問いかけをするように促している。それによって必ず状況は改善する。

次の上司との個人面談で、こう問いかけるのである。

「私が退社を考えていると言ったら、どれくらい熱心に引き留めますか？」

返事を聞けば、自分がどのような状況にあるかがはっきりわかる。ネットフリックスのシリコンバレー拠点でシニア・ツール・エンジニアを務めるクリス・キャリーは、この問いかけを定期的に行っている大勢の社員の1人だ。

上司にキーパーテスト・プロンプトを出したときの結果には、次の3通りがある。ひとつめは上司があなたを熱心に引き留める、と言ってくれるケースだ。その場合、それまで自分のパフォーマンスに感じていた不安は即座に霧消する。これは良い。

ふたつめは上司がどうすればもっとパフォーマンスを向上できるかという明確なフィードバックをしたうえで、明確な返事をしない場合だ。これも良い。なぜなら自分の役割で最高の成果を出すために何をすべきか、教えてもらえるからだ。
3つめは上司が敢えてあなたを引き留めようとしない、と言うケースだ。この場合、これまでは上司が意識していなかったあなたのパフォーマンスに関する不都合な事実を、表面化させてしまったという思いを抱くかもしれない。プロンプトを出すのが少し恐ろしいのはこのためだ。それでも、このケースもやはり良い。いまの仕事があなたのスキルセットに合っているのか、という議論をするきっかけとなり、ある朝突然解雇を通告されることもなくなるからだ。

クリスはネットフリックスで働きはじめたとき、決して不意討ちを食らうことのないように、毎年11月にキーパーテスト・プロンプトを使おうと決めた。

ぼくはソフトウエアのコーダーだ。持てる時間の95%をコーディングに費やせる、というのがぼくにとって一番幸せな状態だ。ネットフリックスに入社して1年は、嬉々としてコードを書きまくった。上司に「ポール、ぼくが退社を考えていると言ったら、どれくらい熱心に引き留めますか?」と尋ねたところ、絶対に引き留める、という力強い答えが返ってきた。最高の気分だった。

その後、ぼくはあるプロジェクトを引き継ぎ、コードを書くことになった。この開発中のツールには、すでに社内ユーザーがいた。ポールからは何度か、社内ユーザーとのフォーカスグループ・インタビューを実施するように言われた。だがぼくは他人と関わるのが苦手なので、ミーティングを開く代わりに、自分の直感に従ってプロダクトを改善しようとした。

そして11月がやってきた。ぼくは再びポールにキーパーテスト・プロンプトを出した。今回の反応は、前回ほど肯定的ではなかった。「現時点では、君を熱心に引き留めるかわからないな。すばらしい成果を挙げていた前の仕事に戻ったほうがいいかもしれない。いまの役割には、社内のユーザーともっと交流することが不可欠だ。この仕事を続けたいなら、フォーカスグループを立ち上げ、プレゼンもしなければダメだ。それは君の得意なことではないし、成功するか私にもわからない」

ぼくはリスクを取ることにして、懸命に努力した。オンラインでプレゼンの講座を受け、友人たちの前で練習した。ネットフリックスで初めてプレゼンをする日は午前6時に起床し、一輪車に4時間乗った。それからシャワーを浴びると、午前11時にプレゼンをするはずの会議室に直行した。ワークアウトによって不安を燃焼し、自分に緊張する時間を与えないようにしたのだ。フォーカスグループ・ミーティングでは、ビデオを使うなどして自分が全員の前で話す時間をなるべく少なくするなど工夫した。

まだ5月だったが、次のポールとの面談では再びキーパーテストを議題に含めた。自分が解雇されそうなのか、確認しておきたかったからだ。「ぼくを引き留めようと思いますか？」とポールに尋ねた。

するとポールはぼくの目をまっすぐ見つめ、こう言った。「いまの業務の90％については、抜群の成果を出している。イノベーティブで、細やかで、仕事熱心だ。残る10％については フィードバックをきちんと受け入れ、いまはよくやっている。社内ユーザーとの交流を進める余地はまだある。でも高いレベルの仕事をしている。君に退社すると言われたら、本気で引き留めるよ」

クリスはキーパーテスト・プロンプトを出した3回のケースで、毎回重要な情報を受け取った。1回目の答えは気分の良いものだったが、あまり付加価値はなかった。2回目の答えはかなりストレスを感じるものではあったが、やるべき行動をはっきりと示してもらえた。3回目の回答によって、クリスの努力は実を結びつつあることがわかった。

解雇への不安を和らげるためにネットフリックスが使っているもうひとつの手法は「退社後のQ&A」だ。

……………退社後のQ&A

同じチームの仲間が突然姿を消し、その判断がどのように下されたか、事前にどの程度警告があったかなど一切知らされなかったとしたら、これほど不気味なことはない。同僚が解雇されたと知ったとき、周囲が一番気にするのは事前にフィードバックがあったのか、それとも不意討ちのように解雇されたのか、だ。

東京オフィスでコンテンツ・スペシャリストとして働くヨウカが、そんな話をしてくれた。ヨウカのエピソードに特に説得力があるのは、日本企業は伝統的に終身雇用を前提としていることと関係している。いまでも日本では社員が解雇されるケースは稀だ。ネットフリックスの社員の多くは、それまで同僚が解雇されるのを目の当たりにした経験がない。

私の一番親しい同僚のアイカは、ハルという名前の上司の下で働いていた。ハルは上司として本当にお粗末で、アイカたちはみなハルのマネジメントの下で苦労していた。私自身、どうにかならないかと思っていたが、実際にハルが解雇されたと聞いたときには驚いた。

ある朝、私はふだんより少し遅めに出社した。1月のことで、道路には雪が積もっていた。するとアイカが頬を紅潮させて私の席に走ってきて「聞いた？」と言う。ハルの上司のジムがわざわざカリフォルニアからやって来て、早朝、まだ他の社員が出社する前にハルと面談したという。アイカが出社したときにはハルは解雇され、すでに荷物をまとめて別れの準備をしていた。すでにハルは会社を去り、もう私たちが会うことはないという。私は泣き出した。ハルと親しかったわけではないが、「自分が出社して、突然待ち構えていた誰かにクビにされたらどうしよう」と思わずにはいられなかった。私がどうしても知りたかったのは「ハルは以前からフィードバックを受けていたのか」ということだ。そうだとしたら、何と言われていたのか。ハルはこの事態を予想できたのか。

難しい問題が起きたときの対処方法として一番良いのは、何が起きたかを明らかにすることだ。そうすれば他の社員は陰で噂話をするのではなく、堂々と聞きたいことを聞ける。具体的に何が起きたか「公表する」姿勢を見せれば、その明快さと率直さによって組織から不安を取り除くことができる。ヨウカの話に戻ろう。

午前10時からハルの率いていたチームのほか、ハルと一緒に仕事をしたことのある人や何か質問がある人なら誰でも参加できるミーティングが開かれる、という。大きな楕円形のテーブルのまわりに、20人近くが集まった。部屋の中は静まり返っていた。ジムはハルの強みと問題点を挙げ、ハルがもはやそのポジションに最適な人材ではないと考えるようになった理由を説明した。しばらくみんな黙りこくっていた。ジムが質問はないか、と言ったので、私は手を挙げて、ハルにはどれだけフィードバックが与えられていたのか、解雇は彼にとってサプライズだったのかと尋ねた。ジムはここ数週間、ハルとどんな議論を重ねてきたかを説明した。そしてハルはとても憤慨し、それまでたくさんのフィードバックを受けていたにもかかわらず、たしかに少し驚いたようだった、と語った。ジムから情報を受け取ったことで、私は冷静になれたし、自分の感情をどう整理すればよいか考えることができた。私はカリフォルニアにいる自分の上司に電話をかけ、もし私を解雇する必要があるかもしれないと感じることがあったら、率直に伝えてほしいと言った。そしてもし本当に解雇する場合には、それが私にとってサプライズにならないようにすると約束してもらった。

ジムが開いたようなミーティングは、解雇された社員と一緒に働いていた人々が、何が起きたのかを理解し、それについて抱いた疑問を解消するのに役立つ。

……実際のところ……

たいていの会社は社員の離職率をできるだけ抑えようと努力する。新たな社員を探し、訓練するにはコストがかかるので、既存の社員を抱え込んでおいたほうが安上がりなのは常識だ。しかしリードは離職率はあまり気にしていない。すべてのポジションに最適な人材がいることのほうが、代わりを見つける費用よりも重要だと考えてい

るからだ。

では、これだけキーパーテストを重視しているネットフリックスでは、実際にどれだけの社員が毎年解雇されているのだろう。

アメリカ人材マネジメント協会の『人材ベンチマーキング・レポート』によると、過去数年のアメリカ企業の年間離職率の平均は、自発的離職（自己都合による退職者）が約12％、非自発的離職（解雇された者）が6％で、合計18％となっている。ちなみにテクノロジー企業の場合は年間離職率の平均は13％程度、メディアおよびエンタテインメント業界では11％である。

同じ時期のネットフリックスの自発的離職は3～4％で安定している（全米平均の12％より大幅に低い。自ら退社する人はそれほど多くないということだ）。そして非自発的離職は8％（全米平均の6％より、ネットフリックスでは解雇される人の率が2ポイント高い）で、合計して年間離職率は11～12％となる。ちょうど業界平均と同水準だ。ネットフリックスのマネージャーたちが引き留めようとしない人材は、実際にはそれほど多くないようだ。

7つめの点

キーパーテストはネットフリックスの能力密度を、他の組織ではまず見られないほどの高さに引き上げるのに役立ってきた。1人ひとりのマネージャーが定期的に、チームのすべてのメンバーがそのポジションに最適な人材かを慎重に検討し、そうではない者は交代させるようにすれば、組織全体のパフォーマンスが新たな高みに昇っていく。

第7章のメッセージ

- 「キーパーテスト」の使い方をマネージャーたちに教え、彼らが部下のパフォーマンスを厳格に評価できるようにする。「同業他社の同じような仕事に転職すると言ってきたら必死に引き留めるのはどの部下か？」
- 社員をランク付けする制度は社内競争を生み出し、協力の妨げとなるので、導入しない。
- 高いパフォーマンスを追求するカルチャーは、家族よりもプロスポーツチームに近い。

マネージャーにはチームへのコミットメント、一体感、仲間意識の醸成に努める一方、常にすべてのポジションに最高のプレーヤーがいるように絶えず困難な判断と向き合うようコーチングする。

・誰かを解雇する必要があると気づいたら、本人にとって屈辱的で、組織にとってコスト負担の大きいPIPのようなプロセスを実施する代わりに、その資金を使って十分な退職金を払う。

・高いパフォーマンスを追求するカルチャーの弊害として、社員が絶えず仕事を失う恐怖にさいなまれることが挙げられる。不安を抑えるため、社員にはマネージャーに対して「キーパーテスト・プロンプト」を出すように促そう。「私が退社を考えていると言ったら、どれくらい熱心に引き留めますか?」と尋ねるのだ。

・誰かを解雇したら、チームのメンバーに何が起きたかを包み隠さず話し、質問が出れば真摯に答える。それが「次は自分かもしれない」という不安を解消し、会社とマネージャーに対する信頼感を強める。

「自由と責任」のカルチャーに向けて

あなたの会社はキーパーテストを活用するようになった。おめでとう！　これでライバルの羨むような圧倒的にパフォーマンスの高い組織ができあがる。これほど能力密度が高ければ、会社は確実に成長していく。ただ新しい社員がチームに加わったら、彼らが会社の流儀に適応できるように支援する必要がある。ネットフリックスでも成長するにつれて、成功の重要な土台であった率直さを維持することが難しくなっていった。率直なコミュニケーションは歯医者に行くようなもので、多くの人ができれば避けたいと思っている。次章ではあなたの会社が高い率直さを維持するのに役立つシンプルな戦術をいくつか見ていこう。

率直さを最大限高める

第8章

フィードバック・サークル

ネットフリックスには徹底的に実践すると、誰もがとことん思ったことを言うか、とことん口をきかなくなる指針がある。「他人の話をするときは、相手に面と向かって言えることしか言うな」だ。みんなが陰口を叩かないようになると、職場に無駄や嫌な空気を生みだす噂話が消える。そして「社内政治」と総称される厄介事に巻き込まれずに済むようになる。私はネットフリックスで仕事をするときには、「郷に入っては郷に従え」を心がけてきたが、特にこの指針を順守するのは思っていたよりずっと難しかった。

あるとき私はシリコンバレー拠点でインタビューをしていた。ほとんどのインタビュー相手は、PR担当マネージャーのバートから事前に説明を受けていたこともあり、たくさんのエピソードや意見を積極的に語ってくれた。唯一の例外がハイディだ。私が到着したとき、ハイディは机の前で2人の同僚と立ち話をしていた。まるで私が来ることなど予期していなかったかのように敢えて視線をそらしたので、注意を引くのに苦労した。インタビュー中の態度もよそよそしいを通り越して敵意を感じるほどで、質問には「イエス」か「ノー」しか答えなかった。私は予定より早くインタビューを打ち切った。

バートと一緒にエレベーターを待ちながら、インタビューの振り返りをした。「いまのインタビューは意味がなかった。ハイディは明らかに準備をしていなかったし、私と話をしたくないみたいだった」と私は文句を言った。途中まで言いかけたところで、1・5メートル先の廊下をハイディが横切っていくのが見えた。私の発言が聞こえたかはわからないが、とたんに私の頭のなかに大きなネオンサインが光った。「**他人の話をするときは、相手に面と向かって言えることしか言うな**」。ネットフリックス・カルチャーのなかでもこの要素はなかなか厄介だ。本人のいないところで同僚の悪口を言うのは誰もが当たり前のようにやっていることで、私も例外ではないようだ。

私はバートに尋ねた。ああいう場合、「ネットフリックス的に正しい反応」というのはどういうものだったのか、と。まさかハイディに向って「貴重な8分間をありがとう。でもあなたは準備もしていないみたいだし、やる気がないのも見え見え」と言うわけにもいかない。

バートは無理するな、という顔で私を見た。「君はネットフリックスの社員じゃないし、しかもハイディとは1回インタビューをするだけだ。だから君が彼女にフィードバックを与えても、このプロジェクトの役には立たないよ。君がここの社員で、またハイディとミーティングをするなら、次に会う前に彼女のカレンダーにフィードバックのための面談の予定を入れておこうとするだろう」。そしてこう付け加えた。「ハイディはいずれまた社外からの取材を受ける可能性があるから、ぼくからフィードバックをしておくよ」

しかしネットフリックスの社員がみなバートのように、フィードバックのプロセスを始めるのが得意なわけではない。

歯医者に行くようなもの

「わが社は率直さを大切にしている」と言うのはたやすい。だが組織が成長し、新しい仲間が加わり、人間関係が複雑化していくなかでもそれを維持するのははるかに難しい。私がこの問題に気づいたのは、ネットフリックスに入ってほぼ1年経ったディレクターと個人面談をしたときだ。「採用されたときには、みんなに『大量のフィードバックを受けることになるよ』と言われた。でも入社してしばらく経つが、まだひとつも受

け取っていない」と言うのだ。

そのやりとりが頭から離れないまま、私は歯医者に行った。医師は私の大臼歯を強く突いてこう言った。「リード、もっと頻繁に通って。歯の裏側に歯ブラシが届いていないところがいくつかあるから」

率直なフィードバックは、歯医者に行くようなものだ。全員に毎日歯を磨けと言っても、磨かない者は必ずいる。また実際に磨いても、磨き残しがある者はいる。ネットフリックスが期待するような率直なやりとりが日々行われていると断言することはできない。しかしフィードバックのなかでも特に重要なものがきちんと行われるようにするための仕組みを整備することはできる。2005年、ネットフリックスはふつうの職場では自然と起こらないような率直なフィードバックを促すツールを真剣に探しはじめた。

一番簡単なのは、毎年の勤務評定の場を活用することだ。最近こそ勤務評定を廃止するのが流行になっているが、2005年当時はほぼすべての会社が勤務評定を実施していた。上司が部下の強みと弱み、さらには総合評価を書面にまとめ、個人面談の場で評価の内容を確認する仕組みだ。

ネットフリックスは初めから勤務評定という制度に否定的だった。ひとつめの問題は、フィードバックが一方向、つまり上から下へしか行かないことだ。ふたつめは、勤務評定ではたった1人の相手、つまり上司からのフィードバックしか受けられないことだ。これはネットフリックスの「上司を喜ばせようとするな」という原則に完全に矛盾していた。私は社員が直属の上司だけではなく、与えるべきフィードバックのあるすべての人からフィードバックを受け取れる状況をつくりたかった。3つめの問題は、勤務評定は通常、年次目標をベースに行われることだ。ネットフリックスでは部下も管理職も、年次目標やKPI（重要業績評価指標）を設定しない。また通常、評定は昇給を決定する材料として使われるが、ネットフリックスは業績ではなく、個人の市場価値に基づいて報酬を決定している。

私たちが求めていた仕組みとは、誰もがフィードバックを与えたいと思う同僚に与えられるもの、ネットフリックスが実現したいと思うレベルの率直さと透明性を反映するもの、そしてネットフリックスの「自由と責任」のカルチャーに見合うようなものだ。相当な試行錯誤を繰り返した末に、いまはふたつのプロセスを頻繁に使うようになっている。

1 実名を明かす。新しいタイプの360度評価

ネットフリックスで初めて年1回の書面による360度評価を導入したときには、ふつうの会社と同じようなやり方をした。すべての社員がフィードバックを受けたいと思う相手を数人選ぶ。選ばれた人は匿名で報告書を記入する。いくつかのカテゴリーについて5段階で評価し、コメントを付けるのだ。お互いに褒め合って終わりではなく、具体的な行動につながるようなフィードバックを促すため、「スタート（始めるべきこと）」「ストップ（やめるべきこと）」「コンティニュー（継続すべきこと）」をコメントに記入する形式を採用した。

経営陣のなかには、ネットフリックスには率直さのカルチャーがあるのだから、匿名にする必要はないのではないか、という声もあったが、私は匿名性は重要だと思っていた。率直なやりとりが当たり前のように行われている職場で、誰かが360度評価までの1年間率直なフィードバックを控えていたとしたら、何らかの理由があるはずだ。報復を恐れているのかもしれない。匿名のほうが安心でき、社員が心置きなくコメントを書けるのではないか、と私は考えた。

だが初の360度評価をやってみると、おかしなことが起きた。ネットフリックス・カルチャーが勝ったのだ。レスリー・キルゴアをはじめ、多くの社員が名前を書かずにコメントを残すこ

とに後ろめたさを感じた。「ずっと社員にお互いに直接フィードバックを与え合うように指導してきて、360度評価のときだけフィードバックの主を隠すなんて、逆行するようだ。いずれにせよコメントに残す内容は、すべて本人に伝えたことばかりだし。だからネットフリックスの社風の下で、自然だと思える行動をとった。フィードバックを書いて、自分の名前を署名した」とレスリーに言われた。

私も他の社員にコメントを書くためにログインしたとき、自由にフィードバックを書き込むことはできるが、それが私からだと誰にもわからないという状況に居心地の悪さを感じた。そこには不誠実さと秘密主義のにおいがして、私が醸成しようとしていたカルチャーと矛盾していた。

その年、360度評価の報告書が完成して、社員が私に残したコメントに目を通しはじめると、匿名性に対する不快感は一層強まった。誰もが具体的で筆者が特定できるようなフィードバックを残すことを恐れたのか、どれも曖昧な内容だった。あまりにも漠然としすぎていて、意味がわからないものもあった。

「ストップ：特定の問題について、賛否が曖昧なメッセージを発信すること」
「ストップ：共感できない意見を却下するときに無神経なふるまいをすること」

筆者たちがいったい何のことを言っているのか、私にはさっぱりわからなかった。どう考えても、行動の改善につながらないフィードバックだ。こんなものが私にとって何の役に立つというのだろう。コメントの筆者がわからないので、相手にフォローアップとして確認を求めることもできない。しかも匿名性に意を強くして、底意地の悪い皮肉な行動に出る者も出てきた。あるマネージャーはこんなコメントを受け取った、と見せてくれた。「君のやる気はイーヨー以下だな」（イーヨーは児童書『プー横丁にたった家』に出てくる陰気なロバだ）。このコメントに何の意味があるのだろう？

レスリーのやり方を、多くの社員が踏襲した。2回目に360度評価を実施したときには、社員の大多数が自らの意思でコメントに署名を残した。つまり匿名を選んだ少数派が誰か、容易に特定できるようになった。「評価を求めた7人のうち5人が署名したら、残りの2人がそれぞれ何を書いてきたか推測するのは簡単だった」とレスリーは振り返る。

3回目には誰もがコメントに署名するようになった。「そのほうがずっと気持ちがよかった。

みんなフィードバックをくれた相手の席に行って対話するようになった。そうした対話には360度評価報告書よりもはるかに意味があった」とレスリーは言い切る。

レスリーやリードをはじめ経営陣は、フィードバックが匿名ではなくなったために、率直さが失われたとはまったく考えていない。それは「ネットフリックスがそれまでに大変な時間をかけて率直さのカルチャーを育んできたからだ」とレスリーは思っている。コメントが自分のものだと相手に伝わることがわかっていると、フィードバックの質は高まる、と語る社員は多い。

ここで最近の360度評価でリードが受け取ったコメントをお見せしよう。2005年に受け取った不満の声と基本的に内容は同じだが、今回は書き手が具体例と自分の名前を書いており、そのおかげで具体的かつ行動に移せる内容になっている。

あなたは自分の立場を主張するとき、自信を持ちすぎ、ときとして攻撃的になって異なる意見を否定することがある。韓国市場の担当者をシンガポールから日本に移すべきだと主張したとき、そう思った。あなたが現状に疑問を投げかけ、抜本的な変化を受け入れるのはとても良いことだ。ただ、その妥当性を評価するプロセスを通じて、あなたはすでに特定の結果を期待し、反対意見を受け入れないように見える。オーブより。

ここでオーブが指摘しているやりとりは、はっきり覚えている。それは私が今後同じような状況になったとき、もっと好ましい対応ができるように修正できるということだ。何より重要なのは、誰がこのフィードバックをくれたかわかっているので、オーブのところに足を運んでさらに詳しく話を聞けたことだ。

いまでは毎年360度評価を実施しており、コメントをする者には必ず署名を求めている。360度評価を昇給、昇進、解雇の材料にはしないので、お互いに5段階評価をさせるのはやめた。この制度の目的は誰もが向上することであり、ランク付けすることではない。もうひとつの重要な改善点は、誰もが組織内の階層を問わず、誰にでもフィードバックを与えられるようにしたことだ。直属の部下やマネージャー、コメントを求めてきた相手だけに限らない。ネットフリックスのほとんどの社員は少なくとも10人の同僚にフィードバックを出し、30人、40人という人も珍しくない。私の2018年の報告書には、71人がコメントを寄せてくれた。

何より重要なのは、率直な360度評価は有意義な対話につながることだ。私は受け取ったコメントを必ず直属の部下に見せる。そして彼らも自分たちが受け取ったフィードバックをチームと共有する。こんな具合にフィードバックは組織の末端まで共有されていく。これは組織の透明性を高めるだけではない。上司が好ましくないふるまいを繰り返すとき、部下は進んでそれを指摘するようになる。

テッド・サランドスがよく引き合いに出すのは、バンジージャンプのエピソードだ。

1997年、私がネットフリックスに入社する前、フェニックスで働いていたとき、仕事絡みのイベントに参加したことがある。会議だけでなく娯楽も用意されていて、集まった人同士の親睦を深めるような企画だった。レストランの裏の駐車場に、バンジージャンプのコーナーが設営されていた。15ドル払うと、みんなが見ている前でクレーンのてっぺんからジャンプできるという。誰も挑戦していなかったが、私はやってみることにした。ジャンプを終えると、コーナーの担当者が駆け寄ってきた。「もう一度やりませんか？　タダにしておきますよ」と。興味を持った私は尋ねた。「なぜそんなオファーをするんだい？」。すると「レストランにいるお仲間に、あなたが喜んで2回目を飛ぶ姿を見てもらいたいんですよ。そうすれば怖くない、やってみようと思うでしょう」という答えが返ってきた。

リーダーが自分の360度評価の結果を部下と共有しなければならないのは、まさにこのためだ。とりわけ自分の問題点を率直に指摘しているコメントが良い。そうすれば行動の改善につながる明確なフィードバックを与え、受け取るのはそれほど怖くないということが、みんなにわかるはずだ。

いまではネットフリックスのマネージャーは、これを当たり前のように実践している。コンテンツ担当バイスプレジデントのラリー・タンツ（テッドがヘッドハンターの電話を受けろと言うのを聞いて、フェイスブックの面接に行った人物）は、テッドとの驚くようなミーティングのエピソードを語ってくれた。ラリーが2014年にネットフリックスに入社して、ほんの数週間後のことだ。

ネットフリックスに入社する前の5年間、ぼくはディズニー元CEOのマイケル・アイズナーの下で働いていた。ここではマイケルの部下は上司に直接否定的なフィードバックを返すことはあまりなかった、とだけ言っておこう。かつての職場では上司から率直なフィードバックを受けることはあっても、逆方向のフィードバックというのはまずなかった。

入社して2回目のTスタッフ（テッドのスタッフ）ミーティングで、テッドは出席していた部下12人に、まもなく360度評価が始まることをリマインドしたうえで、常にお互いに対して率直なフィードバックをする習慣を身につけよう、と話した。「一緒に仕事をしていなくても、常にお互いを率直に批判できるような親密な関係を保たないといけない。さきほどRスタッフ（リードのスタッフ）ミーティングを終えたばかりなので、そこでぼくが受け取ったフィードバックを読み上げよう」

ぼくはひどく面食らった。テッドはいったいどういうつもりなんだ。それまでぼくは、上司が同僚やそのまた上司からどんな評価を受けたかなど、一度も聞いたことはなかった。きっとテッドはまわりから言われたことのなかから良い部分だけを選りすぐり、当たり障りのない話に仕立てるのだろうと思った。だがテッドはリード、デビッド・ウェルズ、ニール・ハント、ジョナサン・フリードランドなど経営幹部からもらったフィードバックを次々と読み上げていった。肯定的コメントもあったはずだが、ほとんど読み上げなかった。むしろ改善点にかかわるコメントを次々と挙げていった。

・私のチームからのメールに返信してくれないことがある。そんなときは立場が下の者を軽視している印象を受け、がっかりする。あなたがそんな考え方をする人ではないことはわかっているが。もしかするとお互いへの信頼感が足りないのかもしれない。私のチームがもっと会社の役に立てるように、あなたの時間やアドバイスをもっとふんだんに与えてほしい。

・シンディとの「長年連れ添った夫婦」みたいなやりとりは、経営幹部の対話のお手本とはいえない。お互いにもっと相手の話を聞き、理解するよう努力すべきだ。

・チーム内の明らかな衝突を避けようとするのはやめるべきだ。結局別の場面で、もっと大きな問題になって噴出するだけだ。ジャネットが爆発したのも、ロバートの役割をめぐる悶着も、問題の種は1年以上前から存在していた。どちらも放置して全員を悩ませ、士気低下を招くより、1年前にはっきりと解決しておいたほうがよかった。

テッドはこのリストを、まるでスーパーに持っていく買い物リストのように読み上げた。「すごいな、同じことをぼくは部下の前でできるだろうか」と思った。

ラリーの出した答えは「イエス」だったようだ。「あのミーティング以来、ぼくはテッドがしたことを自分のチームで実践するよう努めている。360度評価のタイミングだけでなく、誰かから改善すべき点をフィードバックされたときはいつもだ。そしてぼくの下で働くリーダーたちにも、自分たちのチームで同じことをするよう勧めている」

書面による360度評価によって定期的に率直なフィードバックを与え合う仕組みができ、多くの社員が報告書を受け取った後、その結果について評価者と議論している。だからといって率直な議論が必ず行われるとは限らない。クリス・アンがジャン・ポールへの360度評価で、クライアントとのミーティング中に相手に聞こえない声でこそこそ話をすることが営業成績にマイナスとなっている、と書いたとしても、ジャン・ポールがその点についてクリス・アンや他の同僚に相談しなければ「なかったこと」になってしまう。この問題を解決するため、リードは次のプロセスを採り入れた。

2 ライブ360

2010年には、ネットフリックス流の書面による360度評価のプロセスはしっかり定着し、大きな成果を挙げていた。しかしそれまで実施してきた会社全体の透明性を高めるさまざまな取り組みを考えると、さらに上を目指せる気がした。そこで私自身のエグゼクティブチームの透明性を高めれば、その効果が組織全体に浸透していくか実験してみることにした。手はじめに直属の部下たちとある活動をした。

私たちはウィンチェスター100番地にある、かつてのシリコンバレー拠点の「タワーリング・インフェルノ」と呼ばれる小部屋に集まった。そこでレスリーとニールがペアになってひとつの隅へ、テッドとパティもペアになって別の隅へ、という具合に分かれた。一見スピード・デート「婚活パーティでの短時間のお見合いタイム」のようだが、実態はスピード・フィードバックだった。それぞれのペアで数分間、「スタート、ストップ、コンティニュー」のパターンに沿ってフィードバックを与え合い、次々とペアを交代していった。最後に8人全員が輪になって座り、それぞれ学んだことを報告した。ペアの活動も有益だったが、グループディスカッションのほうがはるかに大きな意義があった。

そこで2回目の実験は、いきなりグループディスカッションから始めた。全員でディナーを囲んだが、時間切れにならないように、他の議題は一切なしとした。会場となったのはオフィスから少し車で走ったところにあるサラトガという静かな村の〈プリュームド・ホース〉というレストランだ。到着したときには木々にライトが点いていて、まるで森のなかでホタルが飛んでいるようだった。一見こぢんまりとした店内に入ると、大きな地下蔵のようなつくりになっており、私たちは奥の個室へと進んだ。

一番に手を挙げたのはテッドだ。参加者は順番に「スタート、ストップ、コンティニュー」方式に従ってテッドにフィードバックを与えていった。当時テッドはロサンゼルスを拠点としていた数少ないスタッフの1人で、週1日だけシリコンバレー拠点に通ってきていた。毎週水曜日に慌ただしくオフィスにやってくると、通常なら3日はかかるような議論を6時間でこなそうとしていた。デビッド、パティ、レスリーは揃って、テッドが来る日が他の全員にとって相当な負担になっているとフィードバックした。「水曜日の午後にあなたがいなくなると、ジェットボートが走り去って巨大な波だけが残ったような気になる。職場全体にストレスを与え、かき乱している」とパティが説明した。

私自身、同じことをテッドに言おうとしていたのだが、その必要はなくなった。このミーティング以降、テッドはスケジュールを見直し、シリコンバレーでの滞在時間を伸ばすとともに、ロサンゼルスにいるあいだに電話でより多くの問題を処理しておくようになった。自分の行動がどれだけ仲間に迷惑をかけているかがわかり、それを率直に話し合ったことでテッドはより良い対処法を見つけることができた。

360度評価をライブで行うのがとても有益なのは、1人ひとりが自らのふるまいやチームに対する行動について説明責任を負うことになるからだ。ネットフリックスでは社員の自由度が高く、しかも「上司を喜ばそうと思うな」という空気があるので、それと対になるような責任を負わせることがセーフティネットになる。上司は部下に何をすべきか細かく指示はしないが、社員が無責任な行動をとれば仲間からフィードバックを受けることになる。

次はパティの番だった。ニールが「会議中、君がしゃべりすぎるのでぼくは口を差しはさむこともできない。君の熱意でその場が支配されてしまうんだ」。だがその後に口を開いたレスリーは、ニールの意見に反対した。「ニールのコメントには驚いた。パティは聞き上手で、いつも全員に平等に話す時間を与えていると思う」

その晩の締めくくりには、それぞれが主な学びをまとめて発表した。パティは「私はニールのような控えめな人たちとのミーティングでは、その人たちの分までたくさん発言しようとしてしまう。レスリーのように他にもよく話す人がいれば、そういう問題は起こさない。私のチームにはミーティングであまり発言しないおとなしいメンバーが多い。これからは30分のミーティングの最後の10分は、他の人が話す時間に充てることにする。誰も発言しなければ、みんなで沈黙していればいい」。

私自身がよく話すタイプなので、パティが話しすぎだと感じている人がいるとは気づいていなかった。私と彼女とのやりとりではそんなことはないので、私だったらこのようなフィードバックはできなかったはずだ。これは社員が上司だけでなく、チームメイトからもフィードバックを受けることがとても重要であることを改めて浮き彫りにした。この会合を通じて私も他の出席者も、それまで気づかなかったようなチーム内の問題を理解することができた。このディナーは全員にとって、チームのパフォーマンスを左右する人間関係への理解を深め、より上手に協力しあう方法を見つけるための手段だった。

まもなく出席者の多くが、それぞれのチームでも同じ活動をするようになり、やがて会社全体で当たり前のように行われるようになった。会社が義務づけているわけではない。ライブ360を経験したことがないというネットフリックスの社員はいるかもしれないが、マネージャーの多くはこの方法が非常に有益であることに気づいており、社内チームの大多数が少なくとも年1回は同じような活動を実施している。このプロセスへの理解は深まっており、きちんとコンテキストを設定し、有能なモデレーターを用意すれば、実行するのはそれほど難しくはない。自分も「ライブ360」をやってみようと思った方に、いくつかコツをお伝えしよう。

時間と場所　ライブ360には数時間かかる。ディナーを食べながら実施し（そうではない場合でも、少なくとも食事は用意する）、参加者は少数にとどめよう。ネットフリックスでは10～12人に参加者が膨らむこともあるが、8人以下のほうがやりやすい。参加者が8人ならおよそ3時間、12人なら5時間はかかるかもしれない。

方法　すべてのフィードバックは第2章で説明したフィードバックの「4A」ガイドラインに従い、即効性のある贈り物としてとらえるべきだ。リーダーはそれを事前に周知し、会合のあいだはモニタリングする必要がある。

肯定的なフィードバック（「～を継続せよ」）はあっても構わないが、増えすぎないように注意しよう。肯定的なものが25％、改善すべき点を指摘するものが75％（「～を始めよ」「～をやめよ」）というのが適切なバランスだ。行動改善につながらない褒め言葉（「あなたは同僚としてすばらしいと思う」「君と仕事をするのは楽しい」など）は戒め、排除すべきだ。

最初が肝心　最初の2～3個のフィードバックとそれをめぐるやりとりによって、その場の雰囲気が決まってしまう。厳しいフィードバックも寛容に、そして感謝して受け取れるような人物を選ぼう。またフィードバックをするほうも、「4A」ガイドラインに従いながら厳しいフィードバックを与えられるような人物を選ぼう。チームのボスが最初のフィードバックの受け手になることが多い。

ライブ360がうまくいくのは、ネットフリックスの能力密度が高く、「ブリリアント・ジャーク は要らない」を徹底して実践しているからだ。あなたの会社の社員が成熟しておらず、態度に問題がある、あるいは人前で弱みをさらすだけの自信がないのであれば、このような会合を開くのは時期尚早だ。そしてたとえ社員の準備が完璧に整っていても、有能なモデレーターは必要だ。すべてのフィードバックが「4A」ガイドラインを満たしているかをチェックし、逸脱するような発言があったら介入できる人物だ。

デバイス・パートナー・エコシステム担当バイスプレジデントのスコット・ミラーは、自分のチームのライブ360で不適切発言があったものの、そのとき介入できなかった経験を語ってくれた。このような状況はめったにないが、いざ起きた場合は危険なので、リーダーは警戒しておく必要がある。

ぼくのチームの9人の管理職と、ライブ360ディナーを開いたときのことだ。メンバーの1人にイアンという名のとても感じの良いマネージャーがいて、同僚のサビーナという女性にフィードバックを与えた。「君の働き方を見ていると『神経衰弱ぎりぎりの女たち』の映画を思い出すよ」。イアンはニコニコしながら発言し、サビーナはうなずきながらメモを取っていた。これが非常に不適切な発言だということに、なぜかそのときぼくは気づかなかった。他のメンバーも同じだったと思う。誰も止めなかったからだ。だがその1週間後、サビーナはこの会合から何日も腹を立てていたことを知った。「フィードバックをするとき、ジェンダー絡みの話を引き合いに出すのは、無私な行為でもなければ有益でもない」と、同僚にこぼしたというのだ。

誰かがライブ360の最中に「4A」ガイドラインを逸脱し、皮肉、攻撃的、あるいは一般的に相手のためにならないような発言をしたら、リーダーはその場で介入し、コメントの間違いを正さなければならない。ネットフリックスはリーダー層に対し、誰もが受け入れられていると感じられる職場であること、不用意な発言によって無意識のうちに職場内の偏見が強まることを徹底的に意識づけしてきたので、これは特に重要だ。スコットはその機会を逃したが、このケースでは会社の率直なカルチャーが役に立った。

ぼくはサビーナに電話をかけ、その場でイアンのコメントが不適切だと気づかなかったことを詫びた。でもサビーナは「もう怒っていない」と言った。すでにイアンと話をして謝ってもらった、と。2人は顔を合わせ、1時間かけて問題を話し合ったという。だから360度ディナーでたしかに「事故」は起きたものの、総じてみれば2人の関係にとっては良かったと思う。この一件以降、フィードバックがガイドラインを逸脱しそうになったらいつでも介入できるように、ぼくははるかに用心深くなった。

人前で恥をかかされる。孤立無援。社会的屈辱。ここまでの数ページを読みながら、そんな言葉を思い浮かべたのはあなただけではない。

ネットフリックスの社員の大多数は、初めてライブ360に参加するときには恐怖を感じていた。コンテンツ担当バイスプレジデントのラリー・タンツ（テッドが自分の360度評価報告書を部下の前で読み上げたことにショックを受けた人物）は、自分の経験をこう振り返る。

みんなの前で悪いところをさらされると聞くと、拷問のように思えるかもしれない。ぼくも毎回ライブ360に出るときは緊張する。でも始まってしまえば、大丈夫だとわかる。他の人が見ているので、みんな意識して相手に役立つようなフィードバックをたくさんしようとする。目的はぼくが成功するのを助けることだ。ぼくを攻撃しようとか、恥をかかせようなどと思っている人はいない。誰かがガイドラインを逸脱すれば、すぐにそのフィードバックに対してフィードバックが与えられる。「ちょっと、いまのは相手の役に立たないよ」と。ライブ360がうまくいけば、みんなが厳しいアドバイスを受ける。ぼく1人が酷い目に遭わされるわけではない。自分の番が来たとき、み

んなの発言を聞くのはつらいかもしれないが、人生でこれほど成長につながる贈り物はないんじゃないか。

ネットフリックスの社員なら誰でも、ライブ360がどれほど自分のためになったかというエピソードをひとつやふたつ持っているはずだ。ライブ360の集まりは同僚との絆を深める楽しい機会だと思っている者もいる。一方ライブ360に対して、リードが年1回歯医者に行くのと同じような思いを抱いている者もいる。自分のためになるとはわかっていても、終わるまでは嫌で嫌でたまらないのだ。アムステルダム拠点でコミュニケーション・マネージャーを務めるフランス人のソフィーは後者の部類だ。

フランス人はたいがいそうだが、私は議論を組み立てるとき、学校で習った方法に従う。まず原則を示し、理論を組み立て、その反論を想定し、最終的に結論に達する。フランス人は長い学生生活を通じて、このイントロ、テーゼ、アンチテーゼ、シンセシスという枠組みで分析することを叩き込まれる。

一方、たいていのアメリカ人は「まず要点を明確にし、それを貫く」という議論の方法を学ぶ。フランス人から見れば「自分の主張をまともに説明していないのに、なぜ要点が言えるのか」と思える。でもネットフリックスはアメリカ発祥の会社なので、私の上司やチームメイトの多くはアメリカ人だ。私は気づいていなかったが、そのような状況下で私のコミュニケーション・スタイルは思うような効果を挙げていなかったようだ。

２０１６年11月、私の上司がモデレーターとなり、チームはライブ３６０を行った。アムステルダムのウォルドルフ・アストリアホテルの個室で、フルコースをとった。正真正銘の「嵐の吹き荒れる暗い夜」で、凝った装飾を施した中世風の室内には大きな長方形のテーブルがあり、それをクリスタルのシャンデリアが照らしていた。私は不安はあったが、ネットフリックスに入社してからわずかな間に達成したさまざまな成果を思い浮かべながら、心を鎮めようとしていた。自分は間違いなく「最高の同僚」だと、確信していた。

私がフィードバックを受け取る順番になると、まず同僚のジョエルが「あなたはコミュニケーション能力を磨く必要がある」と言い出した。あなたの話を聞いているうちに聞き手は興味を失ってしまう、結論に到達するまでが長すぎる、というのだ。「は？　私のコミュニケーション能力が低い？　私はコミュニケーションのスペシャリストで、最高の売りはコミュニケーション能力なのに！」と反射的に思った。まるで見当違いなフィードバックに思え、無視しようかと思った。

だがその後もアメリカ人の同僚たちからは、次々と同じようなフィードバックが出てきた。肯定的なものもたくさんあったが、「君は理屈っぽい話が多すぎる」「言いたいことがあまり明確ではない」「君の書く文書は、読み手には退屈だ」という指摘が多かった。5人目が話し終わったときには「もういい、わかった！ 寄ってたかって私をいじめないで！」という気持ちになっていた。7人目になると、言い返したくなった。「ねえ、あなたたちアメリカ人もフランスの会社で働いてみなさい。そうすればあなたたちの書く文書がフランス人の目にどう映るか、よくわかるから！」

だがとても居心地の悪い晩であったとはいえ、受け取ったフィードバックにはそれを上回る価値があったとソフィーは思っている。

あのディナーからもう2年になるけれど、この10年であれほど私の成長にとって重要な場面はなかったと思う。その後、私は自分の行動を修正するために、すごく努力をしてきた。アメリカ流とフランス流のコミュニケーション・パターンのあいだを切り替える方法を覚えた。これはとてつもなく難しいことだけれど、最近のライブ360では同僚たちからとても褒められた。ウォルドルフでの晩は最悪の経験だった。でもあれがなければキーパーテストには不合格になっていたと思う。ネットフリックスには残れなかっただろう。

ディナーの席で自分の「要改善」の部分を全員の前でさらされるのはどんな気分か、と尋ねると、だいたいこのような回答が返ってくる。恥ずかしさを感じることもあるし、たいていとても居心地が悪い思いをする。だが最終的には、自分のパフォーマンスを大幅に高めるのに役立つ。ソフィーの場合、それによってクビにならずに済んだともいえる。

……………8つめの点

率直なカルチャーを本当に大切に思うなら、ある段階で率直なフィードバックが必ず交換されるような仕組みを導入する必要がある。組織がたったふたつのプロセスを採り入れるだけで、誰もが自らの成長につながるような率直なフィードバックを定期的に受け取れるようになる。

第8章のメッセージ

- 率直さを守る営みは、歯医者に行くのと似ている。全員に毎日歯を磨けと言っても、やらない者もいる。磨いても、磨き残しがある者もいる。半年から1年ごとに時間を取ってきちんと向き合えば、きれいな歯とクリアなフィードバックが手に入る。
- 勤務評定は組織が率直なカルチャーを維持するのに最適な仕組みとは言えない。主な理由はフィードバックは一方的（上から下へ）になり、しかも与える人が1人（上司）しかいないためだ。
- 書面による360度評価は、毎年全社員にフィードバックを与えるための優れた仕組みと言える。しかし匿名による評価や数値的評価は避け、結果を昇給や昇進と結びつけるのはやめよう。そして誰もが誰にでも自由にコメントできるようにしよう。
- ライブ360ディナーも非常に有益な仕組みだ。オフィスとは別の場所で、数時間かけてじっくり取り組もう。参加者にはフィードバックの「4A」ガイドラインに沿い、

「スタート、ストップ、コンティニュー」形式で実践的なアドバイスを出すよう明確に指示しよう。フィードバックの25％は肯定的、75％が改善を促すものになるべきで、耳あたりの良い褒め言葉は要らない。

「自由と責任」のカルチャーに向けて

キーパーテストを実施すれば、職場の能力密度は高まるだろう。さらにライブで率直な360度評価を実施するようになれば、職場内に率直な雰囲気が醸成されるのに加えて、社員がお互いに率直かつ誠実にフィードバックを与え合う仕組みが確保されたことになる。ここまで社員の能力や率直さが高まったら、次は組織のリーダーたちが抱え込んできたさまざまなコントロールを手放す番だ。意思決定の自由についてはすでに第6章で議論しており、社内にはそれを受け入れる素地ができているだろう。だが本当の意味で「自由と責任」の環境を醸成しようと思うなら、社内のすべてのマネージャーに「コントロールではなくコンテキスト」でチームを率いる方法を教える必要がある。それが次章のテーマだ。

コントロールをほぼ撤廃する

第9章

コントロールではなくコンテキストを

ネットフリックスのオリジナル・ドキュメンタリー・プログラミング担当ディレクターのアダム・デル・デオは、落ち着かない気持ちで電話を切った。ユタ州パークシティのワシントン・スクールハウス・ホテルのロビーで、アダムは壁に寄りかかり、目をつぶって深呼吸をした。目を開けると同僚のシニア・カウンセル［法務担当］であるロブ・グリエルモが隣に立っていた。「おい、アダム、何かあったのか。『イカロス』についての連絡かい？」

2017年1月、アダムとロブはサンダンス映画祭に出席していた。その前日、2人はロシアのドーピング問題をテーマにしたドキュメンタリー映画『イカロス』を観ていた。それまで観たドキュメンタリーのなかで最高傑作のひとつだった、とアダムは言う。

『イカロス』はコロラド州在住のジャーナリストで自転車選手、ブライアン・フォーゲルの驚くべき物語を描いている。ブライアンは自分もドーピングを試してみようと思い立つ。ランス・アームストロングのようにうまくその事実を隠し、ドーピングの助けを借りてロードレースでとんでもない成績を出してみようじゃないか、と。そこで知人を通じてロシアの反ドーピングプログラムの責任者、ロドチェンコフと連絡を取ったところ、協力を約束してくれた。２人はスカイプを通じて交流を始める。しかしブライアンの実験の途中、ロシアがオリンピック選手をドーピングしていたという批判が沸き起こる。しかもその首謀者が（反ドーピングプログラムの責任者でもあった）ロドチェンコフだというのだ。プーチン大統領に殺害されることを恐れたロドチェンコフはロシアを逃れ、フォーゲルの自宅にかくまってもらう。

こんなストーリーをでっちあげることはできない。とてつもなく魅力的な作品だった。

ネットフリックスとしてどうしてもこの映画を手に入れたい、とアダムは思った。噂ではアマゾン、Ｈｕｌｕ、ＨＢＯもみな欲しがっているようだった。そこでその日の朝、２５０万ドルで入札した。ドキュメンタリーとしてはとんでもない金額だ。しかしこのロビーで、その金額では低すぎるという連絡を受け取った。入札額を350万ドル、いや400万ドルに引き上げるべきか。そんな金額がドキュメンタリーに支払われたことはない。ロビーでアダムとロブが話し合っているところに、レストランで朝食をとったテッド・サランドスが出てきた。2人はテッドに『イカロス』の状況を説明した。するとテッドは、どうするつもりだ、と尋ねてきた。アダムは当時の会話をこう振り返る。

「375万ドル、あるいは400万ドルまでは出すことになるかもしれない。でもこれはドキュメンタリー映画としては、とてつもない金額だ。マーケット自体が変わってしまうほどの」。そう言いながら、ぼくはテッドの反応を待った。

テッドはぼくの目をまっすぐ見ると、こう言った。「わかった。これは来るな?」。それを聞いて不安になった。ぼくは来ると思うが、テッドはどうだろう。そこでぼくは尋ねた。「あなたはどう思う、テッド?」

テッドはドアに向かって歩きはじめた。ぼくの質問に答える気はなさそうだった。「いいかい、オレがどう思うかはどうでもいい。ドキュメンタリー担当はオレじゃない、君だ。こういう判断をさせるために君に給料を払っているんだ。本当に来るか、自分自身に聞いてみろ。爆発的ヒットになるか？　『スーパーサイズ・ミー』や『不都合な真実』のようにアカデミー賞にノミネートされるか？　そうじゃなければ払いすぎだ。でもコイツが絶対来ると思うなら、450万でも500万でも必要なだけ払えばいい。何としても獲得するんだ」

このときテッドがホテルのロビーを歩きながらやったことを表現する言葉を、その10年前の2007年にレスリー・キルゴアが生み出している。いまではネットフリックスで当たり前のように使われている表現だ。「コントロール（規則）ではなくコンテキスト（条件）によるリーダーシップ」だ。ふつうの会社では、これほどの金額にかかわる問題では経営幹部が関与し、交渉をコントロールする。しかしネットフリックスにおけるリーダーシップは違う。アダムの言葉を借りれば「テッドにはぼくの代わりに決定を下すつもりはなかった。そうではなくぼくの判断が会社の戦略と合致するように、コンテキストを設定してくれた。このコンテキストがぼくの決定の土台となった」

コントロールvsコンテキスト

コントロールによるリーダーシップとは、たいていの人になじみのあるものだ。チームが取り組むこと、行動、意思決定を上司が承認し、指示を出す。上司が部下の判断を直接監督し、コントロールすることもある。何をすべきか指示し、頻繁に確認し、自分の望みどおりにできていない仕事はやり直しをさせる。あるいは直接監督する代わりに、コントロール・プロセスを設定して部下に多少の権限を与えることもある。

多くのリーダーは、タスクへの取り組み方について部下に一定の自由を与えつつ、何をいつまでにやるかについては上司が管理できるようなコントロール・プロセスを採用している。たとえば目標管理制度（MBO）がそうだ。上司が部下とともにKPIを設定し、定期的に進捗を確認し、期限と予算を守りつつ、あらかじめ設定した目標を達成したか否かで最終評価を決定する仕組みだ。さらに失敗を抑制するプロセスも導入し、部下の仕事の質をコントロールするかもしれない。たとえばクライアントに見せる前に仕事の成果を確認したり、備品を発注する前に購入を承認するといった手順を踏ませる。いずれも管理職が部下に一定の自由を与えつつ、しっかりコントロールを効かせられるプロセスだ。

一方、コンテキストによるリーダーシップはもっと難しいが、部下の自由度は大幅に高まる。上司はできるかぎり多くの情報をチームと共有し、監督やプロセスによるコントロールがなくてもメンバーが優れた意思決定をして、成果を挙げられるように後押しする。それによって部下の意思決定能力が鍛えられ、将来的に自分の力で優れた判断を下せるようになるというメリットがある。

コンテキストによるリーダーシップは、正しい条件が整っていなければうまくいかない。ひとつめの要件は、能力密度の高さだ。子育てや自宅の修理に業者を雇うなど、他人を管理した経験のある人なら、その理由がわかるだろう。

たとえばあなたに16歳の息子がいるとしよう。日本風のマンガを描くこと、ナンプレの難問を解くこと、そしてサックスの演奏が好きだ。だが最近は土曜日の晩、年上の友人と遊びに出かけるようにもなった。酒を飲んで運転したり、酒を飲んだ友人の車に乗ったりするのはやめてほしいと何度も伝えているが、出かけるたびに心配になる。そんなとき、考えられる対処法はふたつある。

1　息子がどのパーティに行けるか（行けないか）はあなたが判断し、パーティのあいだも監視する。息子が土曜の晩に外出したければ、一定のプロセスを踏まなければならない。まず誰と出かけるのか、何をする予定なのかを説明する。それからあなたがパーティ会場となる家の保護者に連絡する。そこでパーティを監督する保護者はいるのか、アルコールは提供されるかを確認する。こうした情報に基づき、あなたは息子が行ってよいかどうか判断する。外出を認める場合でも、他のパーティに転戦しないように息子のスマホの追跡機能はオンにしておく。これはコントロールによるリーダーシップだ。

2

ふたつめの対処法は、コンテキストを設定し、あなたと息子の認識を一致させることだ。息子にティーンエイジャーが飲酒する理由、そして飲酒運転の危険性を説明する。自宅の台所という安全な環境で、さまざまなアルコールをグラスに注ぎ、何をどれだけ飲んだらほろ酔いになるか、完全に酔っぱらうのかを確かめ、それが運転能力（そして健康）にどんな影響を及ぼすかを話し合う。ユーチューブの教育的動画を見せながら、飲酒、飲酒運転とそれに伴うリスクを説明する。息子が飲酒運転がどれほど危険なものかしっかり理解したと判断したら、あとは息子の行動を制約するようなプロセスや監督は一切なく、どのパーティに行くかは息子の自由に任せる。これはコンテキストによるリーダーシップだ。

どちらを選ぶかは、息子のタイプによるだろう。息子が過去に何度も判断力の低さを露呈していて、あまり信用できないと思うなら、コントロール型にならざるを得ないかもしれない。一方息子には良識があり、信用できると思うなら、コンテキストを設定し、息子が安全にふるまうと信じる。そうすることで息子が土曜日の晩だけでなく、これから何年にもわたって友人からさまざまな誘惑を受けたときに責任ある判断を下せるように鍛えることができる。

あなたの子供に十分な責任感があるなら、2が自然な選択肢だろう。望んで締めつけの厳しい親になろうとする者などいるだろうか。ティーンエイジャーの息子に、自分の安全を守る責任を負わせるのは当然ではないか、と。だがこれほどはっきりと結論が出るような状況ばかりではない。次のシナリオを考えてみよう。

ドラマ『ダウントン・アビー』(うなるほどカネのある貴族の館で、ドラマチックな出来事が山ほど起きる)の現代版で、あなたが大邸宅の当主だとしよう。成人した子供たちが1カ月の休暇のあいだ館に滞在するので、夕食を準備する料理人を雇った。家族はみな、食事にうるさい。1人は糖尿病を患っており、もう1人はベジタリアン、そして3人目は低糖質ダイエットに励んでいる。あなた自身は全員のためにどんな料理を作ればいいかわかっているが、採用されたばかりで家族のことを良く知らないこの料理人は、どうすればうまくやっていけるだろう。ここでも対処法はふたつある。

1 料理人に料理の計画表とレシピを渡し、毎晩何を料理すべきか具体的に伝える。それぞれの料理をどれだけ作るか、そして特定の材料を別のモノに置き換えるべきケースを説明する。味付けがきちんとしているか、料理が完璧に仕上がっているかを確認するため、家族に出す前にすべてあなたが味見することにする。料理人はあなたの指示に従っていればいい。もちろん得意料理を提案するのは構わないが、必ずあなたの承認を得なければならない。これはコントロールによるリーダーシップだ。

2 料理人に家族のさまざまな要望を詳しく伝える。低糖質ダイエットの原則、糖尿病患者が食べられるものと食べられないものを説明する。過去に自分が作って好評だったレシピ、不評だったレシピ、食材の置き換え方法を教える。毎回の食事には全員がタンパク質、サラダ、少なくとも1種類の野菜をとれるようにしてほしいと言う。こうして毎回の食事を成功とみなす条件について、あなたと料理人の認識は一致する。あとは料理人に自らレシピを探し、何を料理するか自分で決めてもらう。これはコンテキストによるリーダーシップだ。

選択肢1なら、毎回の食事に何が出てくるかがわかり、家族にも確実に喜ばれる。料理人の失敗するリスクはほぼ完全に潰せた。だから雇った料理人にあまり経験がなく、主体的に動くのが苦手そうで、美味しいレシピを探そうとする意欲もなさそうなら、そして他にもっと才能のありそうな候補者が見つからなければ、1は正しい選択だ。この場合2はあまりにもリスクが高すぎる。

しかし採用した料理人の判断力や能力が信頼できるなら、2は面白い選択肢になる。有能な料理人は自分のレシピに挑戦する自由を与えられると、生き生きとする。あなた自身が考えるより、もっと独創的なメニューを提案してくるだろう。失敗したらそこから学習し、休暇が終わるころには家族全員がすばらしい料理の数々を思い出に刻んでいるだろう。

このようにリーダーシップ・スタイルとしてコンテキスト型かコントロール型かを選ぶ際に、最初に答えるべき質問は「わが社の社員の能力密度はどれくらい高いのか」だ。もしそれほど高くないのであれば、社員が正しい判断をしているか常にモニタリングし、確認する必要がある。

一方、能力が高い社員が集まっているなら、自由への要望は高く、コンテキストによるリーダーシップの下で力を発揮するだろう。

ただコンテキストかコントロールかは、能力密度だけで決められるものではない。どのような産業に身を置いているのか、そして何を目指しているのかも考慮する必要がある。

安全第一？

次ページと394ページに挙げたふたつの文章を見てほしい。近年すばらしい成功を収めてきたふたつの会社を取りあげている。このうちコントロールによるリーダーシップ（上司による監督、ミス防止プロセスなど採用）がうまくいきそうな組織はどちらか。そして能力密度は高いと想定した場合、コンテキストによるリーダーシップが効果を発揮しそうなのはどちらか。

ひとつめの事例は、エクソンモービルだ。次ページの言葉は同社のウェブサイトから引用した。

ふたつめの事例は、アメリカの大手小売業ターゲットだ。2019年にはビジネス雑誌のファスト・カンパニー誌に、世界で最もイノベーティブな会社の第11位に選ばれている。394ペー

ExxonMobil

Since 2000, we have reduced our workforce lost-time incident rate by more than 80 percent. While this number is declining, safety incidents do occur. We deeply regret that two contract workers were fatally injured in separate incidents related to ExxonMobil operations in 2017. One incident occurred at an onshore drilling site and the other happened at a refinery during construction activities. We thoroughly investigated the causes and contributing factors associated with the incidents to prevent similar events in the future and to globally disseminate findings. We have also joined cross-industry working groups with representatives from the oil and gas and other industries, such as the Campbell Institute at the National Safety Council, to better understand the precursors to serious injuries and fatalities. We will continue to promote a safety-first mentality for ExxonMobil employees and contractors until we reach our goal of a workplace where *Nobody Gets Hurt*.

エクソンモービル
2000年以降、当社は休業災害の発生率を80%以上低減させた。数字は低下しているものの、安全性に関する事故はまだ発生している。2017年にはエクソンモービルの事業に関連して契約会社の社員2人が重傷を負ったことを、大変遺憾に思っている。1件は陸上掘削施設、もう1件は建設中の石油精製工場で発生した。当社は事故の原因や要因を徹底的に調査し、将来の類似事例の再発を防止するため世界中に伝達している。さらに安全性評議会のキャンベル研究所など、業界の垣根を越えて石油、ガス、その他の産業の代表者と作業グループを発足させ、重傷災害や死亡災害の前兆への理解を深めている。今後も「誰も負傷しない」職場という目標を達成するまで、引き続きエクソンモービルの従業員と契約会社の安全第一の意識を高めていく。

Target

The retail apocalypse hit many big box retailers hard: J.C. Penney, Sears, and Kmart have all faltered as e-commerce has grown, driving down foot traffic to brick-and-mortar stores. But in the face of these challenges, Target has nimbly adapted to the preferences of the modern consumer. The company has a network of more than 1,800 stores across the United States that come in different formats, from the extra-large SuperTarget to the smaller flexible format stores in urban centers, that cater to the specific needs of those shoppers. The brand also has invested in its online presence, with a robust website, same-day and two-day shipping that allows it to compete with Amazon, and the option to order items online that you can pick up within the day.

ターゲット
小売業の大不況は、大手小売業に甚大な打撃を与えた。eコマースが成長し、実店舗型小売業への来店客が減少するなか、JCペニー、シアーズ、Kマートは苦戦している。だがこうした試練にもかかわらず、ターゲットは現代の消費者の嗜好変化に機敏に対応している。同社は全米に1800以上の店舗を展開するが、そこには地域の買い物客特有のニーズに対応して超大型の「スーパーターゲット」から都市部の小型店までさまざまな業態が含まれている。オンライン事業にも投資し、充実したウェブサイト、当日および翌々日配送などアマゾンに対抗できる体制を整えている。さらにオンラインで注文した商品を、その日のうちに店舗で受け取れる選択肢も用意している。

ジに記事の一部を抜粋した。

コンテキストかコントロールかを選ぶ際に、ふたつめに考えるべき質問はあなたの会社の目的がミスを防ぐことか、それともイノベーションかだ。

ミスの根絶が最重要目標なのであれば、コントロールによるリーダーシップが最適だ。エクソンモービルはセーフティ・クリティカル［安全第一］な業界に身を置いている。現場には作業員が負傷するリスクを最小限にするための安全手順が何百とある。危険な事業で利益をあげつつ、できるだけ事故を起こさないようにするためには、コントロール・メカニズムが不可欠だ。

同じように病院の救急治療室が新米看護師に監督もつけず、コンテキストだけを与えて自ら意思決定をさせれば、患者が死んでしまうリスクがある。航空機メーカーがすべての部品が完璧に組み立てられているかコントロールするプロセスを整備していなければ、死亡事故の確率は高まる。高層ビルの窓拭きをするなら、定期的な安全検査や毎日の安全確認が必要だ。コントロールによるリーダーシップは、ミス防止にとても有効だ。

一方ターゲットのようにイノベーションを追求する企業なら、失敗を犯すことはそれほど大きなリスクではない。最大のリスクは会社に新たな命を吹き込むようなすばらしいアイデアが社員から出てこなくなり、時代についていけなくなることだ。インターネット・ショッピングを利用する人が増えるなか、「ブリック&モルタル」と呼ばれる実店舗型小売業の倒産は多い。しかしターゲットは店舗へ足を運ばせるような斬新な方法を生み出すことを最優先にしている。

ターゲットと同じような目的を持つビジネスは多い。子供向け玩具の開発、カップケーキ販売、スポーツウエアのデザイン、あるいは多国籍料理店の経営などでは、いずれもイノベーションが最優先目標のひとつになる。有能な社員が揃っていれば、コンテキストによるリーダーシップが最適だ。独創的な発想を促すには、社員に何をすべきか逐一指示を出し、確認項目にチェックさせていてはダメだ。大きなスケールでモノを考えるためにコンテキストを設定し、これまでとは違ったアイデアを生み出すインスピレーションを与え、失敗を許容することだ。別の言葉で言えば、コンテキストによるリーダーシップを実践するのだ。

『星の王子さま』の作者であるアントワーヌ・ド・サン゠テグジュペリは、これをもっと詩的に表現している。

あなたが船をつくろうと思うなら
太鼓をたたいて人を集め　木材を集め
仕事を割り振り　命令するのではなく

茫洋とした　果てしなく広がる海に
恋いこがれる気持ちを　教えよう

私はこの詩が大好きで、ネットフリックス・カルチャー・メモの最後にも引用しているほどだ。しかし読者のなかには、これではまったく役に立たないと感じる人もいるだろう。その原因はコンテキストによるリーダーシップを機能させるのに必要な3つめの条件にある。能力密度が高いこと（ひとつめの条件）、そしてミス防止よりイノベーションを目的とすること（ふたつめの条件）に加えて、システムが「疎結合（ルースカップリング）」になっている必要がある（これが3つめだ）。

疎結合か密結合か

私はもともとソフトウエアエンジニアで、この業界では異なるシステムデザインを説明するのに「疎結合」と「密結合（タイトカップリング）」という表現が使われる。密結合なシステムは、さまざまなコンポーネントが密接に結びついている。システムの一部を変えようと思えば、土台までさかのぼって作り直す必要があり、それは変えたい部分だけでなくシステム全体に影響を及ぼす。

対照的に疎結合なシステムでは、コンポーネント間の相互依存性は低い。土台から変更しなくても、それぞれを修正することが可能な設計になっている。ソフトウエアエンジニアは疎結合を好む。他の部分に影響を与えず、システムの一部だけを変更できるからだ。

組織の構造も、コンピュータプログラムと少し似ている。会社組織が密結合になっていると、重要な意思決定はトップが行い、各部門に下ろしていくことになり、それは部門間の相互依存性を高める。ある部門で問題が起きれば、すべての部門を掌握しているボスのところまで上げていかなければならない。一方、疎結合な会社では、個々のマネージャーや社員が、他の部門への想定外の影響を恐れることなく、自由に意思決定し、問題を解決できる。

あなたの会社のリーダーたちが長年コントロールによるリーダーシップを実践してきたのであれば、自然と密結合なシステムが出来上がっている可能性が高い。あなたが密結合なシステムの会社の事業部長（あるいはチームリーダー）ならば、コンテキストによるリーダーシップを実践しようとしても、うまくいかないだろう。重要な意思決定がすべて組織の上層部で行われているのであれば、部下に意思決定の自由を与えたいと思っても、それは不可能だ。重要な問題はすべてあなただけでなく、あなたの上司やそのまた上司の承認を得なければならないからだ。

会社内にすでに密結合なシステムが出来上がっている場合には、下のほうの階層でコンテキストによるリーダーシップを実践する前に、会社の上層部にかけ合い、組織全体のあり方から変えていく必要があるかもしれない。能力密度が高く、イノベーションを目的とする組織であっても、この点を解決しておかないとコンテキストによるリーダーシップの実践は不可能だ。

ここまで読んでくださった読者には、「情報に通じたキャプテン」モデルを実践しているネットフリックスが、疎結合なシステムであることがよくおわかりだろう。意思決定はとことん分散されており、中央集権的なコントロール・プロセス、ルール、方針はほとんどない。これが個人に大きな自由を与え、個々の部門の柔軟性を高め、会社全体の意思決定のスピードを高める。

あなたがこれから会社を立ち上げ、その目的がイノベーションと柔軟性であるならば、最初から意思決定を分散し、部門間の相互依存を抑え、疎結合な風土を醸成しよう。組織にひとたび密結合な構造が出来上がってしまうと、疎結合に変えていくのははるかに難しい。

とはいえ密結合には、少なくともひとつ重要なメリットがある。そのようなシステムの下では、戦略的変化に向けて組織全体の足並みを揃えるのが容易なのだ。たとえばＣＥＯが、すべての部門に持続可能性に配慮した倫理的調達を実践させたいと思えば、集権的意思決定によってそれを徹底させることができる。

一方、疎結合では、足並みが揃わないリスクが高い。どこかの部門が環境保護や労働搾取の排除よりもコスト削減を優先し、会社全体の足を引っ張る可能性もある。あるいは部門長が新たな戦略に寄与したいというすばらしいビジョンを持っていても、部下のチームリーダーが勝手にプロジェクトを選べば、それぞれが向かう方向はバラバラになるかもしれない。それでは部門のビジョンが実現するまでに相当な時間がかかりそうだ。

そこでコンテキストによるリーダーシップを機能させるための、4つめの条件が出てくる。

……組織の足並みは揃っているか

個人レベルで重要な意思決定が下される疎結合なシステムがうまく機能するためには、上司と部下の目的地が完全に一致していなければならない。疎結合がうまくいくのは、上司とチームのあいだでコンテキストが明確に共有されているときだけだ。このようにコンテキストが一致していれば、社員は組織全体のミッションと戦略に沿うような意思決定を下すことができる。だからネットフリックスには、こんな標語がある。

足並みは揃えつつ、それぞれが独立を

この意味を説明するために、再び『ダウントン・アビー』のディナーの例に戻ろう。あなたがじっくり時間をかけて料理人と向き合い、具体的にどのような料理が家族に喜ばれるか、誰がどんな理由で何を望んでいるか、どれだけの量を準備すべきか、そしてどの料理はレア、ミディアム、ウェルダンで提供すべきかについて認識を一致させれば、有能なシェフはあなたが監督しなくてもメニューを選び、準備することができる。

だが優秀なシェフを採用し、最大限の自由を与えても、あなたの家族が塩分を嫌い、ドレッシングに砂糖が入っていたら誰も食べないという情報を伝えていなければ、好き嫌いの激しい家族が出された料理に満足することはないだろう。それはシェフのミスではない。あなたのミスだ。正しい人材を採用したのに、十分なコンテキストを与えなかったことが問題なのだ。料理人に自由を与えたものの、アラインメント（意思統一）ができていなかった。

もちろん会社というのは、1人の料理人が家族全員の面倒を見るような単純な構図にはなっていない。リーダーシップの階層が幾重にもあり、足並みを揃えるのはもっと難しくなる。

ここからはあらゆる階層のリーダーがアラインメントに努力すると、組織全体でコンテキスト設定がどのようにうまくいくかを見ていこう。最初にコンテキストを設定し、会社全体のアラインメントの土台をつくるのはCEOの役割なので、まずリードのやり方を紹介する。

………ともに北極星を目指す

会社全体のコンテキストを設定するために私が使っている手段はいくつかある。特に重要なのは「Eスタッフ（エグゼクティブスタッフ）ミーティング」と「四半期業績報告（QBR）ミーティング」だ。ネットフリックスでは年数回、世界中からリーダー層（社員のトップ10〜15％）を招集する。それは私と直属の部下である5〜6人の幹部（テッドやグレッグ・ピーターズ、HR責任者のジェシカ・ニールなど）の長時間にわたるミーティングかディナーで始まる。それから1日がかりのEスタッフ（バイスプレジデント以上の全員）とのミーティング、続いて2日間にわたるQBR（ディレクター以上の全員。全社員の約10％が対象）を開催する。QBRではプレゼン、情報共有、ディスカッションが行われる。

一連のミーティングの最大の目的は、会社のすべてのリーダーに私の言う「北極星」、すなわち全員が向かうべき方向性をしっかり理解してもらうことだ。各部門が目的地に到達する方法を揃える必要はない。それはそれぞれの裁量に任せてある。しかし全員が目指す方向は、必ず揃えておく必要がある。

QBRの前と後には、何十ページものメモをグーグルドキュメントで共有する。すべての社員が見られるようにしてあり、そこにはQBRで共有したコンテキストや内容がすべて説明されている。こうした情報に目を通すのはQBR参加者だけでなく、総務部門のアシスタントやマーケティング・コーディネーターなどあらゆる階層の社員だ。

QBRが終わると、次のQBRまでにひたすら個人面談を繰り返し、社内の足並みが実際にどれだけ揃っているのか、コンテキストが不足しているのはどこかを確かめる。すべてのディレクターと、年1回は30分の個人面談をしている。これによって組織図上、私から3〜5階層離れているメンバーと合計250時間ほど話すことになる。それに加えてすべてのバイスプレジデント（組織図上は2〜3階層下）とも四半期に1回、1時間の個人面談をする。これは年合計500時間になる。ネットフリックスがもっと小さかった時代には、すべての社員ともっと頻繁に会っていたが、いまでも毎年仕事時間の25％はこのようなミーティングに使っている。

こうした個人面談は、社員がどのようなコンテキストの下で仕事をしているか私自身が理解を深めるのに役立つ。またリーダー層の足並みが十分揃っていない分野を発見し、次のQBRで重要な点を念押しするのに役立つ。

たとえば2018年3月にシンガポール拠点を訪れたときのことだ。プロダクト開発部門のディレクターと30分の個人面談をしたところ、依頼されたチームの5カ年人員計画をいま作っているところですと何気なく言われた。私はびっくりした。ふつうの会社なら5カ年計画を立てるというのは当たり前のことに思えるかもしれないが、私たちのような変化の激しい業界ではとんでもないことだ。いまから5年後に会社がどうなっているかなど、わかるはずがない。推測し、それをもとに計画を立てたら、会社がその計画に縛られて環境に迅速に適応できなくなる。

この問題を調べたところ、設備部門のある幹部が複数の拠点に、2023年の人員を予想するよう求めていたことがわかった。その人物から直接話を聞いたところ、世界の一部の拠点で予想よりもかなり早くオフィスが手狭になり、財務的損失が生じたことが背景にある、という。「5カ年の採用計画があれば、前回のような失敗を避け、最適なオフィスを最も低いコストで確保できる。だから各部門に5カ年計画の作成を求めたんだ」とこの人物は説明した。

「このバカが！　柔軟性よりミス防止を優先するやつがあるか。そんなのは完全な時間の無駄だ。正確な計画を立てることなど不可能だ。そんなプロジェクトはさっさと止めちまえ！」と言いたかった。でもそれではコントロールによるリーダーシップになる。そこで私は、自分がネットフリックスのリーダーたちに常々言い聞かせていることを思い出した。

> 部下が何かバカげたことをしたら、部下を責めてはいけない。自分の設定したコンテキストのどこがまずかったのか、考えてみよう。自分の目標や戦略を正確に、かつ創意工夫を促すようなかたちで伝えただろうか。チームが優れた判断を下せるように、さまざまな前提条件やリスクを明確に説明しただろうか。ビジョンや目的に対してあなたと部下の足並みは揃っているだろうか。

あのとき設備担当に対して、私はあまり多くは言わなかった。オフィスを借りることについて「情報に通じたキャプテン」は彼であって、私ではなかったからだ。

だがあの会話をきっかけに、私は組織全体でコンテキストの設定を改善する必要があることに気づいた。会社の戦略を共有していない者が1人いれば、あと50人は同じような人間がいるはずだ。私はこのテーマを次のQBRの議題に追加した。そこで私はすべてのリーダーを前に、ネットフリックスはたとえ余分なコストを払っても、常に自分たちの自由度を高めるような選択肢を採るようにしなければならない、と語った。それは将来自分たちがどうなっているかを予測することはできないし、またするべきでもないからだ。

もちろん状況はそのときどきで変わる。またどんな会社でもある程度は先のことも考えなければならない。そこでこのときのQBRでは、会社の柔軟性を維持するには、どれほど先まで考えるのが妥当かを話し合った。私は事前に、それまでネットフリックスが自らの成長を予測しようとしてどれだけ失敗してきたか、そして最高の機会はたいてい予測できないものであることを説明する資料を配った。QBRでは少人数のグループに分かれ、過去の事例を見ながら将来の自由度を高めるためにもっと経費を使っても良かったケース、あるいは自由度を抑えるような選択肢に対して経費を払うべきではなかったケースを議論した。私たちの事業にはどれくらいの自由度が必要なのか、そしてそのためにいくらまでならコストをかけるべきかを話し合った。

こうした対話によって明確な結論やルールが生まれたわけではなかったが、話し合いを通じてすべてのリーダーが、長期計画によってミスを防止したり経費を節約したりすることが、私たちの最大の目標ではないという認識をしっかり共有できた。私たちの北極星は、予期せぬ機会が生まれたとき、そして事業環境が変化したときに、迅速に適応できるような会社をつくることだ。

もちろん、どんな組織のCEOでも、コンテキストの最初のレイヤーを設定することしかできない。ネットフリックスではすべての階層のすべてのマネージャーが、入社すると同時にコンテキストによるリーダーシップを学習する。テッドのチームに所属するメリッサ・コブが、組織全体でコンテキスト設定がどのように行われているかを説明してくれた。

足並みの揃った組織は「ピラミッド」ではなく「木」

オリジナル・アニメーション担当バイスプレジデントのメリッサ・コブは、フォックス、ディズニー、VH1、ドリームワークスを経て2017年9月にネットフリックスに入社した。ドリームワークスではオスカーにノミネートされた『カンフー・パンダ』3部作のプロデューサーを務めた。リーダー職を24年間務めてきたメリッサは、自分のチームに新たに加わるマネージャーに伝統的なリーダーシップとネットフリックス流のコンテキストによるリーダーシップとの違いを説明するとき、「ピラミッド」と「木」のたとえを使う。

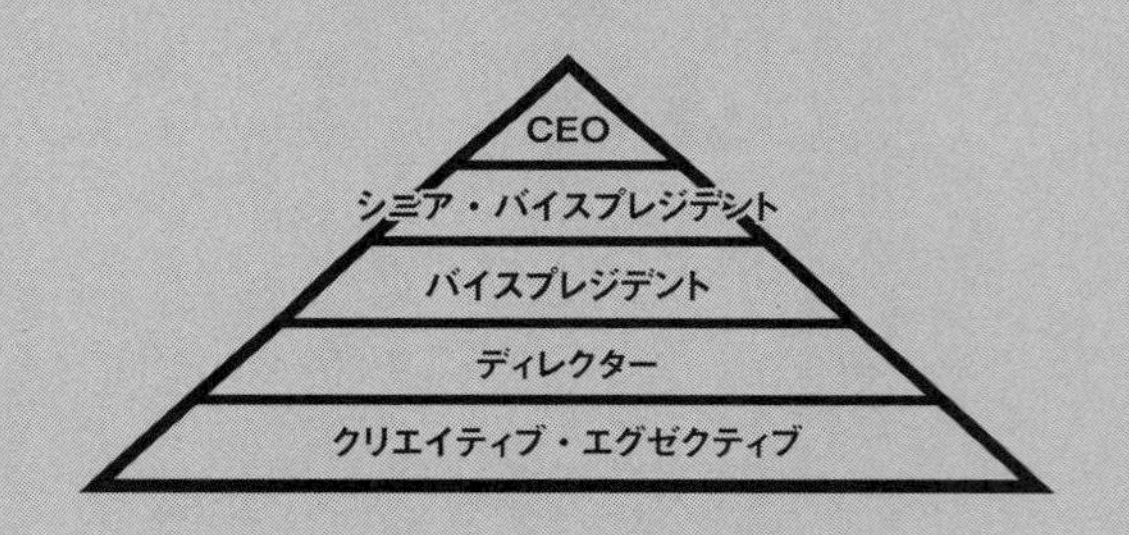

ネットフリックス以前に私が勤務した組織の意思決定は、すべてピラミッド構造になっていた。テレビネットワークに勤務していた頃は、映画やテレビ番組の制作に携わってきた。そこではピラミッドの底辺に、45〜50人ほどの「クリエイティブ・エグゼクティブ」と呼ばれる人々がいる。1人ひとりがいくつかの番組の責任者だ。たとえばディズニーにいたときは、チェビー・チェイス主演の『マン・オブ・ザ・ハウス』という番組を制作しており、担当のクリエイティブ・エグゼクティブは毎日現場セットに顔を出し、脚本や衣装などさまざまな事柄を承認していた。各番組にかかわる細かな意思決定は、すべてピラミッドの底辺が受け持つ。

でも何か重要なこと、たとえば物語のカギとなる番組冒頭のやりとりを変更するといった話が持ち上がると、それはピラミッドのもうひとつ上の階層が対処する事案となる。クリエイティブ・エグゼクティブは「ボスがどう思うかわからないので、ちょっと電話してくる」と言うことになる。

ピラミッドの次の階層は15人ほどのディレクターで、くだんのクリエイティブ・エグゼクティブはそのうちの1人に電話をかける。「ボス、どう思いますか？　このやりとりは変更してもいいですか？」。ディレクターはたいてい変更を承認するが、ときには却下することもある。

ただちょっとしたやりとりの変更よりもさらに重要なこと、たとえばひとつのシーンをまるごとカットするといった話が出てきたとしよう。その場合、ディレクターは「ちょっと待って、私のボスが何と言うかわからないから、確認しなくては」と言い出す。次の階層は5~6人のバイスプレジデントだ。ディレクターが上司に連絡して「ボス、どう思いますか？　このシーンをカットしてもいいですか」と尋ねると、バイスプレジデントが変更を承認あるいは却下する。

問題がさらに大きいこと、たとえば俳優の1人が降板する、あるいは脚本をすべて書き換えなければならないといった問題が発生すれば、次の階層である数人のシニア・バイスプレジデントの決裁をあおがなくてはならない。最後に本当に重要な案件、たとえば脚本家が倒れて代わりの脚本家を見つけなければならないといった事態が発生したら、ピラミッドの頂点に君臨するCEOまで話を上げていく必要がある。

メリッサが過去の職場で経験したピラミッド型の意思決定構造は、業界や場所を問わず、たいていの組織が実践しているものだ。上司が意思決定をしてピラミッドの下のほうに強制的に実施させる、あるいは些細な決定はピラミッドの下のほうで済ませ、重要な問題は上にあげる。

しかしすでに見てきたとおり、ネットフリックスでは上司ではなく「情報に通じたキャプテン」が意思決定をする。上司の役割は、チームが組織のために最高の意思決定ができるようにコンテキストを設定することだ。CEOから「情報に通じたキャプテン」まで全員がこのリーダーシップ・システムを実践すれば、組織の構造はピラミッドではなく木のようになる。CEOが根っこでコンテキストを設定し、「情報に通じたキャプテン」が一番高いところにある枝で意思決定をしている。

メリッサは木の根から一番上の枝まで、どのようにコンテキストが設定されるか、具体例を使

情報に通じたキャプテン：アラム・ヤコウビアン
『マイティー・リトル・ビームのぼうけん』を契約する
ディレクター：ドミニク・バザイ
「アニメの目標は高く」
バイスプレジデント：メリッサ・コブ
「氷の家と泥壁の小屋をバンコクへ」
CCO：テッド・サランドス
「大きなリスクを取り、多くを学べ」
CEO：リード・ヘイスティングス「グローバルに成長せよ」

って詳細に説明してくれた。この例では、リードからテッド・サランドス、メリッサ自身、ドミニク・バザイ（メリッサの下で働くディレクター）まで、さまざまな段階でどのようなコンテキストが設定され、それが「情報に通じたキャプテン」であるアラム・ヤコウビアンの意思決定にどのように影響を与えているかがわかる。各段階で設定されたコンテキストが、どのように組織の上と下の足並みを揃えるのに役立っているか見ていこう。

根っこ＝リード「グローバルに成長せよ」

２０１７年10月、メリッサは初めてＱＢＲに参加した。そこでリードはネットフリックスの将来に向けたグローバルな成長戦略について語った。その内容を、メリッサはこう記憶している。

ネットフリックスに入社して、まだ1カ月も経たない頃。10月第2週に、カリフォルニア州パサデナのランガム・ハンチントンホテルで、初めてのＱＢＲに参加した。私はネットフリックスがどんな会社なのかを理解しようとしており、周りからはＱＢＲに出ればすべてがわかる、と言われていた。だからリードが登壇したときには、しっかり耳を傾けた。
15分にわたるプレゼンで、リードはこう説明した。「直前の四半期では、成長の80%はアメリカ国外からもたらされた。私たちがエネルギーを注ぐべきは、そこだ。いまや顧客の半分以上がアメリカ以外にいて、毎年この割合は増えていくだろう。大きな成長が見込めるのはここだ。グローバルな成長が私たちの最優先課題だ」

さらにリードは、ネットフリックスのリーダーたちが特に力を入れるべき国々（インド、ブラジル、韓国、日本など）とその理由（後述）を詳しく語った。このメッセージはメリッサが自分の部門の戦略を考えるうえでの起点となった。しかしリードはメリッサの直属の上司ではない。直属の上司はテッド・サランドスだ。QBRからほどなくして、メリッサはテッドと一対一で面談した。そこでテッドはリードのメッセージに独自のコンテキストを追加した。

幹＝テッド「大きなリスクを取り、多くを学べ」

テッドはこの面談の前にも、メリッサと海外の重要な成長機会について話し合っていた。インドはネットフリックスにとって大きな成長市場だった。日本と韓国はコンテンツ開発のためのエコシステムが充実していた。ブラジルのネットフリックスの拠点は非常に小規模だったが、視聴者は1000万人を超えていた。しかし2017年10月末のメリッサとの面談で、テッドが語ったのはネットフリックスの人間なら誰でも知っているような内容ではなかった。ネットフリックスがこれから学ばなければならないさまざまなことについてだ。

いいかい、メリッサ、いまネットフリックスは転換点にある。アメリカには4400万人の会員がいる。今後大きな成長が見込めるのは海外市場で、学ばなければいけないことはたくさんある。サウジアラビアではラマダンの期間中、視聴が増えるのか減るのか、まだわからない。イタリアの視聴者がドキュメンタリーとコメディのどちらを好むかもわからない。インドネシアの国民は映画を寝室で1人で観たいと思うのか、それとも家族と一緒にテレビで観たいと思うのかも知らない。ネットフリックスが成功するためには、国際的な学習マシンになる必要がある。

メリッサはすでに、ネットフリックスでは「賭けに出る」という言葉がよく使われることに気づいていた。そこには成功するモノもあれば、失敗するモノもあるという意味が込められていることも。しかしこの賭けのたとえには、たくさんの失敗から学ぶという重要な視点が欠けている。テッドの設定したコンテキストは、まさにそこにかかわるものだ。

これから君のチームが世界中でコンテンツを購入あるいは制作するなかで、なにより力を注ぐべきなのは学習だ。インドやブラジルのような大きな成長力を秘めた国々では、その市場についてできるだけ多くを学べるように、積極的にリスクを取るべきだ。多少の勝利はあるだろう。でもそれと同時に手痛い大失敗もたくさんして、それを通じて次はもっとうまくできるように学習しよう。常にこう自問してほしい。「この番組を買って大失敗したら、そこから何を学べるだろう」と。その経験を通じて何かとても重要なことが学べるのなら、腹をくくって賭けに出ればいい。

リードとテッドが設定したコンテキストを踏まえ、メリッサは担当する子供と家族向けコンテンツチームのために自らコンテキストを設定し、次の週次ミーティングで発表した。

ディズニーやドリームワークスといったメリッサの過去の雇用主は、世界中でその名を知られており、世界中の人々が観るようなコンテンツを送り出していた。だがメリッサは、ネットフリックスは単なるグローバルブランドではなく、真のグローバル・プラットフォームとして差別化できると考えていた。

大きな枝＝メリッサ「氷の家と泥壁の小屋をバンコクへ届けよう」

世界中の子供たちは、自国で制作されたコンテンツか、アメリカのテレビや映画を観ている。でもネットフリックスがＱＢＲでリードが語ったような国際企業になるためには、もっと上を目指すべきだ。

私はネットフリックスの子供向け番組のラインアップを「グローバルビレッジ」と呼べるものにしたいと思った。10歳の少女が土曜日の朝、バンコクの高層マンションで目を覚ましてネットフリックスをつけたら、タイの番組（すでに地元のテレビ局で観られる）やアメリカのコンテンツ（ディズニーのケーブルテレビ局で観られる）だけでなく、世界中のテレビ番組や映画を観られるようにしたいのだ。スウェーデンの氷の家、ケニアの農村の小屋を舞台にした作品も選べるようにしたい。世界各地の子供たちを「主人公にした番組」だけではダメだ。それならディズニーでもつくれる。実際に世界各地で「制作された番組」ならではのビジュアルや雰囲気を楽しめるようにしたい。

この戦略が成功するか、私のチームは徹底的に議論した。それまで観てきたものとまったく異質なキャラクターを子供たちは観たがるだろうか。答えはわからなかった。

そこでテッドの設定したコンテキストが重要になった。テッドが強調したように、これこそ私たちが答えを求めるべき問いであり、そこから明確に何かを学べるのであれば、失敗覚悟でこの賭けに挑まなければならない。そこで私たちは最終的に全員一致で結論を出した。挑戦し、その過程で学ぼうじゃないか、と。

このミーティングを通じて、メリッサと6人の直属の部下とのアラインメントができた。未就学児向けコンテンツの獲得を担うチームのディレクター、ドミニク・バザイもその1人だ。

中くらいの枝＝ドミニク・バザイ「アニメの目標は高く」

メリッサとのミーティングを受けて、ドミニクはメリッサの言う「グローバルビレッジ」というビジョンを実現する方法をじっくり考えた。タイの少女にスウェーデンやケニアで制作されたテレビ番組を観ようと思わせるには、どんな作品を提供するべきか。その問いの最適な答えはアニメだ、とドミニクは判断した。そこで自分のチームには次のようなコンテキストを設定した。

ペッパピッグ［アメリカのアニメに登場するブタのキャラクター］はスペイン人のようにスペイン語を話し、トルコ人のようにトルコ語を話し、日本では完璧な日本語を話す。アニメには海外の実写作品にはない可能性がある。子役スターのベラ・ラムジーが主演した『ミルドレッドの魔女学校』をアメリカ以外の国で放映するなら、吹替か字幕にしなければならない。子供は字幕が嫌いだが、ベラがポルトガル語やドイツ語を話すのは違和感がある。映像と声が合わないし、それは視聴体験の質に悪影響を及ぼす。でもペッパピッグのようなアニメキャラクターなら、視聴者に合わせてどんな言語でも話せる。韓国の子供もオランダの子供も同じようにペッパに共感できる。

ネットフリックスの子供向けプログラムを、メリッサの言うような多様性のあるプラットフォームにするのなら、目標を高く設定する必要があると私は考えた。そこで自分のチームと話し合い、私たちが買いつけるアニメ番組はどの国で制作されたものであろうと、世界で最も目の肥えた国の視聴者からも一流とみなされるレベルでなければならない、と決めた。たとえばチリのアニメ番組は、チリで最も目の肥えた視聴者を満足させるレベルであるだけでなく、アニメにうるさい日本でもヒットするくらいの質を備えている必要がある。

コンテンツ獲得担当マネージャーのアラム・ヤコウビアンが、インドのムンバイのダウンタウンにある小さな会議室でアニメ『マイティー・リトル・ビームのぼうけん』を買うか検討していたとき、頭の中にあったのはここに挙げたリード、テッド、メリッサ、そしてドミニクの設定したすべてのコンテキストだ。

……………

小さな枝＝アラム・ヤコウビアン
「リトル・ビームからは多くを学べる」

インドのすばらしいアニメシリーズ『マイティー・リトル・ビームのぼうけん』のオリジナル版を観たとき、アラムはインドで大ヒットすると思った。

主人公はインドの小さな村に住む男の子で、そのとどまるところを知らない好奇心と並外れた強さで、さまざまな冒険に挑む物語だ。インド版赤ちゃんポパイと言えるだろう。モデルはインド人なら誰でも知っているサンスクリット語の叙事詩『マハーバーラタ』に登場する神話上の人物、ビームだ。インド人が夢中になるのは当然と思えた。

だがそれがネットフリックスにとって良い投資になるのか、アラムは強い疑問を抱いていた。ひとつめの懸念材料は、アニメの質だ。

インドのテレビ番組は低予算で、アニメの質はインドのテレビなら人気を集める程度だった。だがぼくはドミニクと合意した内容について考えてみた。番組の質は制作された国だけでなく、世界で成功するのに十分なものでなければいけない、というのがぼくらの共通認識だった。この番組を買うなら、ぼくらの求める質まで引き上げるために、通常インドのアニメ作品に費やす金額の2〜3倍はコストをかけなければならないことは明らかだった。

それはふたつめの懸念材料とも結びついていた。

インドの番組に投資する金額としては、相当高額になる。投資を回収するには、世界中でたくさんの子供たちに観てもらわなければならない。だが過去のテレビやストリーミングの歴史を振り返っても、これまで国外で大ヒットしたインドの番組はほとんどなかった。原因は低予算というだけでなく、ストーリーもあまりにローカル色が強く、グローバルな視聴者を惹きつけるには力不足だったこともある。インドの番組は海外ではあまりウケない、というのが定説だった。

アラムの3つめの懸念材料は、インド国内においてすら未就学児向けの番組というのは過去の実績がなかったことだ。

『マイティー・リトル・ビームのぼうけん』は幼児向けだが、それまでインドではストリーミングかテレビかを問わず、未就学児向け番組はほとんど制作されていなかった。理由はインドの視聴率評価会社が未就学児向け番組を測定していないので、マネタイズ［収益化］できないためだ。インドには幼い子供を対象とする番組の視聴者層がどれほど存在するのか。過去のデータからは、その答えはわからなかった。

一見すると、『マイティー・リトル・ビームのぼうけん』はかなり分が悪そうだった。「過去の実績やビジネス上の問題を考えると、この番組は買わないというのが妥当な判断に思えた」とアラムは言う。その一方でアラムは、ネットフリックスのリーダーたちが設定したコンテキストについても考えてみた。

リードはグローバルな成長がネットフリックスの未来であることを明言し、なかでもインドは主要な成長市場だった。つまり『マイティー・リトル・ビームのぼうけん』はネットフリックスの主要市場から生まれたすばらしい番組だった。

テッドはことインドのような国においてはネットフリックスが学ぶべきことがたくさんあるので、学習効果が見込めるのならば大きなリスクを取るべきだと、明確に語っていた。『マイティー・リトル・ビームのぼうけん』のケースでは、賭けからネットフリックスが何を学べるかは非常にはっきりしていた。テッドが設定したコンテキストは、ぼくが「よし、たとえこの番組が大失敗に終わったとしても、ぼくは3つの異なる挑戦をすることになり、そのすべてがネットフリックスに非常に有益な情報をもたらすはずだ」と判断するのに十分だった。

メリッサは、ネットフリックスの子供向け番組のラインアップには、さまざまな国の固有のテーマや雰囲気を持った作品が必要だとはっきり語っていた。『マイティー・リトル・ビームのぼうけん』はインドらしさが満載で、それでいて世界中の子供たちを惹きつけるような要素が揃っていた。

ドミニクとぼくは、海外の番組で勝負をかけるのはアニメ作品にすること、そしてそのアニメは質が高くなければいけないことで認識が一致していた。『マイティー・リトル・ビームのぼうけん』はお金さえかければ、ぼくらが求める質の高さを達成できるようなアニメ番組だった。

このコンテキストを念頭に、アラムは意思決定をした。『マイティー・リトル・ビームのぼうけん』を買いつけ、インド国内のクリエイターにアニメの質を向上させるための資金を与えたのだ。番組は2019年4月半ばに放映が始まり、3週間も経たずにネットフリックスのアニメ番組のなかで、世界中で最も視聴回数の多い作品のひとつに入った。視聴者数はすでに2700万人を超えた。

アラムは私とのインタビューで、マネージャーがコンテキストによるリーダーシップを実践するとき、分散型の意思決定はすばらしい威力を発揮することを語ってくれた。

インドでどの子供向けコンテンツを買いつければいいか、ネットフリックスで一番よくわかっているのはぼくだ。それはぼくがインドのアニメ市場やインドの家庭の視聴パターンに精通しているからだ。でも組織の透明性、大量のコンテキスト、そしてぼくとリーダー層の足並みがしっかり揃っていなければ、ぼくがネットフリックスとその世界中の視聴者に最適な判断を下すことはできない。

アラムが『マイティー・リトル・ビームのぼうけん』を購入するという決定をするまでのプロセスからは、ネットフリックスのコンテキストによるリーダーシップがどのように機能しているかがよくわかる。木の根っこにいる私から、真ん中あたりの枝であるドミニクに至るまで、1人ひとりのリーダーが設定するコンテキストがアラムの意思決定の材料となる。しかし「情報に通じたキャプテン」として、実際にどの番組を買うか決定するのはアラム自身だ。

お気づきのとおり、これは特段めずらしいケースではない。本書ではすでに職位の低い社員が上司の承認を得ずに何百万ドルもの投資にかかわる判断を下したケースをいくつも見てきた。そんなことでどうやって財務の健全性を保てるのか、と社外の人なら不思議に思うだろう。答えは簡単だ。アラインメントができているからである。

ネットフリックスは社員に大きな財務的自由を与えているが、投資についてもメリッサが語ったのと同じようなコンテキストツリーが存在する。ある四半期にコンテンツ部門は映画やテレビ番組の購入にどれくらい投資すべきか、テッドと私は認識を共有する。それをテッドは自らのチームへと伝える。たとえばメリッサには子供と家族向け番組に投資すべき金額についてコンテキストを与える。続いてメリッサは配下のディレクターと、それぞれが率いるカテゴリーで投資すべき金額について認識を合わせる。『マイティー・リトル・ビームのぼうけん』を買い、そのアップグレードに相当な金額を投資するというアラムの判断は、決して場当たり的なものではなかった。メリッサとドミニクが自分のために設定した財務的コンテキストを踏まえて判断したのだ。

イカロスの結末

本章の冒頭で、アダム・デル・デオがワシントン・スクールハウス・ホテルのロビーに立ち、太陽の近くまで飛んだために翼が溶けてしまった男の名にちなんだ映画に大金を投じるべきか、悩んでいたときの話をした。

テッドはアダムのために明確なコンテキストを設定した。『イカロス』が大ヒットしないと思えば、アダムは巨額の資金を投じるべきではない。すでに250万ドルで入札しており、アマゾンからHuluまでライバルたちも虎視眈々と狙っている。250万ドルでは不足で、しかも「絶対に来る」と思えないなら、アダムはこの作品を諦めるべきだ。

だがもしアダムに『イカロス』が大ヒットするという確信があれば、大勝負に出るべきだ。ネットフリックスでこの映画を配信するのに必要な金額だけオファーすればいい。

アダムは『イカロス』が大ヒットすると確信していたので、賭けに出た。ネットフリックスは460万ドルという記録的な金額を支払って『イカロス』を獲得し、2017年8月に配信を開始した。

最初の数カ月、視聴は低迷した。誰も観なかったのだ。アダムは打ちひしがれた。

> 『イカロス』のリリースから10日後のチームミーティングで、新たなコンテンツの視聴データを確認した。惨憺たる数字に、ぼくは絶望した。同僚たちは作品の視聴数や世間の評判、アカデミー賞の受賞を予測するぼくの能力を信頼してくれた。ぼくの評価はその信頼に依拠している。それなのにとんでもない失敗をしてしまった、同僚たちの信頼を完全に失ってしまうと感じていた。

だがたったひとつの出来事がすべてを変えた。2017年12月、国際オリンピック委員会がロシア選手団の平昌五輪出場を認めないという報告書を発表したのだ。その報告書のなかで、主要な証拠として引用されたのが『イカロス』だった。ロドチェンコフはアメリカの報道番組『60ミニッツ』に出演し、同じようなドーピングをしている国は少なくとも20カ国はあるはずだと語った。続いてランス・アームストロングが公の場で『イカロス』を高く評価した。突然誰もがこの映画のことを話題にしはじめ、視聴数は急増した。

2018年3月、『イカロス』はアカデミー賞の長編ドキュメンタリー賞にノミネートされた。アダムは授賞式の様子をこう振り返る。

> 絶対に勝てないと思っていた。女優のローラ・ダーンが受賞作を発表するとき、ぼくは上司のリサ・ニシャムラに耳打ちした。「ぼくらじゃないよ。『顔たち、ところどころ』がオスカーを獲る」。だがそのとき、まるでスローモーションのようにローラ・ダーンが言うのが聞こえた。「受賞作は……『イカロス』です!」。ブライアン・フォーゲルがステージに向かって走り出した。誰かがバルコニーから歓喜の叫びをあげた。ぼくはあまりの衝撃で、椅子に座っていなかったらきっと倒れていたと思う。

その後、打ち上げに向かう途中でアダムはテッドと出くわした。テッドは、おめでとう、と言った。

ぼくはこう聞いたんだ。「サンダンス映画祭での会話を覚えていますか？」。テッドはにやりと笑ってこう言った。「もちろん。これが絶対『来る』んだったな」

9つめの点

能力密度が高く、イノベーションを最大の目的とする疎結合な組織では、伝統的なコントロールに基づくリーダーシップは最適な選択肢ではない。監督やプロセスによってミスを最小に抑えるより、明確なコンテキストを設定し、北極星に向けて上司とチームの足並みを揃え、「情報に通じたキャプテン」に選択の自由を与えるほうがはるかにリターンは大きい。

第9章のメッセージ

- コンテキストによるリーダーシップを実践する条件は、能力密度が高く、組織の目標は（ミス防止ではなく）イノベーションで、疎結合な組織であることだ。
- こうした要素が整ったら、社員に何をすべきか指示するのではなく、彼らが優れた意思決定をできるように、あらゆるコンテキストを提供し、議論を重ね、しっかり足並みを揃えよう。
- 部下が何かバカなことをしても、責めてはいけない。むしろ自分が設定したコンテキストのどこが間違っていたのか自問しよう。目標や戦略を正確に、そして部下の創造力を刺激するように伝えただろうか。チームが優れた意思決定をできるように、すべての前提条件やリスクを明確に説明しただろうか。ビジョンと目標について、あなたと部下の認識は一致しているだろうか。
- 疎結合な組織は、ピラミッドではなく木のようだ。トップは根として幹にあたる上級管理職を支え、上級管理職は実際に意思決定をする枝を支える。
- 経営トップや幹部から受け取った情報をもとに、社員が自らすばらしい意思決定を下し、チームを望ましい方向へと動かしているなら、コンテキストによるリーダーシップがうまく機能しているサインだ。

これが「自由と責任」のカルチャーだ

ここまで能力密度を高め、組織の透明性を高め、さらに会社の方針や手続きを廃止し、社員の自由度を高めると同時に組織のスピードと柔軟性を高める方法を見てきた。ほとんどの企業にはあって、ネットフリックスにはない、たくさんの方針やプロセスも示してきた。たとえば次のようなものだ。

休暇規程
意思決定の承認
経費規程
業績改善計画（ＰＩＰ）
承認プロセス
昇給原資

重要業績評価指標（KPI）
目標管理制度（MBO）
出張規程
合意形成による意思決定
上司による契約書の署名
給料バンド
賃金等級
成果報酬型ボーナス

いずれも社員を鼓舞するというより、コントロールするための手段だ。こうしたコントロールを廃止すると、混乱や身勝手なふるまいを招きかねないが、すべての社員に自己規律と責任感、優れた判断を下すための知識を身につけさせ、学習を促すためにフィードバックの土壌を整えれば、組織の有効性は驚くほど高まるはずだ。

それだけでも「自由と責任」のカルチャーを醸成する理由としては十分だが、メリットは他にもある。

- 先に挙げた項目のなかには、イノベーションの芽を摘むものもある。休暇規程、出張規程、経費規程は、ルールに縛られた創造的思考を阻む環境につながり、イノベーティブな社員ほど離れていく。
- 企業のスピードを鈍化させるものもある。承認プロセス、合意形成による意思決定、上司による契約書への署名などは社員の足かせとなり、迅速に動けなくする。
- 先に挙げた項目の多くは、環境が変化したときに組織が迅速に対応するのを阻む。成果報酬型ボーナス、MBO、KPIは社員に既定路線にとどまるよう促し、つまらないプロジェクトにさっさと見切りをつけ、新たなプロジェクトに取り掛かるのを困難にする。一方、PIP（そして採用と解雇に関するあらゆる手続き）は企業の変化すべき速度に合わせて社員を入れ替えるのを難しくする。

創造力に富み、迅速で柔軟な組織を目指すなら、必要な条件を整えてルールと手続きを廃止し、「自由と責任」のカルチャーを醸成しよう。

本書のはじめに、ふたつの問いを投げかけた。なぜブロックバスター、AOL、コダック、そして私自身が最初に興したピュア・ソフトウエアのように、環境変化に適応し、自らを改革できない会社が多いのか。どうすれば組織の独創性や機敏さを高め、目標を達成できるのか。

2001年に始まった旅は、2015年末までにきわめて高度な「自由と責任」のカルチャーに結実した。ネットフリックスは郵送DVDレンタルからストリーミングへ、さらには『ハウス・オブ・カード』や『オレンジ・イズ・ニューブラック』をはじめ数々の賞を受賞するようなテレビ番組まで制作する会社へと変化してきた。株価は2010年の8ドル前後から、2015年末には123ドルまで上昇し、顧客数は同時期に2000万人から7800万人に増加した。

アメリカでの目覚ましい成功を受けて、ネットフリックスは次の文化的挑戦に踏み出した。2011年から2015年にかけては、一度に1カ国ずつ海外進出を進めていった。2016年にはそれを一気に拡大し、たった1日で130カ国へとサービスを広げた。この成功をもたらしたのはネットフリックス・カルチャーだ。だがいま、こんな疑問が生まれている。ネットフリックス・カルチャーは世界中で通用するだろうか。それが第10章のテーマだ。

Section 4

グローバル企業への道

第10章

すべてのサービスを世界へ！

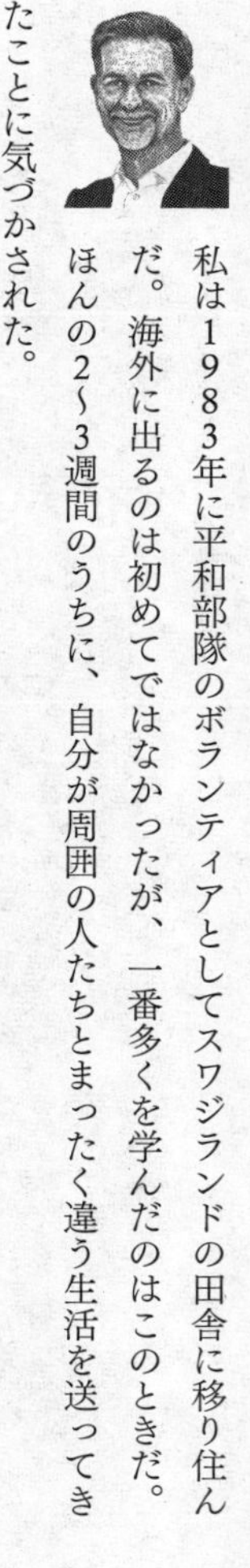

私は1983年に平和部隊のボランティアとしてスワジランドの田舎に移り住んだ。海外に出るのは初めてではなかったが、一番多くを学んだのはこのときだ。ほんの2〜3週間のうちに、自分が周囲の人たちとまったく違う生活を送ってきたことに気づかされた。

たとえば16歳の高校生に数学を教えはじめて1カ月も経たない頃のこと。私が教えることになったのは数学で好成績を収めて選抜された生徒たちで、間近に迫った国の試験の準備をすることになっていた。週1回のテストで、彼らの実力なら当然答えられるはずの問題を出した。

「幅2メートル、奥行き3メートルの部屋がある。50センチ四方のタイルが何枚あれば、床全体に敷けるか」

だが正解者はゼロ、ほとんどの生徒は解答欄に何も書いていなかった。

翌日、私は黒板にこの問題を書き、誰か解ける者はいないか、と尋ねた。生徒たちはもじもじして、窓の外を見た。私はイライラして、顔が赤くなるのがわかった。「誰もいないの？　1人も答えがわからない？」と、信じられないといった顔で尋ねた。がっかりして椅子に座り、誰かが答えてくれるのを待った。すると背の高いまじめな男子生徒のタボが、後ろのほうで手を挙げた。「ああ、タボ、解き方を説明してくれるかい？」と私は勢いこんで立ち上がった。だがタボは質問には答えず、逆に質問した。「ヘイスティングス先生、すみません、タイルって何ですか？」

ほとんどの生徒は伝統的な丸い小屋で暮らしており、床には泥かコンクリートが敷き詰められていた。問題に答えられなかったのは、タイルが何かがわからなかったからだ。いったい何を計算すればいいのか、まるで想像がつかなかったのだ。

この着任当初の経験や、その後のたくさんの出来事を通じて、自分自身の生き方をそのまま他の国に持ち込むことはできないと学んだ。外国で望みどおりの成果を手に入れるためには自分のどこを変えなければならないのか、しっかり考える必要がある。

だから2010年にネットフリックスが海外市場への拡大を始めたとき、世界で成功するためには組織カルチャーを変える必要があるのか、ずいぶん考えた。それまでにネットフリックスの経営手法は確立され、良い結果が出ていたので、大幅に変えたくはなかった。だがネットフリックス流の率直なフィードバック、ルールを嫌う企業風土、「キーパーテスト」のような手法が他の国でもうまく機能するのか、確信はなかった。

私はネットフリックスより早くグローバル化に乗り出し、明確な戦略を貫いている企業を思い浮かべた。グーグルだ。ネットフリックスと同じように強固な企業文化を持つグーグルは、進出先の国のカルチャーに適応しようとせず、逆に自分たちに適応できる人材だけを採用した。どの国の出身者かにかかわらず、世界中で「グーグラー」の称号にふさわしい人材を採用したのだ。

また1988年に就職し、1年間働いたパロアルトのシュルンベルジェ社のことも思い浮かべた。シュルンベルジェは大規模な多国籍企業だが、シリコンバレー拠点を支配していたのは明らかにフランスから移植された企業文化だった。すべての部門のリーダーはフランスからやってきた駐在員で、この会社で成功するにはパリ本社の意思決定システムやヒエラルキーにうまく対応する必要があった。新入社員に効果的なディベートの方法や原則に基づいて状況を分析する方法を教える、いかにもフランス的な研修プログラムもあった。

グーグルもシュルンベルジェも、ともに世界中で同一の企業文化を維持するのに成功しているようだった。だから少し不安はあったが、ネットフリックスにも同じことができるはずだと私は考えた。私たちもグーグルと同じように、長い時間をかけて醸成してきたカルチャーに魅力や居心地の良さを感じる個人を選べばいい。そしてシュルンベルジェと同じように、海外で採用した新たな社員がネットフリックスの流儀を理解し、実践できるように研修をすればいい。

それと同時に謙虚さと柔軟性も失わず、新たな国に進出するたびに自らのカルチャーを調整し、学習していこう。

2010年、私たちは国際化のプロセスに乗り出した。まず隣国のカナダへ、そして1年後にはラテンアメリカに進出した。2012年から2015年にかけてはさらにヨーロッパ、アジア太平洋地域へと拡大した。この間、東京、シンガポール、アムステルダム、サンパウロに4つの地域本部を開設した。そして2016年、国際戦略は大きな飛躍を遂げた。たった1日で130カ国でプラットフォームを利用できるようにしたのだ。海外への拡大は圧倒的成功を収め、ほんの3年のあいだにアメリカ国外の顧客基盤は4000万人から8800万人に急増した。

同じ3年のあいだに、ネットフリックスの社員数も2倍に増えた。その大半はまだアメリカ国内で働いていたが、次第に多様なバックグラウンドを持つ社員が増えていった。ネットフリックス・カルチャーには、「インクルージョン（個々の違いを尊重し、受け入れる姿勢）」という新たな項目が追加された。それはネットフリックスが成功できるかは、ネットフリックスの社員がどれだけサービスを届けようとする顧客層を反映しているか、そしてネットフリックスの提供するストーリーが自分たちの人生や情熱を反映していると顧客が感じてくれるかにかかっているからだ。2018年には一段と多様化している社員について理解を深め、学習するために、ヴェルナ・マイヤーズを初代のインクルージョン戦略責任者に据えた。

海外での事業が拡大し、また社員が一段と多様化していくなか、ネットフリックス・カルチャーのなかには世界中でうまく機能する要素があることがわかってきた。幸い、アメリカの社員が謳歌している自由は、世界中どこでも間違いなく受け入れられるという兆候が出ていた。社内規程や上司に縛られずに意思決定をすることに慣れるのに時間のかかる文化もあったが、ひとたびコツをつかむと、そうした国々の社員もカリフォルニアの社員と同じようにルールのない環境や自律性を歓迎した。自らの人生や仕事をコントロールしたいと思うのはアメリカ人だけではなく、そこに文化的差異はない。

一方、海外に持ち込みにくいネットフリックス・カルチャーも判明した。一例はキーパーテストで、海外展開を始めてすぐにわかった。「並の成果には十分な退職金を払う」という信念はどの国でも実行可能であるものの、アメリカの「十分な」水準はヨーロッパの国々では違法とは言えないまでも「せこい」水準になりかねない。たとえばオランダでは、法律の定める退職金は勤続年数によって変わる。それには対応する必要があったので、いまではオランダで勤続年数の長い社員を解雇するときには、「さらに十分な」退職金を用意している。キーパーテストとそれに付随するさまざまな要素は国際的に通用するが、各国の雇用慣行や法規制に適応させなければならない。

ネットフリックスの海外市場における急速な拡大、そして成功するうえでカルチャーが果たす重要性を踏まえ、私はここに挙げたわかりやすい要素以外にも、進出先の国々の文化をできるかぎり理解し、ネットフリックス・カルチャーとの類似性や潜在的困難を知りたいと思うようになった。そうしたことを意識するだけでも、意義深い議論が生まれ、最終的に会社としての有効性が高まると思った。

............カルチャー・マップとめぐりあう

そんなとき人事部門のマネージャーが、私にエリンの本『異文化理解力』を貸してくれた。行動に関するいくつかの指標に沿って、ある国の文化を別の国のそれと比較するシステムを紹介していた。さまざまな国の社員がどれだけ上司に反対意見を言うか、国によって意思決定のあり方にどのような違いがあるか、文化によって信頼感の生まれ方にどのような違いがあるか、といった問題に加えて、国によって批判的フィードバックの伝え方にどのような違いがあるかという、ネットフリックスにとってきわめて重要な問題も分析していた。

私はいくつかの指標を読んでみた。するとこのフレームワークが膨大なリサーチに基づいており、信頼性が高いと同時にきわめてシンプルであることがわかった。この本をエグゼクティブチームに紹介したところ、ネットフリックスが地域本部を置いているさまざまな国のカルチャー・マップを調べ、比較し、そこから何がわかるか議論してみようという提案があがった。

私たちはこの試みから多くを学んだ。カルチャー・マップという枠組みを使うことで、オランダ拠点と日本拠点ではフィードバックをめぐる社員の反応がなぜ真逆なのか、腑に落ちるような説明が得られた（グラフの指標2）。そこで経営幹部を集め、同じ指標を使ってネットフリックスという会社のカルチャー・マップを作ってみることにした。それが完成したら、進出した国々の文化と比較してみるのだ。

すでに述べたように、ネットフリックスでは四半期業績報告（QBR）に先立って全社のバイスプレジデント以上が集まる「Eスタッフミーティング」を開く。２０１５年11月のEスタッフミーティングでは参加者60人を6人ずつ10グループに分けた。ジョナサンが進行役を務めた2時

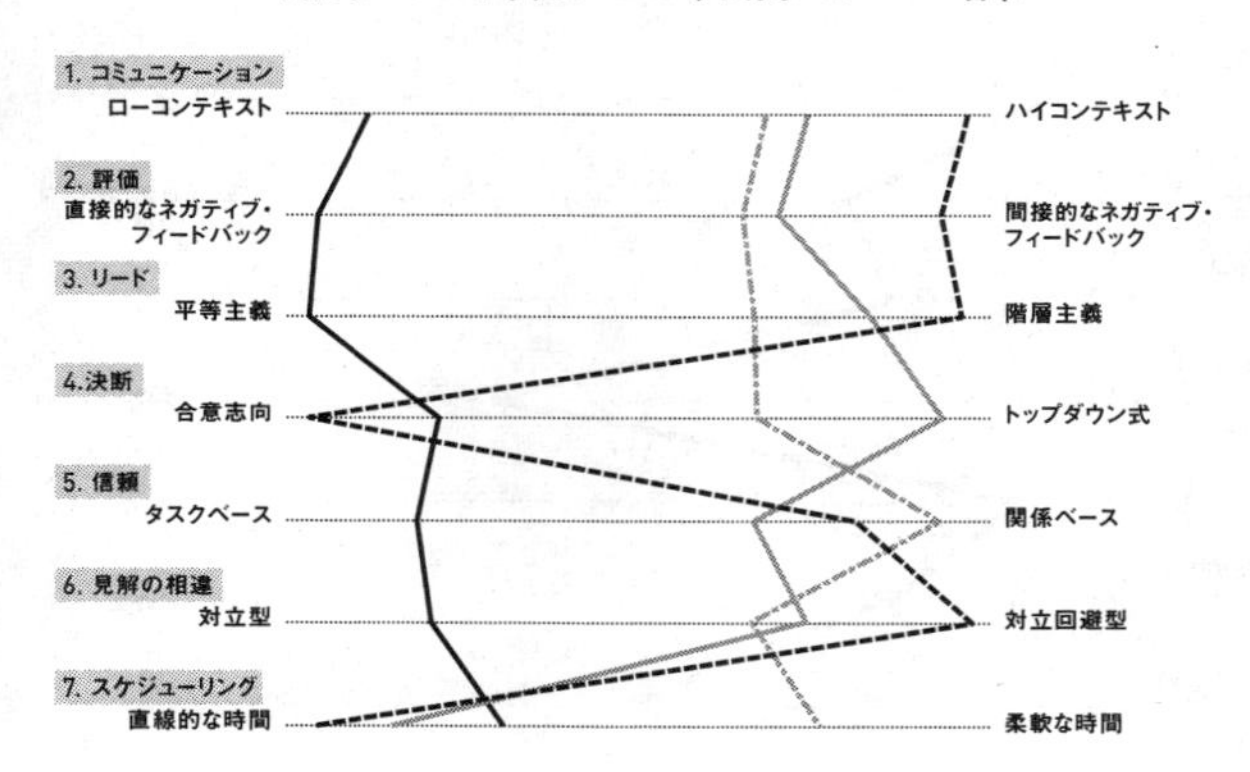

間のセッションでは、各グループがカルチャー・マップの指標を使い、ネットフリックス・カルチャーをマッピングした。

各グループの評価は少しずつ違っていたが、全体として明確なパターンが見られた。444〜445ページに3つの例を示そう。

それから10グループのマップを集めて分析、統合し、単一のネットフリックスのカルチャー・マップを作成したところ、445ページの下図のようなかたちになった。

グループ1

1. コミュニケーション
ローコンテキスト
ハイコンテキスト
2. 評価
直接的なネガティブ・フィードバック
間接的なネガティブ・フィードバック
3. リード
平等主義
階層主義
4.決断
合意志向
トップダウン式
5. 信頼
タスクベース
関係ベース
6. 見解の相違
対立型
対立回避型
7. スケジューリング
直線的な時間
柔軟な時間

グループ2

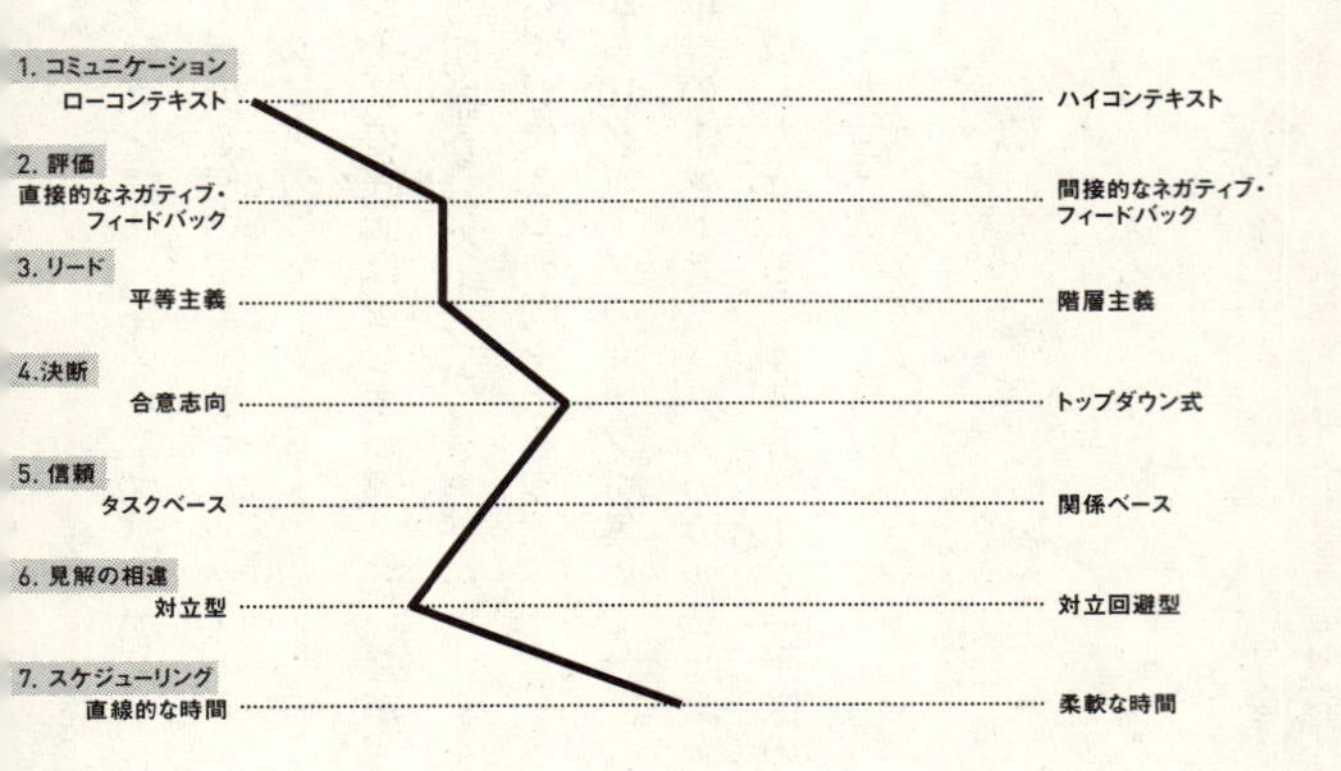
1. コミュニケーション
ローコンテキスト
ハイコンテキスト
2. 評価
直接的なネガティブ・フィードバック
間接的なネガティブ・フィードバック
3. リード
平等主義
階層主義
4.決断
合意志向
トップダウン式
5. 信頼
タスクベース
関係ベース
6. 見解の相違
対立型
対立回避型
7. スケジューリング
直線的な時間
柔軟な時間

グループ3

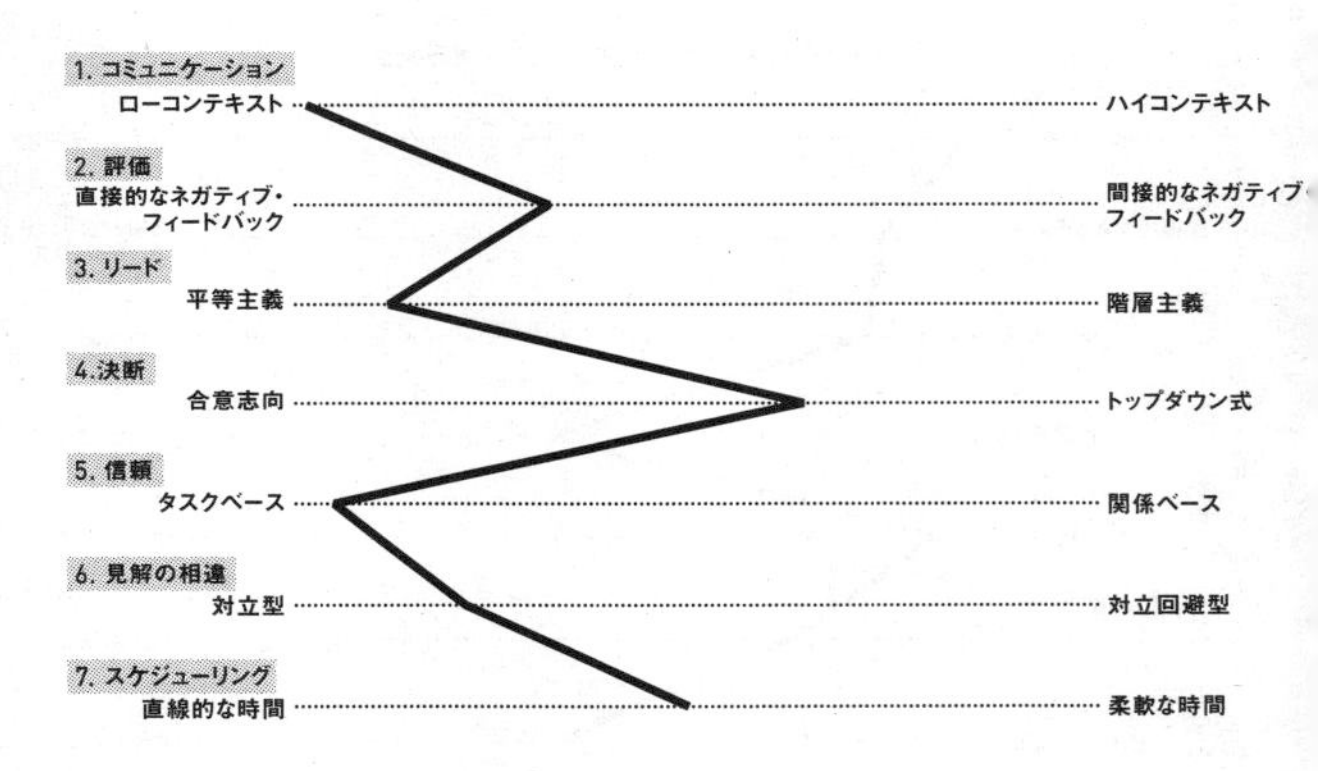
1. コミュニケーション
ローコンテキスト
ハイコンテキスト
2. 評価
直接的なネガティブ・フィードバック
間接的なネガティブ・フィードバック
3. リード
平等主義
階層主義
4.決断
合意志向
トップダウン式
5. 信頼
タスクベース
関係ベース
6. 見解の相違
対立型
対立回避型
7. スケジューリング
直線的な時間
柔軟な時間

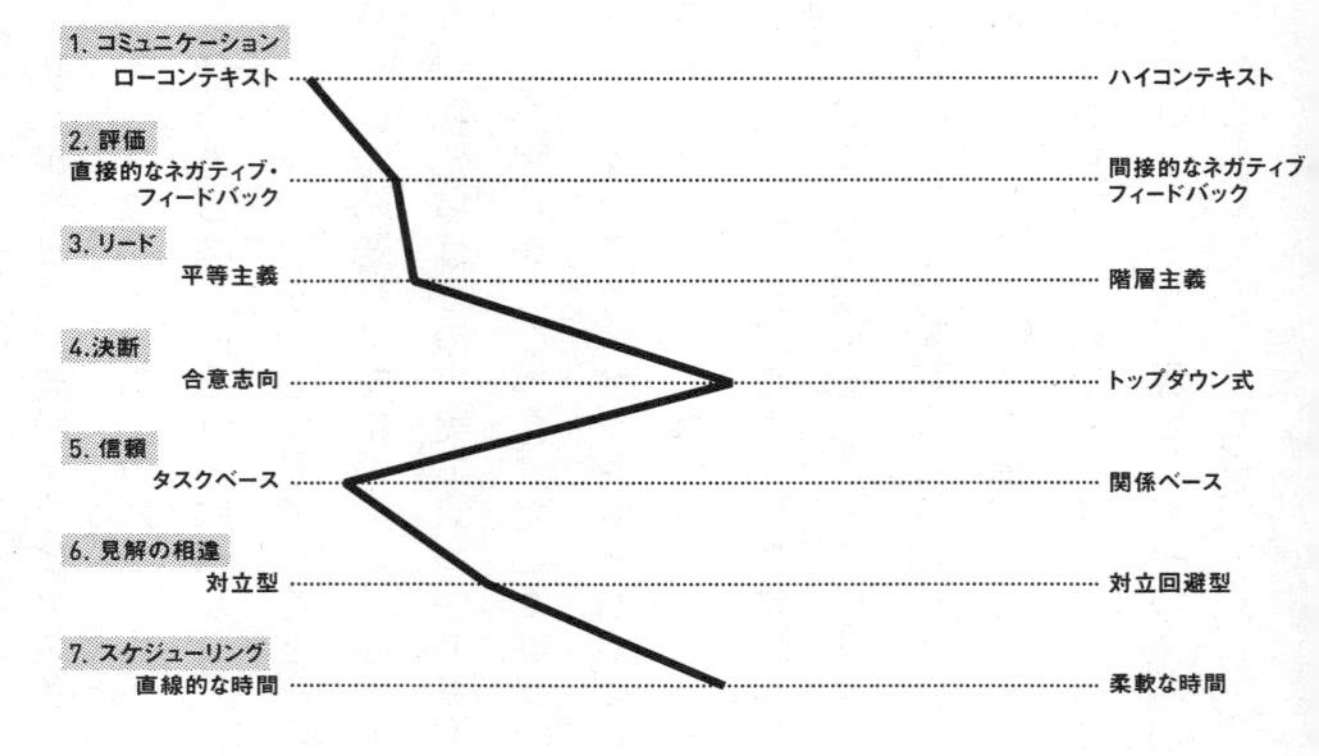
ネットフリックス
1. コミュニケーション
ローコンテキスト
ハイコンテキスト
2. 評価
直接的なネガティブ・フィードバック
間接的なネガティブ・フィードバック
3. リード
平等主義
階層主義
4.決断
合意志向
トップダウン式
5. 信頼
タスクベース
関係ベース
6. 見解の相違
対立型
対立回避型
7. スケジューリング
直線的な時間
柔軟な時間

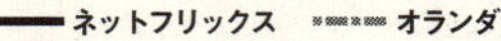

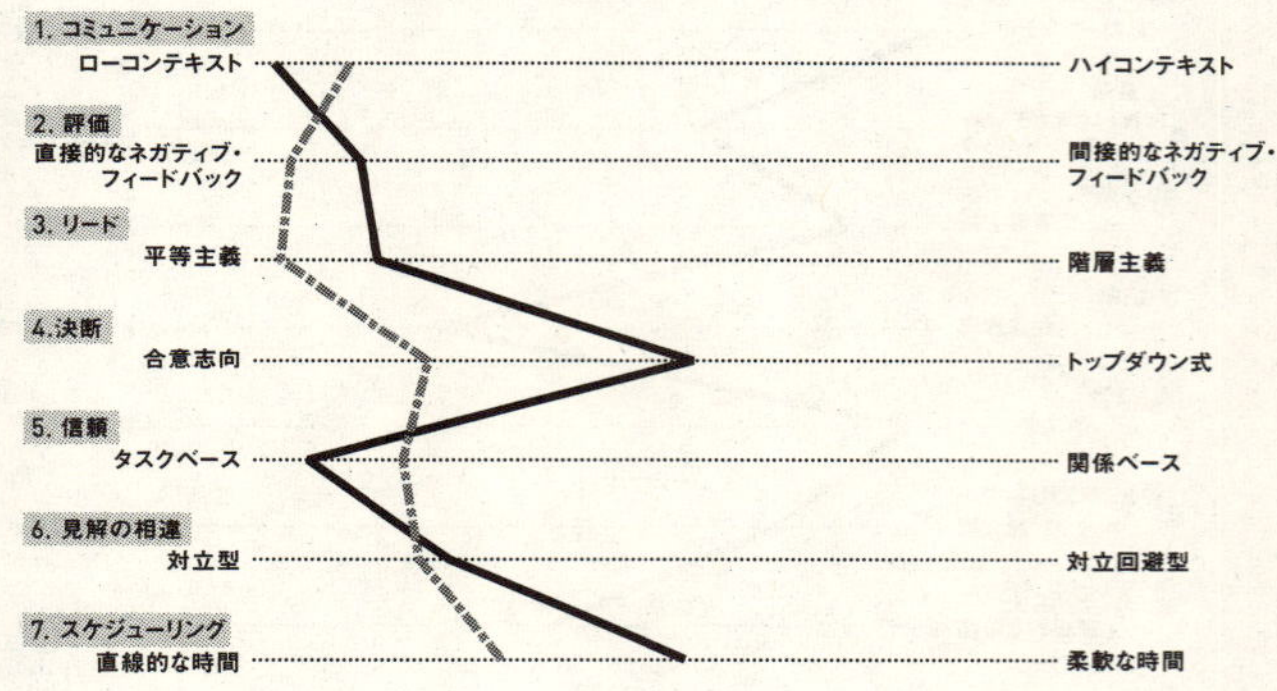

続いてエリンが作成した国別マッピングツールを使って、ネットフリックスのカルチャー・マップを地域本部のある国々のそれと比較した。カルチャー・マップを詳しく見ていくと、地域本部で生じていた問題には文化の違いに起因するものがあり、私たちはその事実に気づいてさえいなかったことが明らかになった。たとえば決断の指標（指標4）を見ると、オランダと日本はともに合意志向の極に近い。アムステルダムと東京の拠点で、たった1人の担当者が「情報に通じたキャプテン」として意思決定を下すというモデル（第6章を参照）に苦手意識を持つ社員が多いのは、このためだったのだ。また権威に対する姿勢を測る指標3を見ると、ネットフリックスはオランダより右（オランダは世界で最も平等主義が強

ネットフリックス vs シンガポール

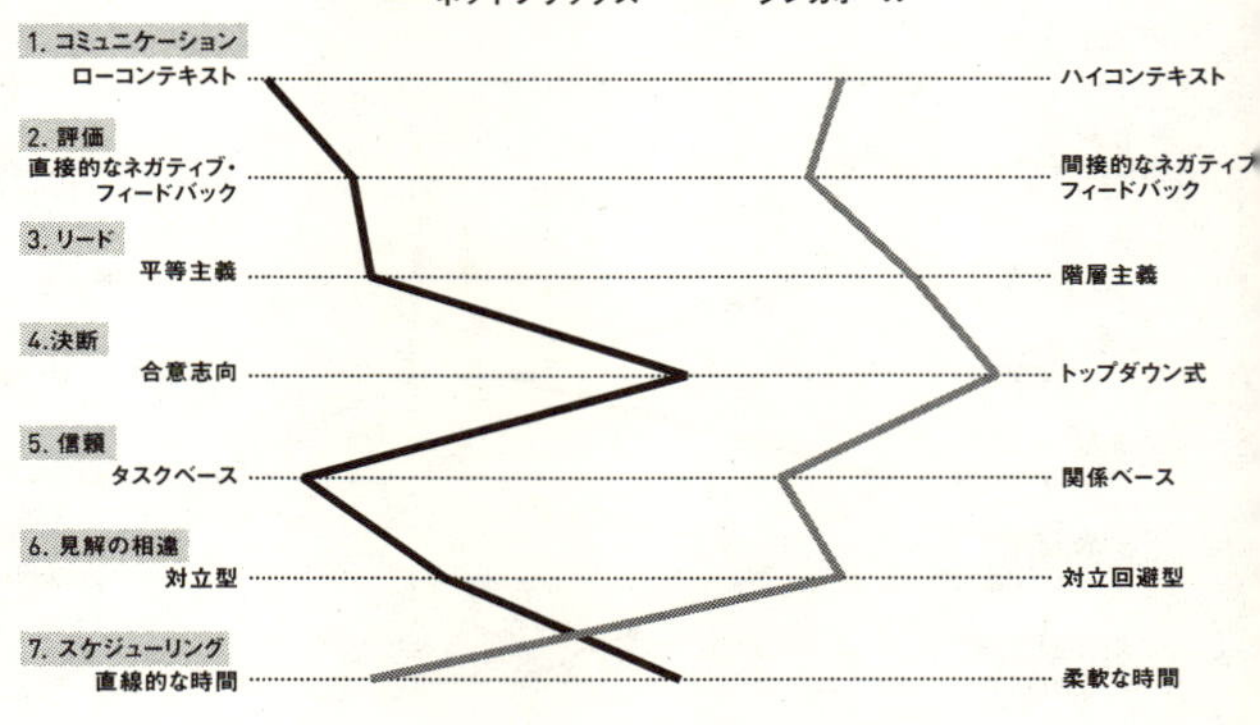

い国のひとつであることがわかった)、シンガポールより左(シンガポールは階層主義的)であることがわかる。オランダ人の社員は平気で上司の提案に逆らうのに対し、シンガポール人の社員は上司が反対した場合に自らの意思を貫くには相当背中を押してもらう必要がある理由も、これで理解できた。

信頼の指標(指標5)の結果にも衝撃を受けた。ネットフリックス・カルチャーは、進出したほとんどの国より明らかにタスクベースだった。信頼の指標をグラフ化した449ページの図を見れば、問題は明白だろう。参考までにアメリカの位置もプロットした。

ネットフリックスの社員は時間を惜しむ。ほとんどのミーティングの予定時間は30分だ。最重要

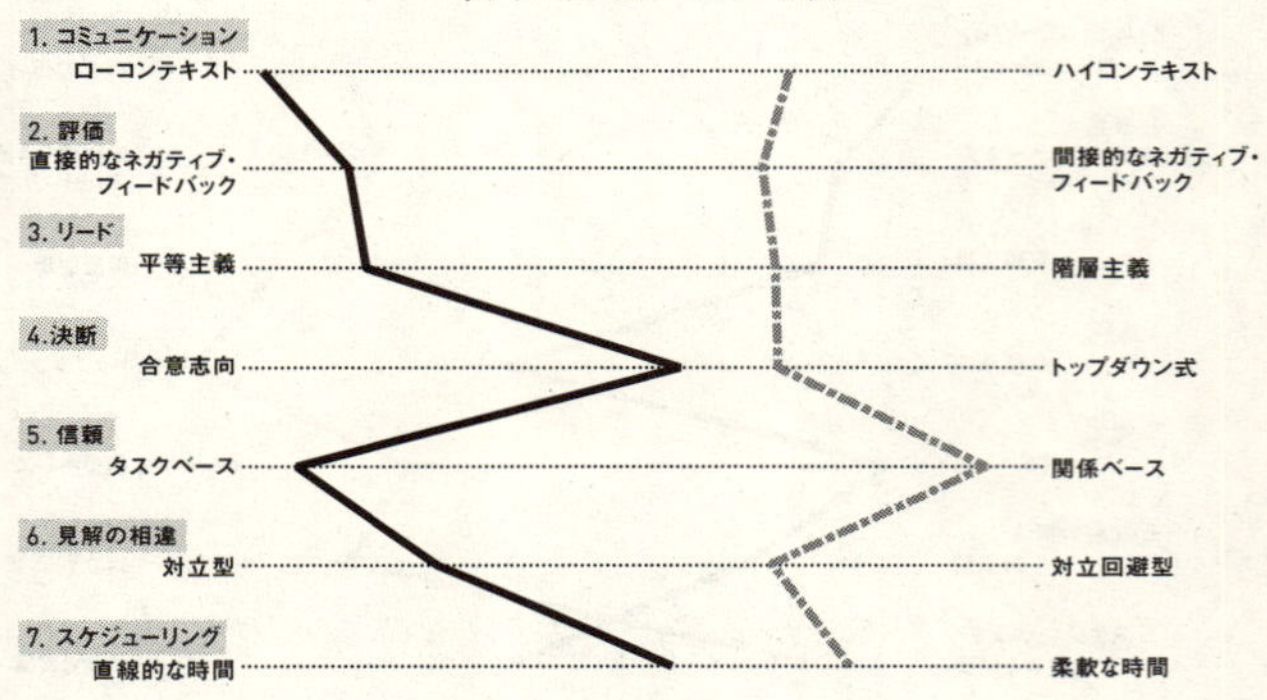

ネットフリックス vs 日本

ネットフリックス　日本

1. コミュニケーション
ローコンテキスト　ハイコンテキスト

2. 評価
直接的なネガティブ・フィードバック　間接的なネガティブ・フィードバック

3. リード
平等主義　階層主義

4.決断
合意志向　トップダウン式

5. 信頼
タスクベース　関係ベース

6. 見解の相違
対立型　対立回避型

7. スケジューリング
直線的な時間　柔軟な時間

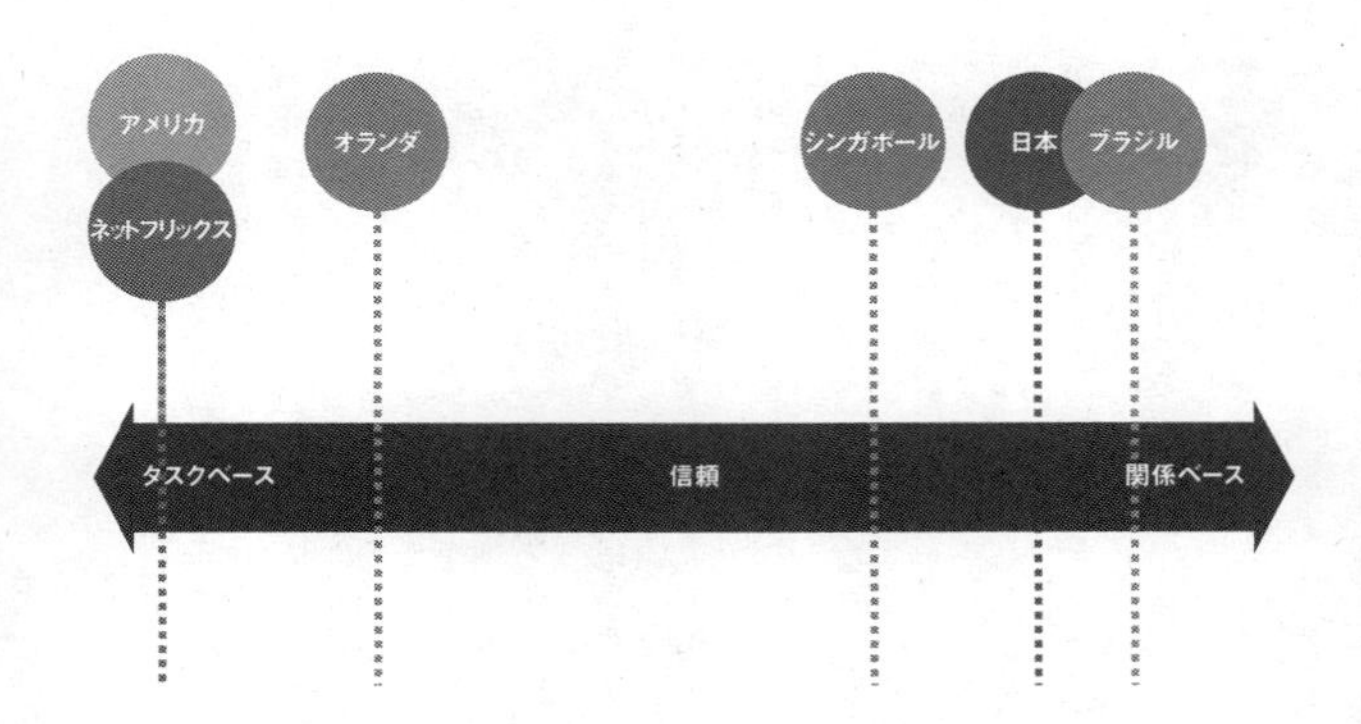

課題を含めて、どれほど重大なトピックでも30分あれば話し合いは完了する、というのが前提になっているからだ。お互いにフレンドリーかつ親切に接するが、カルチャー・マップ作成以前は、仕事以外のおしゃべりにあまり時間を使わないようにしていた。会社の目的は効率性とスピードであり、コーヒーを飲みながら親睦を深めることではないからだ。だが世界各国から大勢の社員を採用しはじめたところ、この仕事中心のアプローチは多種多様な面で会社に害を与えていることがわかった。それを雄弁に物語るのが、ブラジル拠点の立ち上げメンバーの1人であるレオナルド・サンパイオのエピソードだ。レオナルドはラテンアメリカ地域の事業開発担当として2015年10月に入社した。

何十回も電話面接やビデオ面接を繰り返した末に、ぼくはシリコンバレーに呼ばれ、丸1日かけて実際に未来の同僚と対面する面接に臨むことになった。採用担当者に会議室に案内され、そこで朝9時から正午まで、将来一緒に働くことになる魅力的な人たちと30分の面接を合計6回こなした。予定表には昼食休憩はたった30分と書かれていた。

ブラジルでは、ランチタイムは同僚と友情を深める時間だ。毎日のランチタイムでは、片づけるべき仕事のことは忘れて、お互いをよく知ろうとする。この時間を通じて培われる信頼は、仕事を連携して進めるうえでとても重要だ。またブラジル人はこのような人間関係を楽しみに職場に来る。だからぼくはシリコンバレーで昼食の時間がたった30分しか割り当てられていなかったことにまず驚き、一緒に食事を楽しんでくれるのは誰だろう、と考えていた。

休憩時間になると、知らない女性が会議室に入ってきた。ランチのパートナーだろうか。ぼくが立ち上がって挨拶すると、彼女はやさしくこう言った。「サラに頼まれて、ランチを持ってきました。気に入ってもらえるといいのだけど」。袋のなかにはサラダ、サンドイッチ、フルーツなどおいしそうな食事が入っていた。彼女は他に欲しいものはないですか、と尋ね、ぼくが大丈夫と答えると部屋を出ていった。ぼくは１人でランチを食べた。いまではアメリカ人にとっては勤務中に昼食をとるのも仕事のうちだということがわかっている。でもブラジル人にとって、１人ぼっちで昼食を食べさせられるという経験はショックだった。「少なくともぼくの上司になる人は、顔を出しておしゃべりしていってもいいんじゃないか。気分はどうだい、とか、ブラジルでの生活について尋ねるくらいはしてもいいだろう。ネットフリックスが『私たちはチームであって、家族ではない』というのは、こういうことなんだな」と思った。

もちろん孤独な時間は長くはなかった。30分はあっという間に過ぎ、すぐに次の面接官が部屋に入ってきた。

この話を聞いて、私はいたたまれない気持ちになった。「私たちはチームであって、家族ではない」というのは、高いパフォーマンスを求めるという点においてであって、すべての時間を仕事に向けて、同僚と親しくなろうとしない、あるいは同僚のことを大切にしないといった意味ではない。アメリカ人なら1日中面接を受けるなら、ランチの30分のあいだくらいは1人になって、用意したメモを読み返したいと思うだろう。だがいまなら面接を受けにきたブラジル人を、食事時に1人にするのは失礼だということがわかる。ブラジル人の同僚がアメリカに来ることがあれば、個人的に知り合う時間をつくることの重要性を意識するようにしている。そしてブラジル人の同僚には、ブラジルのプロバイダーと交渉する際に良い関係を作れるよう、アドバイスを求めるようにしている。

カルチャー・マップ作成は、このような状況はもちろんのこと他のさまざまな重要な局面に備えて、ネットフリックスが有効な行動をとるのに役立っている。カルチャー・マップ作成で意識が高まったことによって、文化的ギャップに対する比較的シンプルな解決策について貴重な議論も行われるようになった。

とはいえカルチャー・マップで浮かび上がったすべての問題が簡単に解決できたわけではない。率直さに関連する指標（カルチャー・マップでは「評価」の指標）は、常に大小さまざまな問題の原因となってきた。国による差異に対する意識は高まったものの、それをどう克服すべきか、明確な解はない。

率直さに対する考え方は国によって大きく異なる

外国で働いたことがある人なら、ある国では効果的なフィードバックも、他の国では必ずしもそうではないことを知っているだろう。たとえばドイツ人の上司がストレートに問題点をフィードバックすると、アメリカ人には厳しすぎると受け取られるかもしれない。一方、アメリカ人は肯定的なフィードバックをたくさん与える傾向があり、それはドイツ人から見ると過剰で嘘っぽいと思われる可能性がある。

それは異なる地域の社員は、それぞれまったく異なる方法でフィードバックを受け取ることに慣れているからだ。タイ人のマネージャーは、他の人がいるところでは決して同僚を批判しない習性を身につけている。一方、イスラエル人のマネージャーは常に正直に、言うべきことをそのまま伝える姿勢を身につけている。コロンビア人は否定的なメッセージを肯定的な言葉で和らげるよう訓練される一方、フランス人は積極的に批判し、肯定的フィードバックは控えめにするよう訓練される。ネットフリックス・カルチャーを、主要拠点の文化と比較すると454ページの図のようになる。

批判的メッセージを伝えることにおいて、オランダは世界で最も直接的な文化のひとつに入

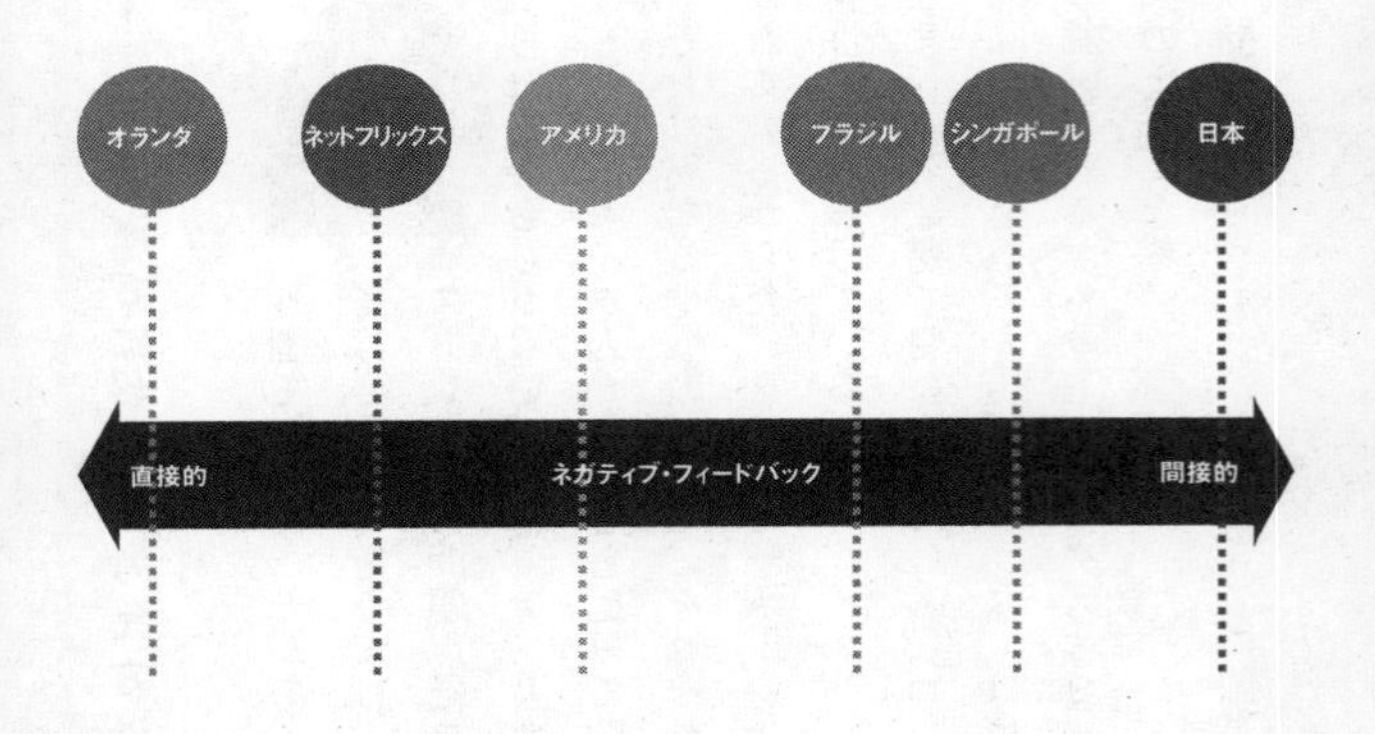

る。一方、日本はきわめて間接的だ。シンガポールは東アジア諸国のなかでは最も直接的な部類に入るが、それでも世界全体で見ると間接的なほうだ。アメリカ人の平均はやや左寄りだ。ブラジルは（地域差が大きいものの）シンガポールよりわずかに直接的だ。ネットフリックスのポジションは、2015年にリードが旗振り役となって作成したカルチャー・マップのものだ。

この指標における各国のポジションを決めるひとつの要因が、批判するときにどのような言葉を使うかだ。直接的な文化は言語学者が「強意語」と呼ぶ言葉をよく使う傾向がある。「これはきわめて不適切だ」「どう見ても職業人としてあるまじき行為だ」といった具合に、否定的なフィードバックの前後に「きわめて」「どう見ても」「明らかに」といった印象を強める言葉を挿入するのだ。

対照的に間接的文化では、「多少」「幾分」「ちょっと」「もしかしたら」「やや」など、批判を弱める効果のある「緩和語」が使われる傾向がある。もうひとつの緩和表現は意識的に控えめな表現を使うことだ。たとえば「全然目標に届いていない」と言うべきところを、「まだゴールには到達していない」などと言うのがその例だ。

ネットフリックスの拠点がある国のなかでも、最も間接的なのが日本の文化だ。日本人は否定的フィードバックをするとき、大量の緩和語を使う傾向がある。ただそれは日本流の、批判の衝撃を和らげる手段のほんのひとつに過ぎない。フィードバックをそれとなくほのめかす、あるいはほとんど言葉にしないことも多い。2015年に日本で事業を開始すると、ネットフリックスの経営陣が期待するような明確なフィードバックを頻繁にやりとりすること、とりわけ部下が上司にフィードバックすることは、新たに日本で採用された社員にとって抵抗なく自然にできるものではないことがすぐに明らかになった。事業および法務担当バイスプレジデントのジョセフィン・チョイ（アジア系アメリカ人）はある経験を振り返る。

私は東京拠点の初期の社員の1人で、日本の法務責任者としての最初のタスクは法務

の専門家を採用することだった。求めたのは日本語と英語のバイリンガルで、ネットフリックス・カルチャーを体現するような（少なくともそこに魅力を感じるような）人材だ。

採用活動はうまくいったが、すぐにさまざまな課題が顕在化した。そのひとつが、発生した問題やミスについて話し合うといった難しい状況になると、ジョセフィンのスタッフはオープンに議論をしているようで、最も重要な情報は行間ににじませる傾向があったことだ。ジョセフィンはこう説明する。

英語を話すときはふつう、まず主語があり、続いて動詞や目的語が来る。主語を省略することはめったにない。そうすると文章の意味が通じなくなってしまうからだ。一方、日本語の文法はもっと柔軟だ。主語も動詞も目的語も省くことができる。名詞だけで文章を作ってしまうことも可能だ。文章の最初にまず主題が来て、それから中身に入り、最後に動詞が来るというケースも多い。話し手は主語が自明だと思うと省くこともある。日本語のこうした特徴は、対立回避の文化に都合のよいものだ。そういう状況では文脈を読み解くことによって、誰が何をしたのか理解しなければならない。

たとえばジョセフィンのチームで誰かがミスをした、あるいは締め切りに間に合わなかったというとき、日本人の社員たちはこうした日本流の言い回しを駆使して、英語で話しながらも敢えて責任者の名前を口にしないようにした。

ミーティングでうまくいかなかった問題を話し合っているとき、チームメンバーは受動態をよく使う。たとえば「コンテンツが制作されず、そのためコマーシャルは放映されなかった」とか、「予想に反して承認が得られなかったので、支払いができなかった」といった具合だ。そうすることで仲間内ではきわめて率直な議論をしつつ、同席している誰かにバツの悪い思いをさせたり、明確に責めたりしないで済む。

だがそうなると、唯一日本人ではない私はしょっちゅう議論を止め、内容を確認しなければいけなくなる。「待って、コンテンツを制作しなかったのは誰？　ネットフリックス、それともエージェント？」と。ときには私の失敗を誰も指摘したくないために、受動態が使われることもあった。「待って、その承認をするべきだったのは私？　私のミスだったのなら、今後はどうすればいいか教えてほしい」

行間からメッセージを伝えようとする傾向が特によく見られるのは、修正的フィードバックを与えるとき、反対意見を表明するとき、あるいは否定的印象を伝えるときだ。不愉快なメッセージを間接的に伝えることで、フィードバックをする人は受け取る人と良好な関係を維持できる。日本の文化において、修正的フィードバックが明確に伝えられることはめったにない。立場が上の者に対しては、まずないと言える。ジョセフィンは日本人の部下に初めてフィードバックを求めたときの思いがけない出来事を、こう振り返る。

私が東京で最初に採用した社員の1人が、ディレクターレベルの弁護士のミホだった。入社時研修がひととおり済んだとき、週次の個人面談をした。私はこの初めてのミーティングに際して議題を用意し、リストの最後にフィードバックを含めた。ミーティングは順調に進み、最後の項目になったので、こう言った。「知っていると思うけど、ネットフリックスにはフィードバックと率直さのカルチャーがあるんです。まずあなたからフィードバックをお願いしたいと思います。研修はどうでしたか？　私のやり方の改善点はありますか？」

アメリカで何十人という部下に同じ質問をしてきたジョセフィンにとって、次に起きた事態は想定外だった。

ミホは私を見つめ、その目から涙が溢れてきた。恐れや不安の涙ではなかった。「大変だ、上司からフィードバックを求められた。本当にこんなことがあるんだ！」という反応だ。「ああ……ごめんなさい、泣いたりして。フィードバックをする気はあるのですが、どうしたらいいかわかりません。日本ではこんなふうに上司にフィードバックなどしないので」とミホは言った。

そこで私はもっと穏やかなかたちで進めることにした。「それなら今回は私からフィードバックします。今後私からミーティングの議題を送ったら、あなたからも話し合いたいテーマを何なりと追加してください」。ミホは涙をふくと「わかりました。それは有益なフィードバックですね。ちょっと考えて、次のミーティングであなたへのフィードバックを伝えます」と言った。

このミーティングはジョセフィンに大きな気づきを与えた。

もちろん日本人はアメリカ人ほど直接的な物言いはしないし、上司にフィードバックするのは特に難しいとは思っていたけれど、あのような反応が返ってくるとは予想もしなかった。

何度か練習を重ねると、ミホは面談で明確かつ行動改善につながるフィードバックをしてくれるようになったので、この点についてはうまくいったと思う。

しかしミーティングやプレゼンのとき、その場で日本人同士でフィードバックをしてもらうのはさらに難しかった。そこでネットフリックスのリーダーたちは試行錯誤の末、日本だけでなく世界中のアメリカほど直接的ではない文化圏で、率直さのカルチャーをうまく実践するための知恵をいくつか学んだ。ひとつめは、そうした文化では正式なフィードバックの機会を増やすことだ。

………間接的文化では正式なフィードバックの場を増やす

東京拠点でフィードバックがなかなかうまくいかなかったことから、アメリカ拠点のマネージャーは日本人に「4A」ガイドラインに沿ったフィードバックを習得してもらう試みとして、カリフォルニアから日本へ行って、日本で「フィードバック・クリニック」を開催した。クリニックに参加した日本のコンテンツ・マネージャーのユカは、こう振り返る。

アメリカから4人のリーダーが東京にやってきて、フィードバックの与え方、受け取り方に関する講習を開いた。ステージ上でお互いに修正的フィードバックを与えたり、受け取ったフィードバックに応えたりした。アメリカ人の同僚から厳しいフィードバックを受け取ったときのエピソード、そのときどんな気持ちがしたか、それが自分にどんなプラスの効果をもたらしたかを語った。

講習が終わると、参加者はみんな礼儀正しく拍手をしたが、心のなかで「この研修は私たちにはまったく役に立たない」と思っていた。アメリカ人がアメリカ人に英語でフィードバックするというのは、まったく難しいことではない。そんな状況は何十回と見てきた。私たちが見たいのは、日本人が日本人に（できれば日本語で）フィードバックを与える場面だ。どんな話し方が適切なのか、相手への敬意を示し、お互いの関係を悪くしないためにはどうすればよいかがわからないのだ。それがミッシングリンクだった。

もっと良い方法を見つけたのは、最高プロダクト責任者のグレッグ・ピーターズだ。グレッグは日本人女性と結婚していて日本語も流暢だったこともあり、私の頼みで2015年に東京に移り、拠点を立ち上げることになった。グレッグはこう語る。

日本に移って半年ほどが過ぎたが、熱心な働きかけにもかかわらず、職場内でその場の状況に応じた即時的なフィードバックはほとんど行われていなかった。360度評価の時期が来たものの、私はあまり期待していなかった。

まずは書面による360度評価を実施し、それからライブ360も開催した。みんながいる前で同僚や上司に率直なフィードバックをするというのは、このうえなく非日本的行為だ。ただ私は日本文化の特徴のなかに、この集団的フィードバックを成功させる要素があるのではないか、と考えていた。日本人は物事に対して周到かつ徹底的に準備する傾向がある。明確に期待事項を示せば、それを達成するために最善を尽くす。「これに向けて準備をしてほしい、そのための指示書はこれだ」と言えば、ほぼ確実に最高の成果を出してくれる。

ライブ360は大成功に終わった。360度評価のプロセスにのっとって、日本人のチームは過去数年、私が率いてきたアメリカ人のチームよりも質の高いフィードバックを提供していた。コメントは率直で、論理的だった。提言はどれも行動変化につなげることが可能で、なまやさしいものではなかった。誰もが与えられたフィードバックは堂々と、感謝しながら受け取っていた。

その後、複数のメンバーと振り返りをしたところ、こんな声があがった。「あなたからこれは業務の一環だと告げられ、やるべきことやその方法を指示されていた。だからみんな準備をしたし、リハーサルをした者もいる。みんなあなたの、そしてネットフリックスの期待にきちんと応えたいと思ったんだ」

ネットフリックスはこの経験から、日本だけでなく、直接的なネガティブ・フィードバックがやりにくく、一般的ではない文化圏では、社員にその場で同僚や上司へのフィードバックを求めてもたいていうまくいかないことを学んだ。しかし正式な場を設け、フィードバックを議題に含め、準備のための指示や明確な手順を示せば、有益なフィードバックをうまく引き出すことができる。

ジョセフィンも東京での経験から学んだ教訓を、その後ブラジルやシンガポールに異動した際に活かしている。

いまではアメリカほど直接的ではない文化圏でマネージャーを務める社員には、よく言ってきかせる。「早い段階から頻繁にフィードバックを実践しよう。負のイメージを払拭するために、できるだけ多くの会議でフィードバックを議題に含めたほうがいい。最初の数回は自分からフィードバックをし、簡単に実行に移せる小さなヒントをやさしく伝える。正式なフィードバックの場を減らすのではなく、むしろフィードバックの機会を増やし、同時に関係構築にも努めよう。日常的に自然とフィードバックが交わされるような状況は期待できないけれども、フィードバックを議題に含め、社員に準備する時間を与えれば、私心のない率直なやりとりからたくさんの恩恵を得られるようになるはずだから」

正式なフィードバックの機会を設ける、というのが、ネットフリックスのマネージャーたちが学んだ世界中で率直なカルチャーを実践するための最初の教訓だった。ふたつめの教訓は……

……自らのやり方を調整し、とにかく対話する

ネットフリックスが日本に進出したとき、ジョセフィン、グレッグをはじめとする経営チームは、成功に影響しそうな文化的差異に注意していた。日本文化が異質であることは、初めからわかっていたからだ。しかしシンガポールに進出するときは文化的差異はそれほど明白ではなかったので、リーダーたちもあまり警戒していなかった。シンガポールの同僚たちは完璧な英語を操り、西洋人と働いた経験も豊富だった。このため西洋の流儀に慣れていると思い、文化についてはあまり考えなかった。だが徐々に違いは明らかになってきた。

2017年10月にHBOアジアから転職してきたマーケティング・コーディネーターのカーリン・ワンが、具体例を挙げている。

事務アシスタントが辞めてしまったので、私が一時的に代役を務めることになった。先週、2人のアメリカ人の同僚と、ある外部のパートナーとの電話会議が予定されていた。会議を設定したのは前任者で、私ではない。アメリカの2人は早朝に起きて待機していたが、パートナーは現れなかった。

その後、2人の上司は個別に私に連絡してきた。2人のメッセージはとても腹立たしかったので、私は無視を決めこんだ。返信はしなかった。気持ちを鎮めるために散歩に出て、自分にずっとこう言い聞かせていた。「寛容にならなくては。落ち着こう、単に書き方の問題なのだから。自分たちのメッセージが失礼だと気づいていないのかもしれない。あんなふうに書くと他人にどう思われるか、わからないのかもしれない。2人は善良な人たちだもの。彼らが善人だということは、よくわかっている」

カーリンからこの話を聞き、2人のアメリカ人がどれほど不愉快な文面を書いたのか、私は興味を持った。もしかすると文化的差異ではなく、単に行動そのものに問題があったのかもしれない。カーリンが腹を立てたメッセージのひとつを探してくれた。

Karlyne - We got up early for the call but the partners never dialed in. We could've used the slot for another call. Can you please try and double check all calls the day before and if not happening delete from calendar?

カーリン、私たちは電話のために早く起きて待機していたのに、相手は電話をかけてこなかった。それなら同じ時間に別の電話会議を開けたのに。今後電話会議についてはすべて前日に有無を再確認し、実施しない場合はカレンダーから削除してもらえますか?

アメリカ人である私には、メッセージは無礼にも不適切にも見えない。ビジネスがうまくいくように、送信者は問題を明確に指摘し、実行可能な解決策を示している。カーリンを叱責などしていない。「please」という言葉を使い、こんなふうに行動を変えてほしい、と説明している。今度はカーリンの反応が文化的なものなのか、あるいは彼女の過剰反応なのか知りたくなった。

そこでメッセージのスクリーンショットを撮り、ネットフリックス社内の他のシンガポール人に見せて意見を聞いた。すると8人中7人がカーリンと同じ反応を見せた。メッセージは失礼だ、というのだ。その1人がプログラム・マネージャーのクリストファー・ローだ。

クリストファー：シンガポール人にとって、この文面は攻撃的に思える。かなり命令口調だ。「状況はこうだ。だからAをしろ、Bをしろ」と。ぼくがこのメッセージを受け取ったら、相手に怒鳴られている気がするだろう。一番いただけないのは「それなら同じ時間に別の電話会議を開けたのに」というくだりだ。この一文はまったく必要ない。最初の一文を読めば、すでにわかる内容なのに、わざわざはっきり書くなんて辛辣すぎる。ぼくなら「なんでこんな不愉快な態度をとられなければいけないのか」と思うはずだ。

エリン：送信者は無私で率直なだけだとは思わない？

クリストファー：西洋人は「こんな話はさっさと済ませておこう。そして相手にはっきり伝わる書き方をしなくては。無駄な時間はかけたくないから」と思うのだろう。でもシンガポール人にとっては蹴り飛ばされているように感じる。無私だとは思えない。ふつうショックを受けるよ。

エリン：送信者が同じメッセージを、相手に失礼だとか侮辱されたと感じさせないように伝えるとしたら、どうすればいい？

クリストファー：もっと人間味のある文章にしたらいい。たとえば「いまはシンガポールでは深夜だね。朝から嫌な話で申し訳ないけれど……」という書き出しにするとか。あるいは「このミーティングをセッティングしたのはあなたではないから、あなたの責任ではないのだけれど」という言い方で、相手を責めるような雰囲気をなくすこともできる。「あなたがとても忙しいのはわかっている。今後はこんなふうにしてもらえると助かる」という書き方にすれば、命令口調ではなくなる。親愛の情を示すサイン、たとえばフレンドリーな絵文字を追加するのもいいだろう。

アメリカ人だけが適応すべきだとは思っていない、とクリストファーは強調した。

誤解しないでもらいたい。アメリカに本社がある企業に働いている社員として、ぼくらシンガポール人も適応するために努力する必要があると思っている。このメッセージを読んだら、シンガポール人は反射的に茫然とするか、腹を立てるだろう。でもネットフリックスで成功するためには、そうした反応を変える必要がある。他の国では適切な行動であることを思い出し、対話を始めなければならない。カーリンはメッセージを送ってきた相手に電話をして、率直に話し合うべきだった。「こういう事態になって、あなたが不満だったのはわかる。でもあなたのメッセージは私には不愉快だった」と。文化的差異を説明してもいい。「これは文化的な行き違いかもしれない。シンガポールの人はフィードバックをするときもっと間接的な表現を選ぶし、フィードバックを受けるときは敏感になりやすいことは私にもわかっている」と。率直な対話と透明性の高い議論によって、みんながネットフリックス・カルチャーを実践し、世界中の同僚と上手にフィードバックをやりとりできるようになる。

このクリスのアドバイスには、ネットフリックスが学習したふたつめの教訓が凝縮されている。ネットフリックス・カルチャーにおける率直さの重要性を考えれば、間接的な文化で育った社員もそれまで経験したことのないような率直なフィードバックをやりとりすることに慣れていかなければならない。そのためには私たちは第2章で触れた「4A」のフィードバック・モデルの重要性を繰り返し伝えていく必要がある。文化的差異についてオープンに語り、海外のチームにはコーチングやサポートを通じて、直接的フィードバックを平手打ちのように受け止めず、向上するための手段ととらえるよう促していく必要がある。たとえばサンパウロ拠点では毎週、ネットフリックス・カルチャーについて話し合うミーティングを開いており、希望する社員は誰でも参加できる。そこで最も頻繁に議論されるトピック

が、フィードバックの与え方、受け止め方だ。

しかし世界中で率直さを高めるのは、一方通行の取り組みではない。本社で働く者たちは間接的文化の人々と仕事をするとき、より慎重にコミュニケーションの方法を調整するようになった。メッセージの受け手が有益だと感じるように、そして伝え方が悪いというだけの理由でメッセージが拒絶されないようにするためだ。クリスのアドバイスはシンプルで、間接的文化の同僚にフィードバックを与える必要がある者はみな頭に入れておくべきだ。メッセージに親しみを込める。相手を責めるような文言をできるだけ取り除く。フィードバックを命令ではなく提案のように伝える。笑顔の絵文字のような親愛の情が感じられるサインを添える。いずれも自らが身を置くコンテキストのなかで、より適切なメッセージを発信するために誰でも実践できることだ。

私たちが学んできた最も重要な教訓は、どこの文化の出身であるかにかかわらず、異なる文化的背景を持つ人々と働くときには、とにかく対話をすべきだ、ということだ。海外の同僚に上手にフィードバックする方法を知る一番良い方法のひとつは、質問をすること、そして好奇心を持つことだ。ある国の同僚にフィードバックをする必要が生じたら、まず同じ国の別の社員に「このメッセージは攻撃的かな」「君たちの文化で一番良い伝え方はどんなものだろう」と尋ねてみよう。たくさん質問をし、旺盛な好奇心を示すほど、世界中でフィードバックを上手に与える

（そして受け取る）ことができるようになる。

異文化の相手に適切な質問を投げかけ、受け取った答えを正しく理解するために、頭に入れておくべきコミュニケーションに関する教訓があとひとつある。

……「すべては相対的である」

文化のあらゆる側面について言えることだが、世界各地の「正しい」フィードバックの方法は、相対的なものだ。日本人から見ればシンガポール人は直接的すぎる。アメリカ人から見れば、シンガポール人は曖昧で透明性に欠ける。ネットフリックスに入社するシンガポール人は、アメリカ人の同僚の無遠慮な物言いにショックを受ける。多くのオランダ人にしてみれば、ネットフリックスで働くアメリカ人は特段直接的ではない。

ネットフリックスは多国籍企業を志向しているが、やはりそのカルチャーはアメリカ的なところが多い。そして否定的フィードバックを伝えることに関して、アメリカ人は多くの文化より直接的だが、オランダ人と比べればかなり間接的である。２０１４年にネットフリックスのアムステルダム拠点に入社したオランダ人で、公共政策担当ディレクターであるアイセは、オランダとアメリカの違いについてこう語る。

> ネットフリックス・カルチャーは、行動変化につながるフィードバックを頻繁に与え合う職場環境を創り出すことに成功した。しかしネットフリックスにおいてさえ、アメリカ人はフィードバックをするときは常に本当に言いたいことを切り出す前に、まず相手の仕事のやり方を褒める。アメリカ人は「否定的なことをひとつ言うなら、肯定的なことを3つ言う」「社員が正しい行動をしている場面をとらえる」といった習慣を身につけている。オランダ人はこれに戸惑う。というのもオランダ人は肯定的あるいは否定的なフィードバックのどちらかを与えることはあっても、同時に両方を伝えることはまずないからだ。

ネットフリックスに入社したアイセはほどなくして、オランダの文化では自然で問題のないフィードバックの与え方が、アメリカ人の同僚にとっては厳しすぎることに気づいた。

最近オランダに異動してきたアメリカ人の同僚ドナルドが、アムステルダムでミーティングを開いた。社外の7人のパートナーがヨーロッパ各地から飛行機や電車でやってきて、議論に参加した。ミーティングは非常にうまくいった。ドナルドの説明はわかりやすく詳細で、説得力があった。しっかり準備して臨んだことは明らかだった。だが他の参加者が何度も発言したそうなそぶりをしたのに、ドナルドがしゃべり過ぎたためにその機会がなかったことに私は気づいた。

ミーティングが終わると、ドナルドは「とてもうまくいったんじゃないかな。どう思う？」と聞いてきた。ネットフリックスのリーダーたちが常々大切だと言っている率直なフィードバックをする絶好のタイミングだと思った私は、すかさずこう答えた。「スティンネはこの会議に出るためにわざわざノルウェーから足を運んできたのに、あなたがしゃべりすぎたからひと言も口を挟めなかった。パートナー企業の人たちに飛行機や電車に乗って集まるようお願いしておいて、まったく発言の機会を与えなかった。ネットフリックスに役立つ意見があったかもしれないが、聞く機会がなかった。ミーティングの80％はあなたが話したために、他の参加者は意見を言えなかった」

いよいよ将来に向けて、実行可能な解決策を提案しようとしたところで、ドナルドがアイセから見ると「いかにもアメリカ人らしい」反応を見せた。

私のフィードバックはまだ終わっていなかったのに、ドナルドは打ちひしがれた様子でうめき声をあげた。アメリカ人にありがちなことだが、私のフィードバックを必要以上に厳しいものと受け取ったのだ。「最悪だ、すべてをぶち壊しにして本当に申し訳ない」と言う。だが「すべてをぶち壊しに」などしていない。私はそんなことは言わなかった。ミーティングは成功したし、ドナルド自身にもそれはわかっていたはずだ。「とてもうまくいったんじゃないか」と言っていたのだから。ただひとつ問題点があり、そこを指摘すればドナルドがさらに成長できると私は思ったのだ。

アメリカ人の同僚について、私が不満を感じるのはここだ。彼らはよくフィードバックを与えるし、また進んでフィードバックに耳を傾けようとするけれど、何か褒めるところから始めないと、すべてが最悪だったと受け取る。オランダ人が最初にマイナス面を指摘すると、アメリカ人はこの世の終わりのような反応を見せ、批判の効果を帳消しにしてしまう。

ネットフリックスに入社してからの5年間で、アイセはアメリカ人を筆頭に、外国人の同僚へのフィードバックの与え方について多くを学んできた。

私自身の文化的傾向への理解が深まったこともあり、いまでもフィードバックの頻度は変わらないものの、メッセージの受け手について考え、自分が期待する結果を得るためにその内容をどう調整すべきかを考えるようになった。比較的間接的な文化の人と話すときには、地ならしとしてちょっとした肯定的なコメントと感謝の言葉をまず口にする。もし仕事ぶりが全体的に良ければ、まず熱心に褒める。それから「いくつか提案する」かたちで、ゆっくりとフィードバックに入っていく。そして最後は「どれだけ価値があるかはわからないけれど、これはあくまでも私の意見だから」「採り入れるかどうかは、あなたの判断で」と締めくくる。オランダ人から見ると、これほどまわりくどい伝え方をするのは滑稽ですらあるけれど、これで間違いなく期待どおりの成果が得られる。

アイセの言葉には、ネットフリックスが海外拠点を増やすなかで学習してきた、世界中で社員の率直さを高めるための戦略が凝縮されている。あなたがグローバルなチームのリーダーなら、スカイプ会議で発する言葉はさまざまな文化圏にいる部下の文化的文脈によって強められたり弱められたりする。だから意識的でなければならない。戦略的でなければならない。そして柔軟でなければならない。少しの情報と知恵があれば、望みどおりの結果が得られるように相手に合わせてフィードバックを調整することができる。

私自身はアイセが最初にドナルドにフィードバックを伝えたときのような率直なやり方が好きだ。アイセはドナルドの役に立とうとした。ミーティングの成功の妨げとなった要因は何か、明確に伝えている。フィードバックは行動変化を促すものだった。

彼女のアプローチに欠けていたのは、国際的な感受性だ。フィードバックは率直だったが、その伝え方が誤解を招いた。ミーティングは大成功だったが、ドナルドがもう少し発言を控えれば次回はもっと良くなる、というのが本来の趣旨だった。しかしアイセの伝え方が適切ではなかったために、ドナルドはミーティングが大失敗だったと受け取った。ドナルドがブラジル人かシンガポール人だったら、フィードバックが終わったときには来週にも会社をクビになるかもしれない、と不安になっていただろう。

こうしてネットフリックスがたどり着いた結論は……

……(現時点での) 最後の点

自分と同じ文化の相手には、第2章で紹介した「4A」ガイドラインに従ってフィードバックを与えればいい。ただ他国でフィードバックをするときには、そこに「5つめのA」を加えよう。「4A」は次のような内容だった。

・相手を助けようという気持ちで (AIM TO ASSIST)
・行動変化を促す (ACTIONABLE)
・感謝する (APPRECIATE)
・取捨選択 (ACCEPT OR DISCARD)

そこに加えるべき5つめのAが、これだ。

・適応させる（ADAPT） 望ましい結果を得るために、フィードバックの伝え方や受け取り方を相手の文化に適応させる。

ネットフリックス・カルチャーを増え続ける海外拠点に浸透させていく方法について、私たちが学ぶべきことはまだたくさんある。QBRではたいてい少なくともひとつはカルチャーに関する議題を取りあげる。今後の成長の大部分はアメリカ以外からもたらされるので、ネットフリックスの価値観をどうやってグローバルなコンテキストのなかで活かしていくかが話題の中心になることが増えている。これまでに学んだのは、カルチャーを世界中に浸透させるためには謙虚さと好奇心が何よりも重要であること、そして自分が話す前に耳を傾け、教える前に学ぶ姿勢が必要であることだ。そうすればきっと、この魅力溢れる多文化の世界で日々着実に向上していける。

第10章のメッセージ

・自社のカルチャーをマッピングし、進出する国々の文化と比較してみよう。「自由と責任」のカルチャーという観点では、とりわけ率直さの指標に注目する。

・間接的文化の下では、日常的なフィードバックのやりとりは起こりにくいので、正式なフィードバックの仕組みをつくり、ミーティングの議題に頻繁にフィードバックを含めるようにする。

・直接的文化の国では文化的差異について積極的に対話し、他国の同僚へのフィードバックが意図したとおりに受け取られるように配慮する。

・率直なフィードバックのガイドラインに5つめのAとして「適応」を加えよう。国によって「率直さ」の意味がどう変わるかを議論しよう。お互いに協力しながら、それぞれの文化で率直さという価値観を実現する方法を見いだそう。

結び

私が子供時代を過ごしたミネソタ州ミネアポリスには、1周5キロに満たないブデ・マカ・スカという湖がある。暑い夏の土曜になると、大勢の住民がランニングコース、船着き場、ビーチに繰り出す。人出のわりに驚くほど平穏なのは、人々の行動を規制するルールが山ほどあるからだ。歩行者は自転車道を歩いてはいけない。自転車は時計回りに走行すること。全面禁煙。ブイで示されたエリア以外は遊泳禁止。ローラーブレードやスクーターは歩道ではなく自転車道を走行する。ジョギングは歩道のみ。このようなルールが周知徹底されているので、整然として落ち着いた環境が生まれる。

ネットフリックスが「自由と責任」のカルチャーだとすれば、ブデ・マカ・スカ湖には「ルール(規則)と手順」のカルチャーがある。

「ルールと手順」のカルチャーは平穏ではあるが、デメリットもいくつかある。自転車で反時計回りに行けばすぐの距離に行きたいと思っても、それはできない。湖の周りをほぼ1周、時計回りに行かなければならない。泳いで湖を横断したいと思っても、ボートに乗ったライフガードに止められて岸に連れ戻される。どれだけ泳ぎに自信があっても関係ない。禁止されているからだ。このカルチャーは個人の自由を確保するためではなく、集団の平和と安全を確保するために醸成されている。

「ルールと手順」は集団行動を制御するためのパラダイムとしてよく知られており、説明する必要もないほどだ。5歳児のとき、幼稚園で敷物の上に座らされ、何をしてよいか、何をしたらいけないかを説明されたときから、私たちはすでに「ルールと手順」を学びはじめた。その後ショッピングモールの飲食店で初めて皿洗いのアルバイトをしたとき、ユニフォームと一緒に履いてはいけない靴下の色や、シフト中にビスケットをつまみ食いしたときに給料から天引きされる金額を教えられたのも、「ルールと手順」の訓練だ。

「ルールと手順」は何世紀にもわたり、集団行動を調整するための基本的な方法だった。しかしそれは唯一の方法ではなく、別の方法を実践しているのはネットフリックスだけではない。この19年、私はパリの凱旋門から車で9分のところに住んでいる。凱旋門の上にのぼると、有名なシャンゼリゼ通り、エッフェル塔、サクレクール寺院などが見渡せるが、一番壮観なのは「エトワール［星］」の名で知られる巨大なラウンドアバウト［環状交差点］だ。「自由と責任」のカルチャーは、カオスすれすれで活動するようなもの、とリードは言う。その最もわかりやすいイメージがエトワールの車の流れだ。

12本の大通りから毎分何百台という車が、何の印もない10車線のラウンドアバウトに入ってくる。2階建てバスの間をオートバイが走り抜け、タクシーが強引に中心に入って観光客を落としていく。車はウィンカーも出さずに、次々と目標の道へ曲がっていく。大量に行き交う車と人とを誘導しているのは、ひとつの基本原則だ。ひとたびラウンドアバウトに入ったら、12本の道路から進入してくる車に優先権を与えることだ。あとは自分の目的地を目指し、最善の判断を下すだけだ。そうすればおそらく迅速に、無傷で目的地にたどり着けるだろう。

初めて凱旋門にのぼり、眼下の混乱を目の当たりにした人には、これほどわずかなルールの下で活動するメリットはわからないかもしれない。なぜラウンドアバウトのそこここに信号機を設置し、順番に曲がるようにしないのか。なぜ車線を引き、誰がいつ、どこに移動していいのか、厳格なルールを作らないのか。

ここ数十年、凱旋門の周りを日々運転してきたフランス人の夫、エリックは、そんなことをすればすべてがスローダウンしてしまう、と言う。「エトワールはとにかく効率的なんだ。腕の良いドライバーから見れば、A地点（出発地）からB地点（目的地）まであれほど速く移動できる方法はほかにないよ」と。「しかもこのシステムの下では、とても柔軟に動ける。ラウンドアバウトに入ったときはシャンゼリゼ通りで降りようと思っていても、観光バスが道路を塞いでいて入れなかったとする。でも慌てる必要はない。即座にルートを変え、フリドラン通りかオッシュ通りで降りるか、あるいは何回かエトワールを回ってバスがどくのを待てばいい。途中でこれほど機敏にルート変更ができる交通システムは、まずないだろう」

本書を通じて、チームや会社のリーダーには明確な選択肢があることがわかったはずだ。ブデ・マカ・スカ湖流に、「ルールと手順」によって社員の動きをコントロールするか。あるいは「自由と責任」のカルチャーを導入し、経営のスピードと柔軟性を手に入れ、社員の自由度を高めるか。どちらのやり方にも、それぞれの強みがある。みなさんは本書を読みはじめた時点で、すでに「ルールと手順」を通じて集団を率いる方法は知っていただろう。いまでは「自由と責任」を通じて同じ目的を達成する方法も知っている。

「ルールと手順」を選ぶべき状況とは？

産業革命は過去300年にわたり、世界の主要な経済大国の原動力となってきた。だから大量生産、ミス防止型の製造業の経営パラダイムが産業界を支配するようになったのも当然と言える。製造業では製品のバラツキをなくすことが重要なので、マネジメント手法の多くはそれを念頭に考案されてきた。ペニシリン100万錠、あるいは自動車1万台をミスなく製造することができたら、まさに卓越した経営の証といえる。

工業化時代の最高の会社の多くが、交響楽団のように運営されてきた理由はおそらくここにあるのだろう。その目的は一糸乱れぬ正確性、完璧な調和にあった。交響楽団における楽譜や指揮者の代わりに、会社では規則や手順が業務の指針となった。現在でも工場の運営、安全が最優先される環境でのマネジメント、あるいはまったく同じ製品を安定的に製造することが目的なら、「ルールと手順」にのっとった交響楽団を目指すべきだ。

ネットフリックスにも安全とミス防止が最優先目標となる分野はいくつかある。そこは他の分野と区別し、小さな交響楽団をつくって完璧な「ルールと手順」を実践している。

たとえば社員の安全やセクハラ防止だ。社員をケガやハラスメントから守るために、ミス防止

（研修）やホットラインに投資している。あらゆる申し立てが徹底的に調査されるように厳格な手順を設けているほか、事象の発生率を限りなくゼロに近づけるためにプロセス改善の原則を実践している。

同じようにミスが大惨事につながる分野では、「ルールと手順」によるマネジメントを選択している。その一例が四半期毎にウォール街に発表する財務情報だ。いったん財務情報を公開してから「おっと、間違えた。本当の売上高はもっと少なかった」などと言い出したら、とんでもない事態になる。もうひとつの例が視聴者データの保護だ。誰かがネットフリックスのシステムをハッキングし、個々の会員の視聴データを盗み出し、インターネットに公開したらどうなるか。まさに破滅的事態だ。

ここに挙げたような特別な分野では、イノベーションよりもミス防止のほうが重要なのは明らかで、ネットフリックスでも一切の間違いが起こらないように確認、手順、手続きを幾重にも重ねている。そこでは外科医が執刀する前に、左右の膝を取り違えないように5人がかりでチェックする病院のような体制を整えたいと考えている。ひとつのミスが大惨事につながる場面では、「ルールと手順」は好ましいというより、必須である。

こうしたことを頭に入れたうえで、あなたの事業の目的を慎重に検討し、「自由と責任」と

「ルールと手順」のどちらが優れた選択なのか判断してほしい。正しい選択をするのに役立つ質問をいくつか挙げてみよう。

・あなたの業界では、すべての業務を完璧に実行しなければ社員あるいは顧客の健康や安全が脅かされるか？　答えが「イエス」なら「ルールと手順」を選ぼう。

・ひとつミスが起これば、大惨事につながるか？　答えが「イエス」なら「ルールと手順」を選ぼう。

・同一の製品を安定的に出荷しなければならない製造業の経営者か？　答えが「イエス」なら「ルールと手順」を選ぼう。

あなたが救急救命室、航空機の飛行テストチーム、炭鉱、あるいは高齢者に緊急の医薬品を届けるサービスのリーダーなら、「ルールと手順」を選択すべきだ。これは何世紀にもわたり、ほとんどの組織が選択してきた調整モデルであり、今後もその多くにとって最適な仕組みであり続けるだろう。

しかしクリエイティブ・エコノミーに身を置く組織、すなわちイノベーション、スピード、柔軟性が成功のカギを握る産業においては、交響楽団モデルを捨て、まったく違うジャンルの音楽に挑戦する価値はあるかもしれない。

………… 交響曲からジャズへ

工業化時代でさえ、創造的思考が成功の原動力となり、カオスすれすれの経営を実践していた分野は存在した。たとえば広告代理店だ。こうした組織が経済に占める割合は、ごくわずかだった。だが知的財産やクリエイティブ・サービスの重要性が高まったいま、経済のなかで創造力やイノベーションがモノを言う分野の割合は大幅に高まっており、その傾向は今後も続くだろう。それにもかかわらずほとんどの会社は過去300年にわたって富の創造を支えてきた産業革命時代のパラダイムをいまだに信奉している。

今日の情報化時代には、多くの企業やチームの目的はもはやミス防止や再現性ではない。創造性、スピード、そして機敏さだ。工業化時代の目的はバラツキを最小化することだった。しかし今日のクリエイティブな会社ではバラツキ、すなわち独自性をできるだけ高めることのほうが重要だ。そうした組織にとっての最大のリスクはミスを犯したり一貫性を失うことではない。一流の人材を獲得できないこと、新たな製品を発明できないこと、あるいは環境が変化したときに迅速に方向転換ができないことだ。一貫性や再現性は会社に利益を生むどころか、斬新な発想を押しつぶす可能性が高い。小さなミスをたくさん犯すのはつらいこともあるが、組織が迅速に学ぶのに役立つ。それはイノベーション・サイクルのきわめて重要な一部だ。こうした組織において「ルールと手順」はもはや最適解ではない。目指すべき姿は交響楽団ではない。指揮者や楽譜を捨て、ジャズバンドを立ち上げるのだ。

ジャズは個人の自由な発想を大切にする。ミュージシャンは曲の全体構造を理解しつつ、自由に即興やリフオフ［お互いのフレーズをアレンジする］をしながら最高の曲をつくりあげていく。

もちろん「ルールと手順」をいきなり廃止し、チームにジャズバンドになれと命じれば、すべてうまくいくわけではない。正しい条件を整えなければ、カオスが生まれるだけだ。だが本書を読み終えたあなたには地図がある。音楽が聞こえてきたら、耳を澄まそう。カルチャーは創ってしまえば終わり、というものではない。ネットフリックスでは常にカルチャーについて話し合っている。またカルチャーは絶えず変化していくものだと思っている。イノベーティブでスピーディで柔軟なチームをつくるには、いろいろなことを少しゆるめにしておく必要がある。絶え間ない変化を進んで受け入れよう。多少カオス寄りのところで活動しよう。楽譜を配って交響楽団を組織するのはやめよう。ジャズバンド的な環境を生み出し、即興バンドに加わりたいと思うタイプの社員を採用しよう。すべてがうまく嚙み合えば、すばらしい音楽が生まれるはずだ。

謝辞

本書を通じて、能力密度と率直さがどれほど大切かを見てきた。本書を世に送り出すことができたのも、このふたつの要因に支えられたところが大きい。

すばらしい才能に溢れたドリームチームにお礼を言いたい。企画の初期段階から可能性を見いだし、プロポーザルをまとめるところからずっと導いてくれた出版エージェントのアマンダ（ビンキー）・アーバン。このプロジェクトをどこまでも信じて、誕生から完成まで見届けてくれたペンギン社の伝説的編集者、アン・ゴドフ。

編集作業を手伝ってくれたデビッド・チャンピオンは、原稿を自分のもののように慈しみ、自らの課したきわめて高いハードルをクリアするまで、すべての章に何度も手を入れてくれた。デス・ディアラブとスチュアート・クレイナーは私たちが悩んでいるときに、厳しくも率直なフィードバックを与えてくれた。彼らの忌憚ない意見によって、本書は救われたと言っていい。エリン・ウィリアムズは原稿がまだほかの誰にも見せられる状態になかったときからアドバイスをくれ、その後は不要な部分を削除し、メッセージを明確にするように推敲を手伝ってくれた。ネットフリックス・カルチャーの醸成に重要な役割を果たしたパティ・マッコードには、特にお礼を言いたい。創業初期の出来事を何度も聞かせてくれるなど、私たちと何十時間も一緒に過ごしてくれた。

自らの経験を惜しみなく私たちと共有し、本書の土台を作ってくれた200人以上のネットフリックスの現社員、元社員のみなさんにも心から感謝している。本書に命を吹き込んだのは、彼らが惜しみなく率直に、生き生きと語ってくれたすばらしい物語だ。本書のプロジェクトが生まれた当初からメンバーとして支えてくれたネットフリックスの同僚であるリチャード・シクロス、バオ・グエン、タウニ・アージェントには、特に感謝の意を伝えたい。

家族への感謝の気持ちを伝えるのは謝辞のお決まりのパターンだが、私の家族の協力は「お決まり」の範疇を超えていたと思う。母のリンダ・バーケットは執筆段階を通じてすべての章のすべての草稿を徹底的に読み込み、不要な文を削り、句読点の抜けを見つけ、文章全体を読みやすくしてくれた。2人の子供たち、イーサンとローガ

ンは執筆に明け暮れる日々を楽しくしてくれた。そして夫で仕事のパートナーでもあるエリック。執筆中に絶えず愛情とサポートを与えてくれただけでなく、すべての原稿を読み、また読み、さらに読み返して、さまざまな提案とアドバイスをくれた彼には、特に感謝の気持ちを伝えたい。

何をおいても、過去20年ネットフリックスを支え、ネットフリックス・カルチャーの発展に力を尽くしてくれた何百人というリーダーたちにお礼を言いたい。本書の内容は、私が1人静かに物思いにふけるなかで発見した事柄ではない。熱い議論、果てしなき探究、そして絶えまない試行錯誤を通じて、私たちがともに見いだしたことだ。今日のネットフリックス・カルチャーがあるのは、みなさんのクリエイティビティ、勇気、そして高い見識のおかげである。

第7章　キーパーテスト

- Eichenwald, Kurt. "Microsoft's Lost Decade." *Vanity Fair*. July 24, 2012. www.vanityfair.com/news/business/2012/08/microsoft-lost-mojo-steve-ballmer.
- Kantor, Jodi, and David Streitfeld. "Inside Amazon: Wrestling Big Ideas in a Bruising Workplace." *The New York Times*, August 15, 2015, www.nytimes.com/2015/08/16/technology/inside-amazon-wrestling-big-ideas-in-a-bruising-workplace.html.
- Ramachandran, Shalini, and Joe Flint. "At Netflix, Radical Transparency and Blunt Firings Unsettle the Ranks." *The Wall Street Journal*, October 25, 2018, www.wsj.com/articles/at-netflix-radical-transparency-and-blunt-firings-unsettle-the-ranks-1540497174.
- SHRM. "Benchmarking Service." SHRM, December 2017, www.shrm.org/hr-today/trends-and-forecasting/research-surveys/Documents/2017-Human-Capital-Benchmarking.pdf.
- The Week Staff. "Netflix's Culture of Fear." *The Week*. November 3, 2018. www.theweek.com/articles/805123/netflixs-culture-fear.

第8章　フィードバック・サークル

- Milne, A. A., and Ernest Shepard.• *The House at Pooh Corner*. New York: E.P. Dutton & Company, 2018.（A・A・ミルン『プー横丁にたった家』石井桃子訳、岩波書店、2000年）

第9章　コントロールではなくコンテキストを

- Fast Company Staff. "The World's 50 Most Innovative Companies 2019." *Fast Company*. February 20, 2019. www.fastcompany.com/most-innovative-companies/2019.
- Saint-Exupéry, Antoine de. *The Wisdom of the Sands*. Chicago: University of Chicago Press, 1979.
- "Vitality Curve." Wikipedia, Wikimedia Foundation, November 5, 2019, en.wikipedia.org/wiki/Vitality_curve.

第10章　すべてのサービスを世界へ！

- Meyer, Erin. *The Culture Map: Breaking through the Invisible Boundaries of Global Business*. New York: PublicAffairs, 2014.（エリン・メイヤー『異文化理解力』田岡恵監訳、樋口武志訳、英治出版、2015年）
本章で紹介したカルチャー・マップを学び、自社の企業文化のマップを作成したい場合は以下のサイトを参照。www.erinmeyer.com/tools.

第５章　情報はオープンに共有

- Aronson, Elliot, et al. "The Effect of a Pratfall on Increasing Interpersonal Attractiveness." *Psychonomic Science* 4, no. 6 (1966): 227–28.
- Brown, Brené. *Daring Greatly: How the Courage to Be Vulnerable Transforms the Way We Live, Love, Parent, and Lead*. New York: Penguin Random House Audio Publishing Group, 2017.（ブレネー・ブラウン『本当の勇気は「弱さ」を認めること』門脇陽子訳、サンマーク出版、2013 年）
- Bruk, A., Scholl, S. G., and Bless, H. "Beautiful Mess Effect: Self-other Differences in Evaluation of Showing Vulnerability. *Journal of Personality and Social Psychology* 115, no.2(2018). https://doi.org/10.1037/pspa0000120.
- Jasen, Georgette. "Keeping Secrets: Finding the Link Between Trust and Well-Being." *Columbia News*. February 19, 2018. https://news.columbia.edu/news/keeping-secrets-finding-link-between-and-well-being.
- Mukund, A., and A. Neela Radhika. "SRC Holdings: The 'Open Book' Management Culture." Curriculum Library for Employee Ownership (CLEO). Rutgers. January 2004. https://cleo.rutgers.articles/src-holdings-the-open-book-management-culture/.
- Rosh, Lisa, and Lynn Offermann. "Be Yourself, but Carefully." *Harvard Business Review*, October 2013 issue, hbr.org/2013/10/be-yourself-but-carefully.
- Slepian, Michael L., et al. "The Experience of Secrecy." *Journal of Personality and Social Psychology* 113, no. 1 (2017): 1–33.
- Smith, Emily Esfahani. "Your Flaws Are Probably More Attractive Than You Think They Are." *The Atlantic*. January 9, 2019. www.theatlantic.com/health/archive/2019/01/beautiful-mess-vulnerability/579892.

第６章　意思決定にかかわる承認を一切不要にする

- Daly, Helen. "Black Mirror Season 4: Viewers RAGE over 'Creepy Marketing' Stunt 'Not Cool'." Express.co.uk, December 31, 2017, www.express.co.uk/showbiz/tv-radio/898625/Black-Mirror-season-4-release-Netflix-Waldo-Turkish-Viewers-RAGE-creepy-marketing-stunt.
- Fingas, Jon. "Maybe Private 'Black Mirror' Messages Weren't a Good Idea, Netflix." *Engadget*, December 29, 2017, www.engadget.com/2017-12-29-maybe-private-black-mirror-messages-werent-a-good-idea-netfl.html.
- Gladwell, Malcolm. *Outliers: Why Some People Succeed and Some Don't*. New York: Little Brown, 2008.（マルコム・グラッドウェル『天才！　成功する人々の法則』勝間和代訳、講談社、2009 年）
- "Not Seen on SNL: Parody of the Netflix/Qwikster Apology Video." The Comic's Comic, October 3, 2011, http://thecomicscomic.com/2011/10/03/not-seen-on-snl-parody-of-the-netflixqwikster-apology-video.

vacation-time-has-no-limits.
- Branson, Richard. "Why We're Letting Virgin Staff Take as Much Holiday as They Want." Virgin. April 27, 2017. www.virgin.com/richard-branson/why-were-letting-virgin-staff-take-much-holiday-they-want.
- Haughton, Jermaine. "'Unlimited Leave': How Do I Ensure Staff Holiday's Don't Get out of Control?" CMI, June 16, 2015, www.managers.org.uk/insights/news/2015/june/unlimited-leave-how-do-i-ensure-staff-holidays-dont-get-out-of-control.
- Millet, Josh. "Is Unlimited Vacation a Perk or a Pain? Here's How to Tell." *CNBC*. September 26, 2017. www.cnbc.com/2017/09/25/is-unlimited-vacation-a-perk-or-a-pain-heres-how-to-tell.html.

第 3b 章　出張旅費と経費の承認プロセスを廃止する ……………………………

- Pruckner, Gerald J., and Rupert Sausgruber. "Honesty on the Streets: A Field Study on Newspaper Purchasing." *Journal of the European Economic Association* 11, no. 3 (2013): 661–79.

第 4 章　個人における最高水準の報酬を払う ……………………………………

- Ariely, Dan. "What's the Value of a Big Bonus?" *Dan Ariely* (blog). November 20, 2008. danariely.com/2008/11/20/
- ビル・ゲイツのコメント。以下の第 6 章より引用。Thompson, Clive. *Coders: Who They Are, What They Think and How They Are Changing Our World*. New York: Picador, 2019.
- Kong, Cynthia. "Quitting Your Job." Infographic. *Robert Half* (blog). July 9, 2018. www.roberthalf.com/blog/salaries-and-skills/quitting-your-job.
- Lawler, Moira. "When to Switch Jobs to Maximize Your Income." *Job Search Advice* (blog). Monster. www.monster.com/career-advice/article/switch-jobs-earn-more-0517.
- Lucht, John. *Rites of Passage at $100,000 to $1 Million+: The Insider's Strategic Guide to Executive Job-Changing and Faster Career Progress*. New York: The Viceroy Press, 2014.
- Luthi, Ben. "Does Job Hopping Increase Your Long- Term Salary?" Chime. May 7, 2018. www.chimebank.com/2018/05/07/does-job-hopping-increase-your-long-term-salary.
- Sackman, H., et al. "Exploratory Experimental Studies Comparing Online and Offline Programing Performance." *Communications of the ACM* 11, no. 1 (January 1968): 3–11. https://dl.acm.org/doi/10.1145/362851.362858.
- Shotter, James, Noonan, Laura, and Ben McLannahan. "Bonuses Don't Make Bankers Work Harder, Says Deutsche's John Cryan." *CNBC*, November 25, 2015, www.cnbc.com/2015/11/25/deutsche-banks-john-cryan-says-bonuses-dont-make-bankers-work-harder-says.html.

参考文献

はじめに

- Edmondson, Amy C. *The Fearless Organization: Creating Psychological Safety in the Workplace for Learning, Innovation, and Growth*. Hoboken, NJ: Wiley, 2018.
- "Glassdoor Survey Finds Americans Forfeit Half of Their Earned Vacation/Paid Time Off." *Glassdoor*, About Us. May 24, 2017, www.glassdoor.com/about-us/glassdoor-survey-finds-americans-forfeit-earned-vacationpaid-time/.
- "Netflix Ranks as #1 in the Reputation Institute 2019 U.S. RepTrak 100." *Reputation Institute*, April 3, 2019, www.reputationinstitute.com/about-ri/press-release/netflix-ranks-1-reputation-institute-2019-us-reptrak-100.
- Stenovec, Timothy. "One Reason for Netflix's Success." *HuffPost*, February 27, 2015, www.huffpost.com/entry/netflix-deck-success_n_6763716.

第1章　最高の職場＝最高の同僚

- Felps, Will, et al. "How, When, and Why Bad Apples Spoil the Barrel: Negative Group Members and Dysfunctional Groups." *Research in Organizational Behavior* 27 (2006): 175–222.
- "370: Ruining It for the Rest of Us." This American Life, December 19, 2018, www.thisamericanlife.org/370/transcript

第2章　本音を語る（前向きな意図をもって）

- Coyle, Daniel. *The Culture Code: The Secrets of Highly Successful Groups.* New York: Bantam Books, 2018.（ダニエル・コイル『カルチャーコード』桜田直美訳、かんき出版、2018年）
- Edwardes, Charlotte. "Netflix's Ted Sarandos: the Most Powerful Person in Hollywood?" *Evening Standard*. May 9, 2019. www.standard.co.uk/tech/netflix-ted-sarandos-interview-the-crown-a4138071.html.
- Goetz, Thomas. "Harnessing the Power of Feedback Loops." *Wired*. June 19, 2011, www.wired.com/2011/06/ff_feedbackloop.
- Zenger, Jack, and Joseph Folkman. "Your Employees Want the Negative Feedback You Hate to Give." *Harvard Business Review*. January 15, 2014, hbr.org/2014/01/your-employees-want-the-negative-feedback-you-hate-to-give.

第3a章　休暇規程を撤廃する

- Christensen, Nathan. *Fast Company*, November 2, 2015, www.fastcompany.com/3052926/we-offered-unlimited-vacation-for-one-year-heres-what-we-learned.
- Blitstein, Ryan. "At Netflix, Vacation Time Has No Limits." *The Mercury News*. March 21, 2007. www.mercurynews.com/2007/03/21/at-netflix-

本書は2020年10月に小社より刊行
された同名書を文庫化したものです。

[著者紹介]

リード・ヘイスティングス(Reed Hastings)

NETFLIX創業者兼会長

1997年にNETFLIXを共同創業し、エンタテインメントを一変させた起業家。1999年以降は同社の会長兼CEO。2023年から同社会長。1991年にピュア・ソフトウエアを起業し、1997年に売却。この資金を元にNETFLIXを創業した。2000年から2004年にかけてカリフォルニア州教育委員会委員。現在も教育関係の慈善活動を続け、KIPPとPaharaなど複数の教育機関の役員や、The City Fundおよびブルームバーグの取締役を務めている。

1983年ボウディン大学卒業後、1988年スタンフォード大学大学院にて人工知能を研究し修士号(コンピューター科学)取得。大学卒業後から大学院入学まで、米政府運営のボランティア組織、平和部隊の一員としてスワジランドで教員を務めた。

[著者紹介]

エリン・メイヤー(Erin Meyer)

INSEAD教授。ハーバード・ビジネス・レビュー誌やニューヨーク・タイムズ紙などにも紹介された『異文化理解力』著者。2004年INSEADにてMBA取得。1994年から95年にかけて平和部隊の一員としてスワジランドに滞在。現在はパリ在住。

ウェブサイト:erinmeyer.com

[訳者紹介]

土方奈美 (Nami Hijikata)

翻訳家。日本経済新聞、日経ビジネスなどの記者を務めたのち、2008年に独立。2012年モントレー国際大学院にて修士号(翻訳)取得。米国公認会計士、ファイナンシャル・プランナー。エリック・シュミット他『How Google Works』、ジョン・ドーア『Measure What Matters』など訳書多数。

nbb
日経ビジネス人文庫

NO RULES(ノー・ルールズ)

せかいいち じゆう かいしゃ
世界一「自由」な会社、NETFLIX

2025年4月1日 第1刷発行

著者
リード・ヘイスティングス
エリン・メイヤー

訳者
土方奈美
ひじかた・なみ

発行者
中川ヒロミ

発行
株式会社日経BP
日本経済新聞出版

発売
株式会社日経BPマーケティング
〒105-8308 東京都港区虎ノ門4-3-12

ブックデザイン
山之口正和(OKIKATA)

本文DTP
アーティザンカンパニー

印刷・製本
中央精版印刷株式会社

Printed in Japan ISBN978-4-296-12435-0

本書籍に関するお問い合わせ、ご連絡は下記にて承ります。
https://nkbp.jp/booksQA